高等学校"十一五"规划教材
市政与环境工程系列丛书

环境规划与管理

主　编　　樊庆锌　任广萌
副主编　　宋玉珍　赵淑清　沈晋

哈尔滨工业大学出版社

内容简介

本书首先系统地论述了环境问题产生的根源、解决途径、环境管理与环境规划的理论基础与技术方法。然后在此基础上对水环境规划、大气环境规划、噪声污染防治规划、固体废物管理规划、生态规划、区域环境规划进行了详细论述。最后,结合我国近年来环境管理的思想发展和实践活动,详细介绍了环境管理与可持续发展、我国现行的环境政策与法规体系、环境管理信息系统、工业企业环境管理、区域环境管理、生态可持续管理。

本书可作为高等学校环境科学、环境工程、环境规划与管理等专业的教学用书,也可供从事环境规划与管理及环境保护管理机构的人员参考使用。

图书在版编目(CIP)数据

环境规划与管理/樊庆锌,任广萌主编. —哈尔滨:
哈尔滨工业大学出版社,2011.12(2015.7 重印)
(市政与环境工程系列丛书)
ISBN 978-7-5603-3393-9

Ⅰ.环… Ⅱ.①樊… ②任… Ⅲ.①环境规划
②环境管理 Ⅳ.①X32

中国版本图书馆 CIP 数据核字(2011)第 181861 号

策划编辑	贾学斌
责任编辑	张 瑞
封面设计	卞秉利
出版发行	哈尔滨工业大学出版社
社　　址	哈尔滨市南岗区复华四道街 10 号　邮编 150006
传　　真	0451-86414749
网　　址	http://hitpress.hit.edu.cn
印　　刷	哈尔滨市工大节能印刷厂
开　　本	787mm×1092mm　1/16　印张 17.75　字数 450 千字
版　　次	2011 年 12 月第 1 版　2015 年 7 月第 2 次印刷
书　　号	ISBN 978-7-5603-3393-9
定　　价	38.00 元

(如因印装质量问题影响阅读,我社负责调换)

前　言

　　20世纪以来,科学技术的发展突飞猛进,人类利用自然和改造自然的能力大大提高,这促进了社会经济的快速发展,但这种发展在很大程度上是以牺牲环境与资源换取的。全球变暖、臭氧层破坏、酸雨、淡水危机和水体污染、资源和能源短缺、土地荒漠化等已成为全球性的环境问题,严重阻碍了社会经济的发展和人类生活质量的提高。为了寻求环境问题的解决途径,人们从发展观、价值观、道德观等角度审视传统的发展模式和发展战略,认识到通过"高投入、高消耗、高污染"来追求经济数量增长及"先污染后治理"的传统模式已经不能适应当今和未来社会的发展要求,应该寻求一条既能保证经济增长和社会发展,又能维护生态良性循环的全新发展道路,这就是可持续发展道路。为满足可持续发展就必须加强环境规划与管理,以确保社会、经济和环境的协调发展。

　　中国人均资源占有量少,且污染较严重。在这种条件下实现经济快速发展,使已经短缺的资源和脆弱的环境面临更大的压力,走可持续发展之路已成为迫切需要。20世纪90年代后期,同国际社会一样,环境保护在我国受到空前的关注,环境科学理论和技术研究不断取得新进展,环境规划与管理在环境保护中的作用也受到更多的重视。为适应这一发展,及时反映国内外环境规划与管理的新动态和新趋势,更好地培养现代环境管理人才,我们在参考大量相关领域著作的基础上,结合从事环境规划与管理课程教学的经验和体会,编写了此书。

　　本书共计三大部分16章:第一部分(第1章、第2章)主要介绍环境问题与解决途径、环境规划与管理的理论基础与技术方法;第二部分(第3章至第9章)围绕环境规划介绍了水环境规划、大气环境规划、噪声污染防治规划、固体废物管理规划及生态规划等;第三部分(第10章至第16章)主要介绍了环境管理与可持续发展、中国环境政策与法规体系、工业企业环境管理、区域环境管理、生态环境可持续管理等。

　　本书共16章:樊庆锌编写第1章、第10章、第11章、第12章、第13章、第14章;任广萌编写第2章、第3章、第4章;赵淑清编写第5章、第7章;宋玉珍编写第6章、第8章、第9章;沈晋编写第15章、第16章。

　　本书在编写过程中参考了许多学者的研究成果,特致以深深的谢意。本书的出版得到了城市水资源与水环境国家重点实验室的资助,在此表示感谢!

　　由于作者知识和水平有限,本书难免存在许多疏漏和不足之处,敬请广大读者批评指正。

编者

2011年6月

目 录

第1章 环境基础 ··· 1
 1.1 环境问题及产生根源 ··· 1
 1.2 解决环境问题的途径 ··· 7
第2章 理论基础与技术方法 ··· 10
 2.1 理论基础 ·· 10
 2.2 技术方法 ·· 18
第3章 环境规划的内容 ··· 32
 3.1 环境规划概述 ··· 32
 3.2 环境规划的内容 ·· 35
第4章 水环境规划 ·· 52
 4.1 水环境规划基础 ·· 52
 4.2 水环境调查与评价 ··· 59
 4.3 水环境预测 ··· 63
 4.4 水环境规划目标与指标体系 ······································ 64
 4.5 水环境功能区划 ·· 65
 4.6 水环境规划措施 ·· 69
 4.7 水环境规划方案的分析 ·· 71
第5章 大气环境规划 ··· 73
 5.1 大气环境规划基础 ··· 73
 5.2 大气环境污染源调查与评价 ······································ 82
 5.3 大气污染预测 ··· 84
 5.4 大气环境规划目标与指标体系 ··································· 86
 5.5 大气环境功能区划 ··· 87
 5.6 大气环境规划措施 ··· 89
第6章 噪声污染防治规划 ·· 92
 6.1 噪声污染防治规划基础 ·· 92
 6.2 噪声现状调查与评价 ··· 93
 6.3 噪声污染预测 ··· 95
 6.4 声环境功能区划 ·· 98
 6.5 噪声污染控制规划目标与措施 ··································· 101
第7章 固体废物管理规划 ·· 107
 7.1 固体废物管理规划基础 ·· 107

7.2	固体废物现状调查与预测	113
7.3	固体废物管理规划措施	115
7.4	固体废物管理规划方案的评价	117

第8章 生态规划 ... 119
- 8.1 生态规划基础 ... 119
- 8.2 生态调查与分析 ... 123
- 8.3 生态功能区划 ... 125
- 8.4 生态规划措施 ... 130

第9章 区域环境规划 ... 132
- 9.1 区域环境规划概述 ... 132
- 9.2 城市环境规划 ... 138
- 9.3 新农村环境规划与生态村规划 ... 149
- 9.4 生态产业园规划 ... 153

第10章 环境管理基础 ... 158
- 10.1 环境管理的含义与特点 ... 158
- 10.2 环境管理的对象和内容 ... 160
- 10.3 环境管理的方法和手段 ... 164

第11章 环境管理与可持续发展 ... 167
- 11.1 环境管理思想和理论学派 ... 167
- 11.2 环境管理发展史上的第一座里程碑 ... 169
- 11.3 环境管理发展史上的第二座里程碑 ... 171
- 11.4 可持续发展战略的内涵 ... 174
- 11.5 自然资源——可持续发展的物质基础 ... 177
- 11.6 可持续发展战略的实施途径 ... 179

第12章 中国环境政策和法规体系 ... 181
- 12.1 基本国策 ... 181
- 12.2 中国主要环境管理政策 ... 184
- 12.3 环境保护法律法规体系 ... 188
- 12.4 中国环境法确立的基本原则 ... 192
- 12.5 环境法律制度 ... 193
- 12.6 环境标准 ... 204
- 12.7 环境执法 ... 208

第13章 环境管理信息系统 ... 213
- 13.1 系统及其特征 ... 213
- 13.2 环境信息及其系统 ... 215
- 13.3 环境科技信息系统 ... 218
- 13.4 环境管理信息系统的设计 ... 221
- 13.5 环境统计 ... 223

第 14 章　工业企业的环境管理 …………………………………………………… 226
　14.1　工业企业环境管理的基本内容 ………………………………………………… 226
　14.2　工业企业环境管理体制 ………………………………………………………… 228
　14.3　工业污染源的管理与控制 ……………………………………………………… 232
　14.4　工业企业环境管理的考核 ……………………………………………………… 248

第 15 章　区域环境管理 …………………………………………………………… 251
　15.1　区域环境管理 …………………………………………………………………… 251
　15.2　城市环境管理 …………………………………………………………………… 252
　15.3　农村环境管理 …………………………………………………………………… 256
　15.4　开发区环境管理 ………………………………………………………………… 260

第 16 章　生态环境的可持续管理 ………………………………………………… 261
　16.1　可持续发展的指标体系 ………………………………………………………… 261
　16.2　土地资源的可持续管理 ………………………………………………………… 262
　16.3　林业的可持续管理 ……………………………………………………………… 265
　16.4　生物多样性保护 ………………………………………………………………… 269

参考文献 ……………………………………………………………………………… 274

第1章 环境基础

1.1 环境问题及产生根源

1.1.1 环境的基本含义

近年来,环境的含义和内容极其丰富,对不同的对象和科学学科来说,环境的内容也不同。并且,对环境的概念解释一直被人们赋予新的内容。

环境总是相对于某一中心事物而言的,环境因中心事物的不同而不同,随中心事物的变化而变化。围绕中心事物的外部空间、条件和状况,构成中心事物的环境。

目前国际环境教育界提出了新颖而科学的"环境定义",主要有两大要点:一是人以外的一切就是环境;另一个是每个人都是他人环境的组成部分。人类活动对整个环境的影响是综合性的,而环境系统也是从各个方面反作用于人类的,其效应也是综合性的。人类与其他的生物不同,不仅仅以自己的生存为目的来影响环境,使自己的身体适应环境,而且为了提高生存质量,通过自己的劳动来改造环境,把自然环境转变为新的生存环境。通常所说的环境是指自然环境和社会环境。

自然环境就是指人类生存和发展所依赖的各种自然条件的总和,如大气、水、植物、动物、土壤、岩石矿物、太阳辐射等,这些是人类赖以生存的物质基础。人类是自然的产物,而人类的活动又影响着自然环境。

社会环境是指人类生存及活动范围内的社会物质、精神条件的总和。广义包括整个社会经济文化体系,如生产力、生产关系、社会制度、社会意识和社会文化。狭义仅指人类生活的直接环境,如家庭、劳动组织、学习条件和其他集体性社团等。社会环境对人的形成和发展进化起着重要作用,同时人类活动给予社会环境以深刻的影响,而人类本身在适应改造社会环境的过程中也在不断变化。

《中华人民共和国环境保护法》对环境概念的定义是:"环境是指影响人类生存和发展的各种天然的和经过人工改造的自然因素的总体,包括大气、水、海洋、土地、矿藏、森林、草原、野生生物、自然遗迹、人文遗迹、风景名胜区、自然保护区、城市和乡村等。"

1.1.2 环境问题

严格来说,一切危害人类和其他生物生存和发展的环境结构或状态的变化,均应称为环境问题。但环境科学中的环境问题,不包括由自然因素如地震、火山爆发等引发的环境变化。

环境问题自古有之,但在不同时期其性质和表现形式不同,对人类和其他生物的影响也不同,因而人类对环境问题的认识程度也随之而不相同。

在农业文明以前的整个远古时代,人类以渔猎和采集为生,人口数量极少,生产力水平极低,基本上处于与自然环境浑然一体的状态,对自然环境的干预,无论在程度上还是在规模上,都微乎其微,因而可以认为不存在环境问题。

从农业文明时期开始,人类掌握了一定的劳动工具,具备了一定的生产能力,在人口数量不断增加的情况下,对自然的开发利用强度也在不断加大。于是在局部地区出现了因过度放牧和过度毁林开荒引起的水土流失和土地荒漠化,成为农业文明时代的主要环境问题。这些环境问题迫使人们经常迁移、转换栖息地,有的甚至酿成了覆灭的悲剧,例如:玛雅文明时代就是一个典型的例子。恩格斯在100年前就曾指出:"美索不达米亚、希腊、小亚细亚以及其他各地的居民,为了得到耕地,把森林砍完了,但是他们想不到的是,这些地方竟因此成为荒芜不毛之地。因为他们使这些地方失去了森林,也失去了积聚和贮存水分的中心……他们更没料到,这样做,竟使山泉在一年中的大部分时间是枯竭的;而在雨季,又使凶猛的洪水倾泻到平原上。"恩格斯的这段论述,是对农业文明时期的环境问题(主要是生态问题)的写照。但纵观农业文明的历史,环境问题还只是局部的、零散的,还没有上升为影响整个人类社会生存和发展的问题。

进入工业文明时代以来,科学技术水平突飞猛进,人口数量急剧膨胀,经济实力空前提高,各种机器、设备竞相发展,在追求经济增长的目标驱使下,人类对自然环境展开了大规模的前所未有的开发利用。在这一时期,人类在创造极大丰富的物质财富的同时,也引发出了深重的环境灾难。环境问题具有与以往完全不同的性质,已经上升为从根本上影响人类社会生存和发展的重大问题。

进入20世纪以来,环境问题呈现出地域上扩张和强度上恶化的趋势。随着污染程度的加深和污染影响范围的扩大,以及越演越烈的过度开发,使各种污染之间交叉复合,环境问题已逐渐由区域性问题演变为全球性的问题。1985年,英国科学家发现南极上空出现了臭氧洞(即臭氧层被破坏,臭氧浓度极为稀薄),引起了全世界的极大震撼,加上全球气温的持续上升、酸雨地区的扩大、淡水资源危机等,人们终于不得不对环境问题给予更加深刻的认识和反思。

1.1.2.1 当代的主要环境问题

1. 全球变暖

由于人们焚烧化石矿物以生成能量或砍伐森林并将其焚烧时产生的二氧化碳等多种温室气体,对来自太阳辐射的可见光具有高度的透过性,而对地球反射出来的长波辐射具有高度的吸收性,也就是常说的"温室效应",导致全球气候变暖。气候学的记录显示,近百年来,全球平均地面气温呈明显上升趋势,1981～1990年全球平均气温比100年前上升了0.48℃,有研究表明,到2100年为止,全球气温估计将上升大约1.4～5.8℃。全球气温将出现过去1万年中从未有过的巨大变化,从而给全球环境带来潜在的重大影响,如冰川消融、海平面升高以及引起海岸滩涂湿地、红树林和珊瑚礁等生态群丧失等,既危害自然生态系统的平衡,更威胁人类的食物供应和居住环境。

2. 臭氧层破坏

在地球大气层近地面约20～30 km的平流层里存在着一个臭氧层,其中臭氧含量占这一高度气体总量的十万分之一。臭氧含量虽然极微,却具有强烈的吸收紫外线的功能,因此,它能挡住太阳紫外辐射对地球生物的伤害,保护地球上的一切生命。然而人类生产和生活所排放出的一些污染物,如冰箱空调等设备制冷剂的氟氯烃类化合物以及其他用途的氟溴烃类等化合物,它们受到紫外线的照射后可被激化,形成活性很强的原子,与臭氧层的臭氧(O_3)作用,使其变成氧分子(O_2),这种作用链锁般地发生,臭氧迅速耗减,使臭氧层遭到破坏。1985年10月,英国科学考察队在南极南纬60°观察站发现南极上空出现巨大的臭氧洞,就是臭氧层破坏的一个最显著的标志。2004年所拍摄的卫星图片显示,天空臭氧层破了三个大洞,每个洞的面积和美国的领土一样大。更糟糕的是2005年臭氧层的破洞突然增加了1 000万 km^2——相当于一个中国那样大。臭氧层中臭氧减少,照射到地面的太阳光紫外线增强,其中波长为240～329 nm的紫外线对生物细胞有很强的杀伤作用,对生物圈中的各种生物都会产生不利影响。就人类而言,受到过多的紫外线照射会增加皮肤癌和白内障的发病率。

3. 酸雨

被大气中存在的酸性气体污染,pH值小于5.65的酸性降水叫酸雨。人类燃烧化石燃料排放产生的SO_2和NO_x是造成酸雨的主要原因。

近年来,全球酸雨一直呈发展趋势,影响的地域范围逐渐扩大,现已发展成为跨国界问题。全球受酸雨危害严重的有欧洲、北美及东亚地区。我国在20世纪80年代,酸雨主要发生在西南地区,到20世纪90年代中期,已发展到长江以南、青藏高原以东及四川盆地的广大地区。酸雨可导致大片森林死亡,农作物枯萎,土壤贫瘠化,还可使湖泊、河流酸化,并溶解土壤和水体底泥中的重金属进入水中,毒害鱼类,加速建筑物和文物古迹的腐蚀和风化,可能危及人体健康。

4. 淡水危机和水体污染

当前全世界特别是亚洲和非洲许多国家,都面临着淡水危机。据统计,全世界有100多个国家缺水,严重缺水的国家有40多个。我国水资源居世界第六位,但人均量只相当于世界人均量的1/4,是个贫水国家。淡水危机的主要原因是由于全球人口迅速增长,人们对淡水资源采取的掠夺式开采,惊人的浪费和水体污染。

全球水污染日益加剧,其主要污染来自未经处理的和未充分处理的工业废水和城市生活污水以及农药和化肥的使用。据联合国统计,20世纪80年代以来,发展中国家水污染日趋严重,印度大约70%的地表水已被污染,马来西亚的40多条河流污染严重,致使鱼虾绝迹。我国水污染也在加重,全国七大水系中有一半以上河流水质受到污染,35个重要湖泊中有17个被严重污染,全国1/3的水体不适于鱼类生存,1/4水体不适于灌溉,70%以上城市的水域污染严重,50%以上城镇的水源不符合饮用水标准,40%的水源不能饮用。

淡水危机和水污染将破坏生态环境,影响工农业生产和人类健康。

5. 资源和能源短缺

当前,世界上资源和能源短缺问题已经在大多数国家甚至全球范围内出现,其主要原因是人类无计划、不合理地大规模开采。国际能源机构公布的"2007年世界能源展望"报告指出:"如果不采取措施限制能源消耗,未来20多年内世界能源消耗量将剧增55%。"从目前石油、煤、水利和核能发展的情况来看,要满足这种需求量是十分困难的。因此,在新能源(如太阳能、快中子反应堆电站、核聚变电站等)开发利用尚未取得较大突破之前,世界能源供应将日趋紧张。此外,其他不可再生性矿产资源的储量也在日益减少,这些资源终究会被消耗殆尽,影响人类的生存与发展。

6. 森林锐减

森林是陆地生态系统的主体,对维持陆地生态平衡起着决定性的作用。但是,最近100多年来,人类对森林的破坏达到了十分惊人的程度。人类文明初期,地球陆地的 2/3 被森林所覆盖,约为 76 亿 hm^2;19 世纪中期,减少到 56 亿 hm^2;20 世纪末期,锐减到 34.4 亿 hm^2,森林覆盖率下降到 27%。联合国发布的《2000 年全球生态环境展望》指出,由于人类对木材和耕地等的需求,全球森林减少了一半,9% 的树种面临灭绝,30% 的森林变成农业用地,热带森林每年消失 13 万 km^2;地球表面覆盖的原始森林 80% 遭到破坏,剩下的原始森林不是支离破碎,就是残次退化,而且分布极为不均,难以支撑人类文明的"大厦"。森林锐减将使绿洲沦为荒漠,造成水土大量流失,干旱缺水严重,洪涝灾害频发,物种纷纷灭绝,温室效应加剧。

7. 土地荒漠化

土地荒漠化是气候变化和人类不合理的经济活动等因素,使干旱、半干旱和具有干旱灾害的半湿润地区的土地发生的退化。全球现有 12 亿多人受到荒漠化的直接威胁,其中有 1.35 亿人在短期内有失去土地的危险。荒漠化已经不再是一个单纯的生态环境问题,而是演变为经济问题和社会问题,它给人类带来贫困和社会不稳定。到 1996 年为止,全球荒漠化的土地已达到 3 600 万平方公里,相当于俄罗斯、加拿大、中国和美国国土面积的总和。荒漠化意味着人们将失去最基本的生存基础——有生产能力的土地。

8. 物种锐减

现今地球上生存着 500~1 000 万种生物,一般来说物种减少速度与物种生成的速度应该是平衡的。但是,由于人类活动破坏了这种平衡,使物种灭绝速度加快。据研究统计,每年有数千种动植物灭绝,到 2000 年地球上 10%~20% 的动植物即 50~100 万种动植物消失,在未来 50 年内灭绝,即 100 多万个物种将在半个世纪后从地球上消失。而且,灭绝速度越来越快。世界野生生物基金会发出警告:20 世纪鸟类每年灭绝一种,在热带雨林,每天至少灭绝一个物种。物种灭绝将对整个地球的食物供给带来威胁,对人类社会发展带来的损失和影响是难以预料和挽回的。

9. 固体废弃物堆弃

固体废弃物的问题不仅仅在于其中有毒有害部分会对人体造成危害以及处理固体废弃物要消耗更多的资源、能源和空间,还在于固体废弃物的最初来源是自然环境中的资源,且它本身大多数仍旧还是有用之物。但它们中的一部分却最终不能为环境所消解,实际上就是使这些物质退出了人与自然之间的物质循环,从而在固体废弃物的堆积与自然资源衰竭之间产生了一种可怕的联系:即随着固体废弃物数量的增加,自然资源的衰竭也日趋严重。另外,由于开采和挖掘还造成了严重的地球空间问题,即由于建筑材料、燃料、矿藏等开采,人类从地层深处挖出上亿吨的固体物质,在使用后堆放在地球表面的其他地方。虽然从目前看不出对生态环境的显著破坏,但是,许多人相信这种大量的物质提炼、转移、置换和以垃圾形式回归自然,对生态平衡势必造成重大变化。

10. 有毒化学品

目前市场上约有 7~8 万种化学品,对人体健康和生态环境有危害的约有 3.5 万种。其中有致癌、致畸、致突变作用的约 500 余种。随着工农业生产的发展,如今每年又有 1 000~2 000 种新的化学品投入市场。由于化学品的广泛使用,全球的大气、水体、土壤乃至生物都受到了不同程度的污染和毒害,连南极的企鹅也未能幸免。自20世纪50年代以来,涉及有毒有害化学品的污染事件日益增多,如果不采取有效防治措施,将对人类和动植物造成严重的危害。

1.1.2.2 环境问题的分类

环境问题从性质上分有环境污染问题,包括大气污染、水体污染、土壤污染和生物污染问题;由环境污染演化而来的全球变暖、臭氧层破坏、酸雨等二次污染问题;水土流失、森林砍伐、土地沙化碱化、生物多样性减少等生态破坏问题;煤炭、石油等矿藏资源的衰竭问题;数量日益膨胀的固体废弃物堆放以及有毒化学品使用问题等。

环境问题从介质上分有大气环境问题、水体环境问题、土壤环境问题等。

环境问题从产生的原因上分有农业环境问题、工业环境问题和生活环境问题等。

环境问题从地理空间上分有局部环境问题、区域环境问题和全球环境问题等。

以上这些环境问题之间并不是相互独立的,它们互为因果,相互交叉,彼此助长强化,使得问题更加恶化和复杂化。

环境问题是整个地球在人类无度作用之下发生的系统性病变的表现。20世纪50～60年代的"八大公害事件"曾使成千上万的人直接死亡,而目前,环境问题已不仅仅是对人体健康的影响了,而是已严重影响了人类生存和发展的基本需求,削弱了生命保障系统的支持能力。由于环境问题在地域上的扩展以及由此引起的各种污染的交叉复合,使得环境问题不仅在量上,而且在质上发生了变化,这种变化正危及着整个地球系统的平衡。我们所熟知的温室效应、臭氧层破坏、生物多样性减少和酸雨等问题正是这种影响的表现。这说明环境问题已经在大尺度上即整个地球的尺度上发生了,而这些问题如不能从根本上得到解决,则很可能就会使人类文明面临灭顶之灾。

由上所述可见,环境问题已经危及着全人类的生存和发展。因此解决环境问题必须依靠整体的清醒认识,以及在这种认识下全人类的联合行动。而这种认识,则必须基于对环境问题产生根源的认识。

1.1.3 环境问题产生根源

近几十年来,为了寻求环境问题的解决途径,人类一直在探索环境问题的产生原因。由于最初的环境问题表现为局地的工业污染,因此在相当长的一段时间里,人们将环境问题产生的原因仅仅看做是生产技术方面的问题,于是组织对各种污染的治理成了该时期环境保护的主要工作。在该时期,环境治理的费用在发达国家一般占GNP(国民生产总值)的1%～2%,在发展中国家也要占到0.5%～1%,因而给国家财政带来了很大的压力。但在耗费了大量的人力、物力和财力之后,环境问题并没有从根本上得到解决。

面对这一现实,人们开展了进一步的探索,发现环境问题的产生,是由于单个的生产厂商将环境成本转嫁给社会的结果,这就是著名的"环境外部性"理论。该理论认为,由于将环境资源看成是可以自由取用的公共物品,因此,生产厂商无需对生产过程中消耗的环境资源支付费用,也就是说,产品成本中没有将应包括的环境成本包括在内,而是将其转嫁给社会,转嫁给政府,从而使成本外在化。基于这样一种认识,在这一时期,对生产者采用了大量的经济手段,以图达到控制环境污染的目的。当然,这对环境问题的解决起到了很大的推动作用,同时,也使得环境经济学这门学科迅速地成长发展起来。但是,环境问题仍在继续恶化。

1972年,罗马俱乐部出版了《增长的极限》一书,该书通过对全球经济发展模型的分析指出,如果人类仍按照目前的速度发展的话,很快就会超出地球所能容纳的极限。该书的出版引起了人类对自身前途命运的关切。1987年,联合国世界环境与发展委员会发表了《我们共同的未来》,第一次将环境问题与发展联系起来。明确指出,目前严重的环境问题,产生的根本原因就在于人类的发展方式和发展道路。人类要想继续生存和发展,就必须改变目前的发展方式,走可持续发展的道路。也就是说,人们已经认识到目前的发展道路是不可持续的。然而走什么样的发展道路,是由发展观念决定的。发展观体现了人类对自身价值的认识及对价值的追求,因此,发展观是与人类社会的世界观、价值观、道德观等基本观念密切联系在一起的。它们相互影响,共同决定着人类的发展道路和发展方式。既然环境问题的产生是由于人类不可持续的发展方式决定的,那么对支配人类行为的基本观念进行反思,对人类发展进程进行反思,应当是探寻环境问题产生的出发点。

通过对人类发展进程所经历的古代文明阶段、农业文明阶段和工业文明阶段三个阶段的探索发现,环境问题产生的根源在于人类思想或人类哲学深处的不正确的自然观和人-地关系观。在这些基本观念的支配下,人类的发展观、伦理道德观、价值观、科学观和消费观等无一不存在根本性的缺陷和弊端。

1.1.3.1 发展观中的问题

工业文明以来的发展观实际上就是增长观,而且仅仅是经济增长观。几十年来,国民生产总值(GNP)一直是衡量发展的标尺,这种机械的、单一的衡量标准歪曲了发展的真正内涵,而对GNP增长的片面追求又加剧了对环境的索取。因为很显然,对自然界索取得越多,GNP的增长越大,甚至连环境污染所造成的损失也成为GNP增长的一部分。所以有的人讽刺GNP是"国民污染总值"(Gross National Pollution)。GNP的使用,使得发展(特别是经济发展)大多倾向于在数量上的增加和规模上的扩张,而不是人类生存质量的提高,这促使了环境问题的加剧。

1.1.3.2 伦理道德观中的问题

传统的伦理道德观只是处理人与人之间关系的道德准则,缺乏处理人与生物以及人与自然的关系的道德准则。中国的儒家学派认为,恻隐之心是人区别于动物的本质特征之一,因此,儒家提倡一种怜悯自然万物的道德同情心,这是一种生态道德观念。而在以人为中心的工业文明社会里,人们往往把树木、动物等看做是自己利用的对象,自己有权对自然界进行任何处置,而没有意识到自己其实也是生物的一种,应该具有与其他物种和谐共处的道德。由于对自然环境的破坏和对自然资源的不珍惜,人们一直在损害着后代人的发展权利。人们从眼前的利益和自身的利益需求出发,无限制地开采自然资源,破坏生态环境,就是对后代的生存不负责任、缺乏道德的表现。这说明,人类缺乏从人类整体角度出发所应该具有的伦理道德观。

1.1.3.3 价值观中的问题

传统的价值观认为水、大气、生物以及矿产等自然资源或自然要素是无价的,在其所属的经济核算体系内,没有自然要素和自然资源价值的地位。而从本质上来讲,自然界对人类的价值,不仅体现在资源的提供上,而且体现在它对地球生命系统的支持上。水、大气等都属于生命保障系统,是人类赖以生存的根本,其价值应当是不可估量的,而不是没有价值的。煤、石油、金属矿藏等虽然不是人类生存所必需的,但它们是由漫长的地质历史时期形成的,而且对于人类的发展至关重要,一旦消耗完,则不可恢复,所以它们也应当是珍贵的。人类错误的价值观把对经济利益最大化追求作为唯一的目标和价值尺度,随意破坏着自然资源和我们生存的基础。

1.1.3.4 科学观中的问题

过去的历史时间里,人们认为认识自然、改造自然、征服自然的水平和能力是衡量科学的唯一价值尺度,认为从环境中攫取自然资源越快的技术就是好技术,只注重科学所产生的经济效益而不顾其社会效益,尤其不注意其环境效益。这种科学观把科学研究领上了一条具有很大片面性的歧途。科学观的扭曲,导致了方法论的扭曲,带动着生产的扭曲。在这种不正确的科学观和科学方法论的引导下,发展走上了一条以牺牲环境为代价的道路。

1.1.3.5 消费观中的问题

人的消费是人类社会生产发展的推动力,消费取决于人的需要。人的消费需要可以分为单纯生存的需要、物质享受的需要和精神享受的需要三个层次。一般说来,低层次需要的一定程度的满足是高层次需要产生的基础,但低层次的需要,尤其是物质享受需要的满足程度,却是因人的价值观念而异的。如果人的需要长期在物质享受层次上停留,就会产生恶性消费,从而推动恶性开发。目前,消费已经异化成一种刺激生产的因素,一种体现自身存在价值的因素。1992年联合国环境与发展大会通过的《21世纪议程》指出:"地球所面临的最严重的问题之一,就是不适当的消费和生产模式,导致环境恶化、贫困加剧和各国的发展失衡。""应当发展富裕和繁荣的新概念,这一概念的中心思想是,通过生活方式的改变达到较高水准的生活,生活方式的改变指的是更少地依赖地球上有限的资源,更多地与地球的承载能力达到协调。"

通过以上分析可以看出,工业文明以来所形成和建立的某些发展观、科学观、价值观、伦理道德观和消费观,都是建立在错误的自然观和错误地看待人与自然的关系的基础上的。这些观念指导着人们的行为,导致了整个社会运行机制的失当,使得人们的决策行为、生产行为、开发建设行为、消费行为和日常生活行为都背离了与自然和谐共处这一根本原则。

1.2 解决环境问题的途径

1.2.1 环境规划与管理是解决环境问题的主要途径

由于最初的环境问题表现为局部的工业污染,因此,在相当长的一段时间内,人们将环境问题看做是技术问题,于是各种污染治理技术的研究和应用成了这一时期环境保护的主要工作。这一阶段工作对于减轻污染、缓解环境与人类之间的尖锐矛盾,起到了很大的作用,也取得了不少成果。但在总体上,这一阶段的工作并没能从根本上解决环境问题,一方面花费大量的人力、物力和财力去治理已经产生的污染,另一方面新的污染问题又不断出现。

1987年,联合国世界环境与发展委员会发表了报告《我们共同的未来》。报告第一次将环境问题与人类的发展联系起来。报告指出,目前严重的环境问题,产生的原因就在于人类的发展方式和发展道路。人类要想继续生存和发展,就必须改变目前的发展方式,走可持续发展的道路。可持续发展战略思想的基本点是环境问题必须与经济社会问题一起考虑,并在经济社会发展中求得解决,求得经济社会与环境协调发展。那么如何求得经济社会与环境的协调发展呢?早在1972年联合国的《人类环境宣言》中就明确指出"合理的计划是与协调发展的需要和保护与改善环境的需要相一致,人的定居和城市化工作需要加以规划,避免对环境的不良影响,取得社会、经济和环境三方面的最大利用,必须委托适当的国家机关对国家的环境资源进行规划、管理或监督,以期提高环境质量。"1974年,联合国环境规划署和联合国贸易与发展会议在墨西哥联合召开的"资源利用、环境与发展战略方针专题讨论会"上形成了三点共识,即全人类的一切基本需要应得到满足;要发展以满足需要,但又不能超出生物圈的容许极限;协调这两个目标的方法就是加强环境规划和管理。国内外几十年的环境保护工作实践也证明了环境规划与环境管理是解决环境问题的主要途径。

1.2.2 环境规划与管理的目的和基本任务

环境问题的产生有两个层次上的原因:一是思想观念层次上的;另一个是社会行为层次上的。因此,人们认识到必须改变思想观念,必须对人类自身的行为进行规划和管理,才能保证人类与环境能够持久的、和谐地发展下去。

环境规划是环境决策在时间和空间上的具体安排,实施可持续发展战略,必须在决策过程中对环境、经济和社会因素全面考虑、统筹兼顾,通过综合决策使三者得以协调发展。环境管理部门的首要任务是研究制定区域宏观环境规划,并在此基础上制定专项详细环境规划,其主要目的是控制污染、保护和改善生态环境,促进经济与环境协调发展。环境管理的目的是通过对可持续思想的传播,使人类社会的组织形式、运行机制以至管理部门和生产部门的决策、计划和个人的日常生活等各种活动,符合人与自然和谐发展的要求,并以规章制度、法律法规、社会体制和思想观念的形式体现出来;是要创建一种新的生产方式、新的消费方式、新的社会行为规则和新的发展方式。人们必须改变自身一系列的基本思想观念,必须从宏观到微观对人类自身的行为进行管理,以尽可能快的速度逐步恢复被损害了的环境,并减少甚至消除新的发展活动对环境造成新的损害,保证人类与环境能够永久地、和谐地发展下去。

从环境规划与管理的目的可以知道,环境规划与管理的基本任务应该是转变人类社会的基本观念和调整人类社会的行为。

1.2.3 环境规划与管理的作用

环境规划与管理的作用主要体现在如下四个方面。

1.2.3.1 促进环境与经济、社会可持续发展

环境规划与管理的重要作用就在于协调环境与经济、社会关系,预防环境问题的发生,促进环境与经济、社会可持续发展。

1.2.3.2 保障环境保护活动纳入国民经济和社会发展计划

环境保护是我国经济生活中的重要组成部分,它与经济、社会活动有着密切的联系,必

须将环境保护活动纳入到国民经济和社会发展计划之中,进行综合平衡,才能得以顺利进行。环境规划就是环境保护的行动计划,而环境管理则是实施环境规划的基本保障。

1.2.3.3 是实施环境政策、法规和制度的主要途径

所谓政策、法规和制度是指国家或地区为实现一定历史时期的路线和任务而规定的行动准则。我国已经颁布的一系列的环境政策、法规和制度需要通过强化环境规划和管理得以实施,环境规划与管理已经成为我国实施环境政策、法规和制度的主要途径。

1.2.3.4 实现以较小的投资获取较佳的环境效益

环境是人类生产的基本要素,又是经济发展的物质源泉,在有限的资源与资金条件下,如何用较少的资金,实现经济与环境的协调发展,显得十分重要。环境规划与管理正是用科学的方法,在发展经济的同时,实现以较少的投资获取较佳的环境效益、社会效益和经济效益的有效措施。

1.2.4 环境规划与管理的关系

国内外30多年的实践证明,环境规划与环境管理是环境保护工作行之有效的主要途径。环境规划与环境管理密不可分,但二者又存在各自独立的内容和体系。主要体现在下面三个方面。

1.2.4.1 环境规划是环境管理的首要职能

在环境管理中,环境预测、环境决策和环境规划这三个概念,既相互联系又相互区别。环境预测是环境决策的依据;环境规划是环境决策的具体安排,它产生于环境决策之后;预测是规划的前期准备工作,是使规划建立在科学分析基础上的前提。可见环境规划是环境预测与环境决策的产物,是环境管理的重要内容和主要手段。因此,从环境管理职能来看,环境规划是环境管理部门的一项首要职能。

1.2.4.2 环境目标是环境规划与环境管理的共同核心

环境管理是关于特定环境目标实现的管理活动,而环境规划的核心亦是环境目标决策,涉及目标的辨识和目标实现手段的选择。为实现共同的环境目标,使环境规划与环境管理具备共同的工作基础。

1.2.4.3 环境规划与环境管理有共同的理论基础

从学科领域来看,环境规划属于规划学的分支,环境管理属于管理学的分支,在内容和方法学体系上存在一定差异。但是,从理论基础来分析,现代管理学、生态学、环境经济学、环境法学、系统工程学和社会伦理学等又是二者共同的基础,同属于自然科学与社会科学交叉渗透的跨学科领域。

第2章 理论基础与技术方法

2.1 理论基础

环境规划与管理的目标是协调环境与社会、经济发展之间的关系,这就决定了环境规划与管理既要研究环境系统的规律,又要研究人类社会发展的规律。为此它必须借助于相关学科的理论支持,来形成自己的理论体系和框架。本节重点介绍与环境规划与管理密切相关的生态学原理、人地系统理论和环境经济学理论。

2.1.1 生态学原理

生态学的基本原理是环境规划与管理的重要理论基础,多年环境规划与管理工作取得的成果亦大多来自对生态学规律认识的进步。如我国著名生态学家马世骏提出的复合生态系统理论,美国环境学家米勒(G. T. Miller)提出的生态学三定律:极限性原理、生态链原理和生物多样性原理。

2.1.1.1 复合生态系统理论

1. 复合生态系统理论的内容

复合生态系统理论是由我国著名生态学家马世骏提出的,其内容概括为:当今人类赖以生存的社会、经济、自然是一个复合大系统的整体。社会是经济的上层建筑;经济是社会的基础,是社会联系自然的中介;自然则是整个社会、经济的基础,是整个复合生态系统的基础。以人的活动为主体的系统,如农村、城市和区域,实质上是一个由人的活动的社会属性及自然过程的相互关系构成的社会、经济和自然的复合生态系统。

2. 复合生态系统的结构及功能

复合生态系统由社会、经济和自然相互作用、相互依赖的子系统组成。社会子系统包括人的物质生活和精神生活的各个方面,以高密度的人口和高强度的消费为特征;经济子系统包括生产、分配、流通和消费等环节,以物资从分散到集中的高密度运转,能量从低质到高质的高强度集聚,信息从低序到高序的连续积累为特征;自然子系统包括人类赖以生存的基本物质环境,以生物与环境的协同共生及环境对区域活动的支持、容纳、缓冲及净化为特征。

3. 复合生态系统理论和环境规划与管理

研究了解一个区域的复合生态系统,对本区域的环境规划与管理有着深刻的指导作用。

环境规划与管理实质上是一种克服人类经济社会活动和环境保护活动盲目性和主观随意性的科学决策活动。它的基本任务为:一是依据有限环境资源及其承载能力,对人类的经济和社会活动具体规定其约束和需求,以便调控人类自身的活动,协调人与自然的关系;二是根据经济和社会发展以及人民生活水平提高对环境越来越高的要求,对环境的保护与建设活动作出时间和空间的安排和部署。

因此,环境规划与管理要以经济和社会发展的要求为基础,针对现状分析和趋势预测中的主要环境问题,通过对相关资源和能源的输入、转换、分配、使用和污染全过程的分析,确定主要污染物的总量及发展趋势;弄清制约社会经济发展的主要环境资源要素,结合环境承载力分析,从经济-社会-自然复合生态系统的结构、特性、规模与发展速度的角度协调发展与环境的关系;提出相应的协调因子,反馈给复合生态系统,并针对这些协调因子的实现,从政策和管理方面提出建议,同时归纳出环境治理措施和战略目标。

区域环境规划与管理应该依据宏观层次的环境保护总体战略,将着眼点放在探求区域社会经济发展与环境保护相协调的具体途径上,遵循复合生态系统的运行规律,根据不同功能区的环境要求,从环境资源的空间入手,合理进行资源配置,使环境资源的开发、利用与保护并举,调整区域生产力布局、产业结构投资方向,提高生产技术水平和污染控制技术水平,并将相应的协调因子反馈给经济和社会子系统,以减少排污量,减轻环境压力或调整环境总量目标。

(1) 自然子系统对环境规划与管理的指导作用

自然环境是环境演变的基础,也是人类生存发展的重要条件,它制约着自然过程和人类活动的方式和程度。自然环境的结构、特点不同,人类利用自然发展生产的方向、方式和程度亦有明显的差异。人类活动对环境的影响方式和程度以及环境对于人类活动的适应能力,对污染物的降解能力也随之不同。同时,由于现代科学技术的发展,人类能够在很大程度上能动地改造自然,改变原来自然环境的某些特征,形成新的环境。现代环境在自然环境的基础上叠加社会环境的影响,形成不同于自然环境的演化方向。因而必须综合研究区域的复合生态系统,从而研究其区域特征和区域差异,寻求环境规划与管理的方法,使制定的环境规划与管理的方法符合当地社会经济发展规律,有利于区域环境质量状况的实质性改观。

(2) 社会、经济子系统对环境规划与管理的指导作用

在复合生态系统中,社会、经济、自然三个子系统是互相联系、互相制约的,且总是在不断的动态发展之中。因此,环境规划与管理必须考虑到社会和经济的发展及发展速度。如果随着社会和经济的发展速度的调整而环境规划与管理方案未能作出相应调整,那么环境规划与管理方案会由于与实际情况相差太远失去意义。

科学技术的发展促使人类生态不断由低级向高级方向发展,并大大促进了人类自身的发展。然而,不合理地利用自然资源和管理不善,人类活动对自然生态系统的干扰在加剧,社会、经济的发展引起环境质量下降和生态退化,最终影响人类自身的生活、健康和福利。也就是说,许多的环境问题都是由社会、经济活动引起的,要处理好这些环境问题,做好环境规划与管理,就必须摆好复合生态系统中社会、经济的位置,脱离这两大系统而进行的环境规划与管理必定是不切实际的,甚至毫无使用价值。

2.1.1.2 生态学三定律

1. 第一定律

Miller 的生态学第一定律表述为:任何行动都不是孤立的,对自然界的任何侵犯都具有无数效应,其中许多效应是不可逆的。该定律又称为极限性原理或多效应原理。生态环

系统中的一切资源都是有限的,环境对污染和破坏所带来的影响的承受能力也是有限的。如果超出限度,就会使自然环境系统失去平衡,引起质变,造成严重后果。因此在进行环境规划与管理时,应根据事物的极限性定律,对环境系统中各因素的功能限度,如环境容量和环境承载力等进行慎重的分析。

(1) 环境容量

环境容量是一个复杂的反映环境净化能力的量,其数值应能表征污染物在环境中的物理、化学变化及空间机械运动性质(《环境科学大辞典》中的定义)。简单地说,环境容量是指某环境单元所允许容纳的污染物质的最大数量。环境容量是以反映生态平衡规律,污染物在自然环境中的迁移转化规律,以及生物与生态环境之间的物质能量交换规律为基础的综合性指标。

环境容量由基本环境容量(或稀释容量)和变动环境容量(或自净容量)两部分组成。合理利用环境的稀释容量和自净容量,对环境污染防治具有重要的经济价值,从这个意义上讲,环境容量是一种重要的环境资源。

目前环境容量被广泛地用于区域环境的污染物排放总量控制中。如在进行城市环境综合整治规划时,通常是根据污染源调查结果和已制定的社会经济发展规划,利用各种模型预测未来的环境质量,再根据预测结果和已确定的环境目标,通过浓度、排放量转换关系计算环境容量,然后根据环境容量和污染物总削减量,最后得到综合治理的总量控制方案。

(2) 环境承载力

在环境规划与管理实践中,人们逐渐发现,将环境这样一个复杂的自组织系统,简单地视为污染物收纳"容器"是不合适的。环境容量只能表征环境的一部分功能,环境除了容纳污染物,还为人类提供着生存、发展所必需的资源、能源等等。所以,环境对人类社会的支持作用远大于环境容量这一概念的内涵,于是出现了环境承载力的概念。

环境承载力是指某一时刻环境系统所能承受的人类社会、经济活动的能力阈值。环境承载力是环境系统功能的外在表现,即环境系统具有依靠能流、物流和负熵流来维持自身稳态,有限地抵抗人类系统的干扰并重新调整自组织形式的能力。环境承载力是描述环境状态的重要参数之一,即某一时刻的环境状态不仅与环境自身的运动状态有关,还与人类作用有关。环境承载力反映了人类与环境相互作用的界面特征,是研究环境与经济是否协调发展的重要判据。

环境承载力是环境系统固有功能的表现,它不仅与环境系统本身的结构有关,还与人类活动有关。若将环境承载力(EBC)看成是一个函数,它至少应该包含三个自变量,即时间T、空间S和人类经济行为的规模与方向B:

$$EBC = F(T, S, B) \tag{2.1}$$

那么,在一定的时刻,一定的区域范围内,环境承载力随着人类经济行为规模和方向的变化而变化。

对于环境承载力的定量表达,到目前为止仅有概念模型,没有环境承载力的具体函数表达。在实际工作中,往往通过建立环境承载力的指标体系来间接地表达某一区域的环境承载力。从环境系统与人类社会、经济系统之间物质、能量和信息的联系角度,环境承载力指标系统可以分为以下三个部分:

①资源供给指标,如水资源、土地资源和生物资源等;

②社会影响指标,如经济实力、污染治理投资、公用设施水平和人口密度等;

③污染容纳指标,如污染物的排放量、绿化状况和污染物净化能力等。

环境规划与管理的目标是协调环境与社会、经济发展的关系,力求在发展经济的同时不断改善环境质量,换句话说,就是不断提高环境承载力。环境规划与管理不仅要对重点污染源的治理作出安排,还要以环境承载力为约束条件,在环境承载力的范围之内对区域产业结构和经济布局提出最优方案,即在环境承载力范围之内制定经济发展的最优政策。

2. 第二定律

Miller 的生态学第二定律表述为:每一种事物无不与其他事物相互联系和相互交融,该定律又被称为生态链原理。按照该原理,模仿生态系统物质循环和能量流动的规律构建工业系统,推行循环经济模式,研究现代工业系统运行机制的耦合思想,是环境规划与管理的重要理论基础。该定律在环境规划与管理中的重要应用是建立生态工业园。

生态工业园是一种工业系统,它有计划地进行原材料和能源交换,寻求能源和原材料使用的最小化、废物最小化,建立可持续的经济、生态和社会关系。我国环保部门把生态工业园定义为依据清洁生产要求、循环经济理念和工业生态学原理而设计建立的一种新型工业园区。它通过物流和能流传递等方式把不同工厂或企业连接起来,形成共享资源和互换副产品的产业共生组合,使一家工厂的废物或副产品成为另一家工厂的原料或能源,模拟自然系统,在产业系统中建立"生产者—消费者—分解者"的循环途径。在我国比较成功的生态工业园有贵港生态工业园(制糖)、海南生态工业园(环保产业)、鲁北企业集团(石膏制硫酸联产水泥和海水利用)和湖南黄兴生态工业园(电子、材料、制药和环保等多产业共生体)等。

3. 第三定律

Miller 的生态学第三定律表述为:我们生产的任何物质均不应对地球上自然的生物地球化学循环有任何干扰。此定律又被称为勿干扰原理或生物多样性原理。该定律给环境规划与管理提出了转变人类观念和调整人类行为、建立人与自然和谐相处的环境伦理观的基本任务。

环境伦理是指人对自然的伦理,它涉及人类在处理与自然之间的关系时,什么是正当、合理的行为,以及人类对自然界负有什么样的义务等问题。近些年,出现了一些关于环境伦理学的比较有代表性的观点,如生命中心主义、地球整体主义和代际公平等环境伦理观。

各种伦理观由于出发点和考虑问题的角度不同,各自成为相对独立的思想体系,但其环境伦理在根本目标上是一致的,即试图通过提出人与自然环境之间的伦理关系,来解决人类面临的日益严重的生态破坏和环境污染问题。将生态学的知识上升至伦理的高度,要求人类从伦理的角度来看待和约束自己的行为,从根本上解决环境污染和生态破坏问题。

2.1.2 人地系统理论

人地系统是地球表层上人类活动与地理环境相互作用形成的开放的复杂巨系统。人地系统由人类社会系统和地球自然物质系统组成。人类社会系统是人地系统的调控中心,决定人地系统的发展方向和具体面貌;地球自然物质系统是人地系统存在和发展的物质基础和保障。人类社会系统和地球自然物质系统之间存在着双向反馈的耦合关系,人类社会系统以其主动的作用力施加于地球自然物质系统,并引起它发生变化,而变化了的地球自然物质系统又把这些作用的结果反馈给人类社会系统,作为原因再影响人类社会系统的活动。它们任何一方都既作为原因又作为结果对对方的行为产生影响,从而,二者之间形成了能动作用与受动作用的辩证统一。

2.1.2.1 人地系统的特征

人地系统是一个开放的、复杂的、远离平衡态的、具有耗散结构的自组织系统。它具有如下特征:

1. 复杂性

人地系统层次结构众多,可以分解为若干子系统,而子系统又可以继续分解为次级子系统等。其主要特征是具有大量的状态变量,反馈结构复杂,输入与输出均呈现出非线性特征。

2. 开放性

人地系统的任何一个区域都不是孤立存在的,都需要与外界进行不断的物质、能量和信息的交换。这种交换既包括与其他区域进行交换,也包括与外层空间进行的交换。人地系统只有开放才能不断发展,否则就将走向灭亡。

3. 远离平衡态

人地系统是一个开放的系统,充分的开放使得系统与环境的充分交换成为可能,也使得系统远离平衡成为可能。只有远离平衡才有发展。

4. 具有耗散结构

人地系统是一个远离平衡态的系统,它可以由于系统内部的涨落由一种状态、通过内部的自组织转变为新的有序状态,并依靠与外界交换物质和能量,保持一定的稳定性,它实际是一种具有耗散结构的自组织系统。

5. 具有协同作用

人地系统发生的无序向有序转变的自组织作用的机制在于系统内部和各子系统之间的各要素会产生彼此合作,即协同作用。协同作用的结果产生了宏观的有序,协同作用越大,则系统就表现出越强的整体功能。当人与环境之间的协同作用强时,就表现为人地关系的和谐。

6. 时空特征

人地系统的时间过程在静态上表现为规模、结构、格局、分布效益;在动态上表现为演变、交替、发展周期;它的空间特征表现为区位、生存空间、生态系统、地域实体。

2.1.2.2 人地系统的协调共生理论

1. 人地系统协调共生的耗散结构理论原理

耗散结构理论认为,人地关系地域系统作为远离平衡态的开放系统,形成耗散结构的过程正是靠因为开放而不断向其内输入低熵能量物质和信息、产生负熵流而得以维持。

根据热力学第二定律,人地系统遵循熵变规律:

$$dS = dS_i + dS_e \tag{2.2}$$

式中 dS_i——人地系统的熵产生,dS_i 恒大于等于零;

dS_e——人地系统与环境之间的熵交换引起的熵流;

dS——人地系统的熵变。

当 $dS<0$ 时，$|dS_e|>dS_i$，dS_e 越大 dS 就越小。这说明负熵流的输入量抵消了系统内部熵产生后有盈余，人地系统协调共生的有序度增加；当 $dS=0$ 时，$|dS_e|=dS_i$，说明系统外的负熵流与系统内的熵产生总量相等，人地系统协调共生的有序度不变；当 $dS>0$ 时，有两种可能：一是 $dS_i>0$，$dS_e\geq 0$；二是 $dS_i>0$，$|dS_e|<dS_i$。这两种情况表明人地系统负熵流未输入或输入的量小于系统内熵产生量，则人地系统协调共生的有序度降低，人地关系朝着失调的方向发展。由此，人地系统共生状态的熵变类型可以分为：人地系统 $dS<0$ 的协调共生型、人地系统 $dS>0$ 的人地冲突型、人地系统 $dS=0$ 的警戒型及人地关系不确定的混沌型。

由此可见，区域作为一个由人类活动系统和地理环境系统组成的人地协调共生巨系统，维持二者协调共生的充要条件就是从其外部环境不断获取负熵流，在此基础上形成人类活动系统与地理环境系统之间，以及两大系统内部益于人类发展的因果反馈关系。

2. 人地系统协调共生的理论意义

人地系统的协调共生，一方面要顺应自然规律，充分合理地利用地理环境；另一方面，要对已经破坏了的不协调的人地关系进行调整。具体表现为：

(1) 协调的目标是一个多元指标构成的综合性战略目标。社会经济必须发展，但要把改善生态条件、合理利用自然资源、提高环境质量以及由此涉及的生态、社会指标都纳入社会经济发展的指标体系中，从而构成一个多元指标组成的综合性发展战略目标。

(2) 采取经济发展与生态环境建设相结合的同步发展模式。发展经济是主导，因为只有经济发展了，才可能为生态环境建设提供必要的资金、技术，从而提高人类保护环境的能力；发展经济也必须重视生态环境建设，以生态系统的总体制约为限度，保护环境的目的是为了更好地发展经济。

(3) 合理开发区域自然资源，使其达到充分利用和永续利用。现代人地关系协调论认为，保护资源就是保护生产力，在经济发展中必须考虑不同性质的自然资源的特殊性，采取有利于维护自然资源总体使用价值的开发、利用方式。创造有益于自然资源再生产的条件，因地制宜、取长补短，使其得到充分的、永续的利用。

(4) 整治生态环境，使生态系统实现良性循环。人类在社会经济活动中所需要的物质和能量，都是直接或间接来自于生态环境系统。人类对生态环境的干预和影响，不能超过生态环境系统自我调节机制所允许的限度，如果超出了生态环境容量，就必须积极采取措施，整治生态环境，引导生态系统实现良性循环。

3. 人地系统理论对环境规划与管理的启示

人地系统的非协调共生主要表现为系统的熵增过程，环境规划与管理的任务就是要认识环境系统的耗散结构规律，人为地调控环境系统中的物质和能量的交换关系，抑制系统熵的增加，使人地系统朝着相对有序的方向发展，创造和保持对人类工作和生活最优的环境状态。

环境规划与管理的目标是协调环境与社会、经济发展之间的关系，是为了促进区域的可持续发展，而具备可持续发展的区域，在其发展过程中首先要表现为人地系统的稳定和协调。但是具有稳定和协调的区域环境却不一定是可持续的，如果该区域环境十分脆弱，一旦受到破坏，便很难通过自组织作用再次达到有序的稳定和协调状态，那么这样的环境就不具备可持续性，就需要通过环境规划和管理加以保护和整治。

人地系统是充满非线性的系统,各种各样的要素相互作用、相互制约,构成了错综复杂的网络体系。关于人地系统的理论成果为环境规划与管理提供了新的思路。

人地系统是一个复杂的巨系统,现代科学目前尚不能有效地描述和处理各种复杂巨系统的问题。目前唯一有效的办法就是将专家经验、统计数据和信息资料、计算机技术三者结合起来的综合集成法。实际上,区域环境系统内部要素之间与系统内外要素之间都存在着大量的自组织现象和非线性相关现象,实际上它是一个开放的复杂巨系统。对这一系统进行研究,仅凭常规方法是不见成效的,其正确而有效的方法目前只能是综合集成法。综合集成法必然会成为环境规划与管理的有效方法和途径。

2.1.3 环境经济学理论

2.1.3.1 环境经济学的基本理论

环境经济学研究的是发展经济与保护环境之间的关系,即研究环境与经济的协调发展理论、方法和政策。环境经济学研究的主要内容包括环境经济学基本理论、研究分析方法(主要是环境费用 – 效益分析)和环境管理经济手段的设计与应用等。

环境经济学的基本理论包括:经济制度与环境、环境问题外部性、环境质量公共物品经济学、经济发展与环境保护、环境政策的公平与效率问题。

环境经济学的分析研究方法主要有:环境退化的宏观经济评估、环境质量影响的费用 – 效益分析、环境经济系统的投入产出分析、环境资源开发项目的国民经济评价。

正在研究和广泛采用的环境管理经济手段主要有:收费制度(如排污收费、使用者收费、管理收费等)、财政补贴与信贷优惠(主要是补助金制度和税费减免等)、市场交易(如排放交易市场、市场干预和责任保险等)和押金制度。

2.1.3.2 区域环境问题的经济学分析

环境规划与管理的目的是推进环境保护与经济的协调发展,从而合理有效地解决环境问题。环境经济学为环境问题的分析提供了有效的视角,即在市场经济条件下普遍存在的问题有:市场失效、环境问题非确定性和不可逆性、环境保护与经济发展的矛盾等。

1. 市场失效

在市场经济条件下,对区域环境资源开发利用的目的是为了讲求效益与收益的最大化。但是市场机制既有实现资源最优配置的功效,同时也有不利于环境保护的缺陷,即所谓的市场失效问题。导致市场失效的主要原因有公共物品性、外部性、垄断竞争的存在以及非对称性。

(1) 公共物品性

公共物品是指消费中的无竞争性和非排他性的物品,而环境资源的公共物品性是导致环境问题产生的根源之一。环境资源消费的无竞争性,表现在某一经济主体或个人对环境资源的消费不会影响其他主体对同一资源的消费;环境资源的非排他性,表现在某一主体既是没有支付相应的保护与治理费用,也无法将其排除在消费这一资源的群体之外。因此,社会中的每个人或团体都可以根据自身的费用 – 效益准则来利用资源,追求自身经济利益的最优化,而毫不顾忌他们的行为对环境资源造成的影响,甚至破坏。而对于环境保护,每个人都不愿意付出,存在着免费搭车的心理。

（2）外部性

外部性是指某个微观经济单位的生产、消费等经济活动对其他微观经济单位所产生的非市场性的影响。从资源配置角度分析，外部性表示不在决策者考虑范围之内的时候所产生的一种低效率现象。其中，对受影响者有利的外部性称为外部经济性，对受影响者不利的外部性称为外部不经济性。

由于外部成本发生在生产和交易过程之外，所以不受市场力量的约束，在市场上无法自行消除，造成了市场失效。市场失效的存在使经济个体或个人过度地开发利用自然资源，无所顾忌地排放废弃物，从而直接影响到环境资源的永续利用。

（3）垄断竞争的存在

完全竞争或完全垄断的市场都是不存在的。实际存在的市场是一个介于二者之间的既有垄断，又有竞争的市场，即垄断竞争的市场机制。

垄断竞争市场经济中存在两个阻碍社会资源最优配置或社会经济高效率的因素：一是阻碍生产资源在不同行业和地区之间自由移动的因素，如制度性因素；另一个是由垄断力所形成的买方或卖方对市场价格的操纵。在垄断竞争市场中，虽然生产者追求利益最大化的动机没有变，但其追求利润的效率或资源配置的有效性却发生了变化。在垄断竞争下，产品的价格过高地估计了生产资源的社会或私人真实成本，从而引起整个资源分配系统和经济效益的下降，出现市场缺陷。

（4）非对称性

导致市场失效的非对称性因素主要有技术进步的非对称性和信息的非对称性两个方面。

技术进步包括两种类型：一是资源开发利用技术；另一个是环境资源保护技术。客观地说，这两种技术进步对人类都是有效用的，但资源开发利用技术实际上往往反应快、周期短、投资回报率高；而环境资源保护技术往往难度大、需要投入多、周期长、成功率和市场收益率低。因此，市场条件下的技术进步往往倾向于资源开发利用技术，从而出现了两种技术进步的非对称性。

信息的非对称性是指在市场条件下，生产者与消费者之间、经济发展与环境保护之间以及当前与未来之间、本区域与他区域或更大区域之间的信息的非对称性。这些信息的不对称性通常表现为前者对后者占有优势，经济发展的信息优势也通常引发经济发展与环境的不协调，即环境保护滞后于经济发展。而对于当前情况的信息优势，即对未来的不确定性或不可准确预见性也容易阻碍代际公平的实现，而代际公平恰恰是可持续发展的着眼点之一。本区域的信息优势也会导致区域间的公平障碍，或者说忽略了更大范围，甚至是全局的利益。

2. 环境问题的非确定性和不可逆性

环境问题的非确定性是指在规划决策时，由于对环境问题的认识和预测不能全面而准确，由此导致的各种预料不到的环境问题的产生。

环境问题的不可逆性是指资源的耗竭和生态破坏可能具有不可逆性，即无法恢复的特征。对于不可再生资源，这一点很好理解，而对于可再生资源，如果开发利用一旦超出了他们的自我更新能力，就会导致资源无法遏制的衰竭。

因此，强调环境问题的不确定性和不可逆性，是为了在制定环境规划与管理时，要高度重视环境问题。

3. 环境保护与经济发展的矛盾

从理论上讲，环境规划与管理是为了促进经济与环境的协调发展，而在实际工作中，二者却是一对较难调和的矛盾。是牺牲经济增长来保护环境，还是一味追求经济增长而宁可接受环境退化的后果，这二者都不是环境规划与管理的目的。那么化解环境与经济之间的矛盾，避免其冲突，应该成为环境规划与管理研究的核心内容。

环境库兹涅茨曲线表明：一个国家在经济起飞阶段，环境恶化是不可避免的。但随着经济的发展，在人均收入达到一定水平后，经济增长将有利于环境保护，环境退化不但可以得到遏制，还能逐步得以逆转。但这并不意味着要"先污染，后治理"，自然界的调节能力是有阈值的，如果环境破坏一旦超出了这种生态阈值，则其损失是不可挽回的。如果未来较高的经济增长不足以抵消现在的环境损失，那么早期致力于污染控制和防止自然资源衰竭应该是更合理的方法之一。

2.1.3.3 环境保护途径的经济学分析

既然市场机制不能自动地解决环境问题，就需要采取一定的手段，对市场运行机制予以适当纠正。其核心问题是如何消除环境外部不经济性，实现环境外部成本的内部化，使生产者或消费者自己承担所产生的外部费用，即"污染者负担"或"污染者付费"。

目前较有影响的环境保护经济手段有两类：一是经济刺激；二是直接管制。经济刺激是利用价值规律的作用，采用限制性或鼓励性措施，促使污染者自行减少或消除污染的手段，如产品收费、排污收费、押金制、排污交易等；直接管制是政府根据法律、法规等，强行对外部性予以管理的方式。

2.2 技术方法

环境规划与管理技术方法主要包括环境调查与评价、环境预测、环境功能区划和环境决策等方面的技术方法。本节将着重介绍环境预测和环境决策的一些常用方法。环境调查与评价以及环境功能区划的技术方法将在后续相关章节中进行介绍。

2.2.1 预测的技术方法

环境预测方法根据预测结果一般分为定性预测和定量预测，根据预测的内容又可以分为社会发展预测、经济发展预测、环境质量与污染预测等。

2.2.1.1 定性预测方法

定性预测是预测者利用直观的材料，根据掌握的专业知识和丰富的实际经验，运用逻辑思维方法对未来环境变化作出定性的预计推断和环境交叉影响分析。定性预测常用的方法有头脑风暴法、特尔菲预测法和主观概率法等。这类技术方法以逻辑思维为基础，综合运用这些方法，对分析复杂、交叉和宏观问题十分有效。

1. 头脑风暴法

头脑风暴法是通过专家（微观智能结构）之间的信息交流，引起"思维共振"，产生组合效应，形成宏观智能结构，进行创造性思维的方法，也可称之为"思维共振法"，包括直接头脑风暴法和质疑头脑风暴法。

(1) 直接头脑风暴法是根据一定的规则，通过共同讨论具体问题，集思广益，互相启发，发挥宏观智能结构的集体效应,进行创造性思维活动的一种专家集体评估、预测的方法。

(2)质疑头脑风暴法是一种同时召开两个专家会议,集体产生设想的方法。第一个会议完成直接头脑风暴法的原则,而第二个会议则是对第一个会议提出的设想进行质疑。实践证明,头脑风暴法可以排除折中方案,对讨论的问题通过客观的连续分析,找到一组切实可行的方案。

2. 特尔菲预测法

特尔菲预测法即匿名调查征询法,是目前在世界上组织专家预览中使用最为广泛的一种定性预测方法。特尔菲法是以无记名方式,通过数轮函询,征求专家意见,并对每一轮的专家意见进行汇总整理,作为参考资料再发给专家,供专家分析判断,进一步提出新的论证,并不断修正自己的见解。如此反复数次,专家意见渐趋一致,得到较为可靠的结论。使用特尔菲法时,必须坚持下面三条原则:

(1)不记名原则

为了克服参加会议的专家易受权威人士思想和见解束缚的弊端,特尔菲法采用不记名函询方式征求意见。应邀参加预测的专家互不了解,完全消除了心理因素的影响。

(2)反馈性原则

特尔菲法一般要经过三到四轮征询,每轮都将预测统计结果反馈给每位参加预测的专家,作为下一轮预测参考。

(3)预测结果的统计性原则

定量处理是特尔菲法的重要特点。为此,特尔菲法每一轮均采用统计方法处理预测结果。特尔菲预测法的主要优点是简明直观,避免了专家会议预测法的许多弊病,还不受地区和人员的限制,用途广泛,费用较低,且能引导思维。在资料不全或不多的领域中,有时只能使用这种方法。

特尔菲预测法的缺点主要是:预测结果受主观认识的制约,专家思维的局限性会影响预测的结果;在技术上仍不够成熟,如专家的选择没有明确的标准,预测结果的可靠性尚缺乏严格的科学分析。

2.2.1.2 定量预测方法

定量预测是根据历史数据和资料,应用数理统计方法来预测事物的未来,或者利用事物发展的因果关系来预测事物的未来。常用方法有趋势外推法、回归分析法、指数曲线法、环境系统的数学模型法等。

此外,还有灰色系统预测法、系统动力学预测法、投入产出模型预测法以及模糊逻辑推理预测法等,都已有专著详细论述,这里不再赘述。

2.2.1.3 社会发展预测

人口预测是社会发展预测的重点。人口预测是指根据一个国家、一个地区现有人口状况及可以预测到的未来发展变化趋势,测算在未来某个时间人口的状况,是环境规划的基本参数之一。进行人口预测,主要关心的是未来人口的数量。常见的人口预测模型有如下几种。

1. 算术级数法

$$N_t = N_{t_0} + b(t - t_0) \tag{2.3}$$

2. 几何级数法

$$N_t = N_{t_0} + (1 + k)^{(t - t_0)} \tag{2.4}$$

3. 指数增长法

$$N_t = 2.718 N_{t_0} k^{(t-t_0)} \tag{2.5}$$

式中 N_t——预测年的人口数量,万人;

N_{t_0}——基准年的人口数量,万人;

b——逐年人口增加数(即 t 变动一年 N_t 的增加数),万人/年;

t, t_0——预测年和基准年,年;

k——人口自然增长率,是人口出生率和死亡率之差,表示为人口每年净增的千分数。

2.2.1.4 经济发展预测

经济发展预测主要有能源消耗预测、国内生产总值(GDP)预测等。

1. 能源消耗预测

环境规划与管理中的能源消耗计算主要包括原煤、原油和天然气三项。能源消耗指标和能源消耗预测方法见表 2.1 和表 2.2。

表 2.1 能源消耗指标

指标名称	说明
产品综合能耗	包括单位产值综合能耗(总耗能量与产品总产值的比值)和单位产量综合能耗(总能量和产品总产量的比值)
能源利用率	有效利用的能量和供给的能量的比值
能源消耗弹性系数	规划期内能源消耗量增长速度与年平均经济增长速度的比值。年平均经济增长速度,可以采用工业总产值、工农业总产值、社会总产值或国民收入的增长速度等

表 2.2 能源消耗预测方法

方法名称	说明
人均能量消费法	按人民生活中衣食住行对能源的需求来估算生活用能的方法,我国平均每人每年 1.14 t 标准煤
能源消费弹性系数法	能源弹性系数 e 一般为 $0.4 \sim 1.1$,由国民经济增长速度粗预测能耗的增长速度 $\beta = e \cdot \alpha$,其中 α 为工业产值增长速度。以此可以进行规划期能耗预测 $E_t = E_0 (1+\beta)^{(t-t_0)}$,其中 E_t 为预测年的能耗量;E_0 为基准年的能耗量;t, t_0 为预测年和基准年

一般耗煤量的预测分为民用耗煤量预测和工业耗煤量预测。民用耗煤量的预测模型为:

$$E_s = A_s \times S \tag{2.6}$$

式中 E_s——预测年采暖耗煤量,10^4 t/年;

A_s——采暖耗煤系数,t/m²;

S——预测年采暖面积,m²/年。

工业耗煤量预测方法有弹性系数法、回归分析法和灰色预测等几种常用方法。其中弹性系数法的预测模型为:

$$C_E = \frac{\alpha}{\beta} \frac{\left(\frac{E_t}{E_0}\right)^{\frac{1}{t-t_0}} - 1}{\left(\frac{M_t}{M_0}\right)^{\frac{1}{t-t_0}} - 1} \tag{2.7}$$

式中　E_t——预测年的工业耗煤量,10^4 t/年;
　　　E_0——基准年的工业耗煤量,10^4 t/年;
　　　M_t——预测年的工业总产值,10^4 元/年;
　　　M_0——基准年的工业总产值,10^4 元/年;
　　　t,t_0——预测年和基准年;
　　　α——工业耗煤量平均增长率;
　　　β——工业总产值平均增长率;
　　　C_E——工业耗煤量弹性系数。

2. 国内生产总值(GDP)预测

国内生产总值是指一个国家所有常住单位在一定时期内所生产的最终物质产品和服务的价值总和。我国国内生产总值预测的常用经验模型为:

$$Z_t = Z_0(1+\alpha)^{t-t_0} \tag{2.8}$$

式中　Z_t——预测年的 GDP 数;
　　　Z_0——基准年的 GDP 数;
　　　α——GDP 年增长速率,%。

2.2.1.5　环境质量与污染预测

环境质量与污染预测包括大气、水、固体废物和噪声等方面的预测。大气污染预测方法主要有经验公式法、箱式模型和高斯模型等;水污染预测方法常用的有经验公式法、水质相关法和水质模型法等;固体废物预测方法常用的有排放系数预测法、回归分析法和灰色预测法等;噪声预测方法常用的有多元回归预测方法和灰色预测方法等。其具体预测方法见后续相关章节。

2.2.2　决策的技术方法

环境规划与管理中比较常用的决策方法有环境费用-效益分析方法、数学规划方法和多目标决策分析方法等。

2.2.2.1　环境费用-效益分析方法

费用-效益分析最初是作为国外评价公共事业部门投资的一种方法发展起来的,后来这种方法被引入到环境领域,作为识别和度量各种项目方案或规划管理活动的经济效益和费用的系统方法,其基本任务就是分析计算规划与管理活动方案的费用和效益,然后通过比较评价从中选择净效益最大的方案,提供决策。

1. 备选方案的费用-效益识别

为了识别备选方案的费用和效益,可进行如下步骤的研究和分析。

(1)明确目标

环境费用-效益分析的首要工作就是确定所要达到的目标。对于环境规划与管理来说,其总的意图无疑是保护环境,提高和改善现有环境质量,使其更好地为人类服务。但具体到各建设项目或环境规划与管理活动,因其所处地区、发展阶段、环境现状、存在的问题等不同,所要达到的目标也不同。只有目标明确了,才能找出现实环境中存在的问题及目标与现实之间的差距,并为备选方案的设计指明方向。

(2) 提出问题

对于环境规划与管理来说,提出问题就是要弄清规划与管理方案中各项活动所涉及环境问题的内容、范围和时间尺度,从而为规划与管理方案的影响识别分析奠定基础。

(3) 环境影响因子识别与筛选

环境影响因子是指因人类活动改变环境介质(即空气、水体或土壤等),而使人体健康、人类福利、环境资源或区域、全球系统发生变化的物理、化学或生物的因素。这些影响因子在数量及空间分布和时间尺度上的变化决定了环境系统的功能。因此,对导致环境功能变化的影响因子进行识别,并筛选出主要因子,是环境影响分析的前提条件。

(4) 备选方案的环境影响分析

在识别了主要的环境影响因子之后,就要确定这些影响因子的环境影响效果,即对环境功能或环境质量的损害,以及由于环境质量变化而导致的经济损失。

(5) 价值货币化

为了使环境规划与管理方案的影响效果具有可比性,费用-效益分析方法采用了将方案的定量化损失、效益统一为货币形式的表达方式。从决策分析的角度看,环境费用-效益分析的货币化过程,实质上是将决策的多种目标统一为单一经济目标的过程。通常,在环境规划与管理方案的制订中,投资、运行费用以及相关经费构成费用-效益分析的费用计算内容,而方案的非经济效益(或损失),则需要借助于货币化技术方法进行估计计算。

环境费用-效益分析的货币化通常分为环境费用评价的货币化方法和环境效益评价的货币化方法两类。

① 环境费用评价方法是从环境质量得到治理或恢复所需要费用的角度来评价环境价值,这类方法主要有防护费用法、恢复费用法和影子工程法三种。防护费用法指从为消除或减少环境有害影响而承担的费用中获取环境质量的最低隐含价值的方法;恢复费用法是将因环境质量退化或环境污染而破坏的生产性资产,其恢复所需要的费用作为环境物质物品损失的最低经济价值;影子工程法是恢复费用法的一种特殊形式,是当某一环境被污染或破坏后,人工建造一个工程来替代原来的环境物品或劳务的功能,然后用建造该工程的费用来估计环境污染或破坏造成的经济损失。

② 环境效益评价方法是把环境质量看做是一种人类所需要的物品和劳务,直接评价其产生的效益。主要包括市场价值或生产率法、替代市场法和调查评价法三种类型。

市场价值法是把环境价值看做是一个生产要素,利用环境质量的变化导致生产率和生产成本的变化,从而导致价格和产量的变化,以此来计量环境质量变化的经济效益。

替代市场法是当已有资源不能提供足够的市场价格、影子价格数据时,则不能使用市场法对环境影响进行货币化。此时可以用替代市场法来衡量,用替代的物品和劳务市场价格作为确定物品和劳务价值的依据。

当找不到环境质量对经济影响的实际数据,又找不到间接反映人们对环境质量评价的劳务和商品时,可采用调查评价法来了解消费者的支付意愿或他们对环境商品和劳务数量的选择愿望。环境物品的真正价值是人们的支付意愿,运用支付意愿法不仅能评估环境物品的使用价值,还可以评价其非使用价值,包括选择价值、遗传价值和存在价值等。

2. 对计算出的备选方案的费用和效益进行贴现

在利用费用-效益分析方法评价环境规划与管理方案的决策分析中,由于方案的实施往往是在一定时期内进行的,因而不同方案及其效益发生的时间不尽相同。为此,在费用-效益计算过程中,需要运用社会贴现率把不同时期的费用-效益化为同一水平年的货币值,通常转化为现值,以使整个时期的费用-效益具有可比性。

对于未来第 n 年获得的效益或费用的现值可由如下公式确定:

$$PV_b = \frac{B_n}{(1+r)^n} \tag{2.9}$$

$$PV_c = \frac{C_n}{(1+r)^n} \tag{2.10}$$

式中 PV_b——效益现值;

PV_c——费用现值;

B_n, C_n——发生在第 n 年的效益、费用;

r——社会贴现率。

如果从现在开始到未来的第 n 年中会发生一系列的效益和费用,则这些发生在不同年份的效益和费用的贴现公式分别为:

$$PV_b = \sum_{i=0}^{n} \frac{B_i}{(1+r)^i} \tag{2.11}$$

$$PV_c = \sum_{i=0}^{n} \frac{C_i}{(1+r)^i} \tag{2.12}$$

式中 B_i, C_i——发生在第 i 年的效益、费用;

n——计算期;

r——社会贴现率。

3. 备选方案的费用-效益评价及选择

进行方案费用-效益的比较评价,通常可采用经济净现值、经济内部收益率、经济净现值率和费效比等评价指标。

(1)经济净现值(ENPV)

经济净现值是反映方案对国民经济所作贡献的绝对指标。它是用社会贴现率将方案计算期内各年的净效益(等于效益减去费用)折算到建设起点(初期)的现值之和。其计算公式为:

$$ENPV = \sum_{i=0}^{n} \frac{B_{Ti} - C_{Ti}}{(1+r)^i} \tag{2.13}$$

式中 B_{Ti}, C_{Ti}——发生在第 i 年的总效益和总费用;

n——计算期;

r——社会贴现率。

一般来说,经济净现值大于或等于零的方案被认为是可以考虑的方案。

(2)经济内部收益率

经济内部收益率是反映方案对国民经济的贡献的相对指标。它是使得方案计算期内的经济净现值累计等于零时的贴现率。其表达式为:

$$\sum_{i=0}^{n}\frac{B_{Ti}-C_{Ti}}{(1+EIRR)^{i}}=0 \tag{2.14}$$

式中 B_{Ti}, C_{Ti} ——发生在第 i 年的总效益和总费用；

n ——计算期；

$EIRR$ ——经济内部收益率。

一般来说，经济内部收益率大于或等于社会贴现率的方案被认为是可以考虑的方案。

（3）经济净现值率（$ENPVE$）

经济净现值率是方案净现值与全部投资现值之比，即单位投资现值的净现值。它是反映单位投资对国民经济的净贡献程度的指标。其计算公式如下：

$$ENPVE=\frac{ENPV}{I_p} \tag{2.15}$$

式中 I_p ——投资的净现值。

一般情况下，优先选择净现值率高的方案。

（4）费效比（a）

费效比是总费用与总效益现值之比。其计算方法为：

$$a=\frac{\sum\dfrac{C_t}{(1+r)^t}}{\sum\dfrac{B_t}{(1+r)^t}} \tag{2.16}$$

如果费效比小于1，方案的费用支出小于其所获得的效益，方案可以接受；费效比大于1或等于1，方案费用支出大于效益，方法应该被拒绝。

2.2.2.2 数学规划方法

目前，用于环境规划与管理中的数学规划方法主要有：线性规划、非线性规划以及动态规划等。

1. 线性规划

线性规划是一种最基本也是最重要的最优化技术。从数学上说，线性规划问题可描述为：

（1）用一组未知变量表示某一规划方案，这组未知变量的一组定值代表一个具体的方案，而且通常要求这些未知变量的取值是非负的。

（2）每一个规划对象都由两个组成部分：一是目标函数，按照研究问题的不同，常常要求目标函数取最大或最小值；二是约束条件，它定义了一种求解范围，使问题的解必须在这一范围之内；这些约束条件均以未知量的线性等式或不等式约束来表达。

（3）每一个规划对象的目标函数和约束条件都是线性的。

根据上述规划对象的三个基本特征，可以抽象出线性规划的一般表达形式为：

$$\begin{aligned}\max(\min)f &= CX \\ AX &\leqslant (=,\geqslant)b \\ X &> 0\end{aligned} \tag{2.17}$$

$$\boldsymbol{A} = \begin{bmatrix} a_{11} & a_{12} & \cdots & a_{1n} \\ a_{21} & a_{22} & \cdots & a_{2n} \\ \vdots & \vdots & & \vdots \\ a_{m1} & a_{m2} & \cdots & a_{mn} \end{bmatrix} \qquad (2.18)$$

式中　　X——由 n 个决策变量构成的向量,即规划问题的被选方案,$X = (x_1, x_2, \cdots, x_n)^T$；

C——由目标函数中决策变量的系数构成的向量,$C = (c_1, c_2, \cdots, c_n)$；

A——由线性规划问题的 m 个约束条件中关于决策变量的系数组成的矩阵；

b——由 m 个约束条件中常数构成的向量,$b = (b_1, b_2, \cdots, b_m)^T$。

所谓运用线性规划方法进行决策分析,就是对一规划对象,通过建立线性规划模型,即在各种相互关联的多个决策变量的线性约束条件下,选择实现线性目标函数最优的规划方案的过程。一般线性规划问题求解,最常用的算法是单纯形法,已有大量标准的计算机程序可供选用。此外,在一定条件下,也可采取对偶单纯形法、两阶段法进行线性规划的求解。对于某些具有特殊结构的线性规划问题,如运输问题,系数矩阵具有分块结构等问题,还存在一些专门的有效算法。

2. 非线性规划

如果在规划模型中,目标函数和约束条件表达式中存在至少一个关于决策变量的非线性关系式,这种数学规划问题就称为非线性规划问题、非线性规划问题的一般数学模型表示为：

$$\begin{aligned} &\max(\min) f(x) \\ &h_i(x) = 0 \quad (i = 1, 2, \cdots, m) \\ &g_j(x) \geq 0 \end{aligned} \qquad (2.19)$$

式中　　x——为 n 维欧氏空间 E_n 中的向量,它代表一组决策变量,$x = (x_1, x_2, \cdots, x_n)^T$；

$f(x), h_i(x), g_j(x)$——均为决策向量 x 的函数。

和线性规划模型一样,该模型也由目标函数 $f(x)$ 和若干约束条件 $h_i(x) = 0$、$g_j(x) \geq 0$ 两部分构成。但在 $f(x)$ 或 $h_i(x), g_j(x)$ 中已存在决策变量 x 的非线性关系。从决策分析角度看,非线性规划模型给出的是在非线性的目标函数和约束关系式条件下进行规划方案选择的描述。

一般地,非线性关系的复杂多样性,使得非线性规划问题求解要比线性规划问题求解困难得多,因而不像线性规划那样存在一普遍适用的求解算法。目前,除在特殊条件下可通过解析法进行非线性规划求解外,绝大部分非线性规划采用数值求解。数值法求解非线性规划的算法大体分为两类：一是采用逐步线性逼近的思想,即通过一系列非线性函数线性化的过程,利用线性规划方法获得非线性规划的近似最优解；二是采用直接搜索的思想,即根据非线性规划的一些可行解或非线性函数在局部范围的某些特性,确定一有规律的迭代程序,通过不断改进目标值的搜索计算,获得最优或满足需要的局部最优解。各种非线性规划求解算法各有所长,这需要根据具体非线性问题的数学特征选择使用。

3. 动态规划

动态规划方法是由美国数学家贝尔曼于 20 世纪 50 年代提出的用以解决多阶段决策问题的方法。所谓多阶段决策问题是指一个决策问题包含若干个相互联系的阶段或子过程,决策者需在每一个阶段作出选择,以使整个决策过程最优的决策问题。

用动态规划方法求解多阶段决策问题,其理论依据是最优化原理或称贝尔曼优化原理。该原理可概括为:一个多阶段决策问题的最优决策序列,对其任一决策,无论过去的状态和决策如何,若以该决策导致的状态为起点,其后一系列决策必须构成最优决策序列。根据上述原理,动态规划方法遵循两个重要原则:一是递推关系原则,对一个多阶段决策系统而言,某一低阶段的状态是在优化的条件下向高一阶段延伸的,即每一阶段的决策都是以前一步的决策为前提;二是纳入原则,凡是可以用动态规划方法求解的问题,它的性质和特点不随过程级数多少的变化而变化。

运用动态规划方法解决多阶段决策问题的基本思路如下:

(1)把研究的问题按时间顺序分解成包含若干个决策阶段的决策序列,并对序列中的每一个决策阶段分配一个或多个变量,构成该问题的一个策略。

(2)从整个过程的最后阶段开始,先考虑最后一个阶段的优化问题,再考虑最后两个阶段的优化问题,接着考虑最后三个阶段的优化问题,如此下去,直至求出全过程的最优值。在这一过程当中,每一步决策都以前一步的决策结果为依据。

(3)从整个过程的初始阶段开始,逐阶段确定与整个过程最优值相对应每一个阶段的决策,所有这样的决策组成的策略就是该问题的最优策略。

多阶段决策方法与一般决策方法存在着很大差别:其一,多阶段决策问题没有例行的统一求解方法,必须根据具体情况进行具体分析;其二,多阶段决策问题与时间有关系,各步决策之间存在着不可逆的"时间顺序";其三,多阶段决策方法把决策问题看成是可以分配的"资源",遵循按序分配法进行决策。

2.2.2.3 多目标决策分析方法

1. 多目标决策分析的概念

所谓多目标决策问题是指在一个决策问题中同时存在多个目标,每个目标都要求其最优值,并且各目标之间往往存在着冲突和矛盾的一类决策问题。

对于多目标规划与管理问题,其数学模型可表述如下:

$$\max(\min) \boldsymbol{Z} = f(\boldsymbol{X})$$
$$\boldsymbol{\Phi}(X) \leq \boldsymbol{G} \tag{2.20}$$

式中 $\boldsymbol{X}$ ——决策变量向量,$\boldsymbol{X} = (x_1, x_2, \cdots, x_n)^{\mathrm{T}}$;

$\boldsymbol{Z}$ ——K 维函数向量,K 是目标函数的个数 $\boldsymbol{Z} = f(\boldsymbol{X})$;

$\boldsymbol{\Phi}(X)$ ——m 维函数向量;

$\boldsymbol{G}$ ——m 维常数向量,m 是约束方程的个数。

在多目标决策问题的求解中,非劣解是一个十分重要的概念,对于这一概念,可用下面的图加以说明。在图 2.1 中,就方案①和②来说,①的目标值 f_2 比②大,但其目标值 f_1 比②小,因此无法确定这两个方案的优与劣。在各个方案之间,显然③比②好,⑦比③好,⑤比④好。而对于方案⑤、⑥、⑦,它们之间无法确定优劣,而且又没有比它们更好的其他方案,它们就被称之为多目标决策问题的非劣解或有效解,其余方案都称为劣解。所有非劣解构成的集合称为非劣解集。

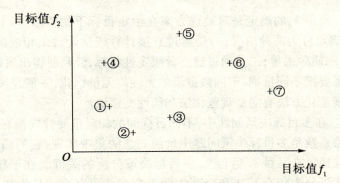

图 2.1 多目标决策的劣解和非劣解

由上述非劣解的概念可以看出,由于多个目标间的矛盾冲突性,多目标决策问题一般已不存在通常意义上的最优解,即不存在一个使全部目标属性值都达到最优状态的方案。但是多目标决策问题出现了难分上下的非劣解,这些非劣解的目标函数值此长彼消,对此,只有根据决策者对其变化的偏爱程度,才能确定最终决策。

所谓多目标决策分析就是基于上述概念,运用种种数学支持技术,根据所建立的多个目标,找出全部或部分非劣解,并设计一些程序识别决策者对目标函数的意愿偏好,从非劣解集中选择"满意解"。

各种多目标决策分析技术可按有限方案与无限方案分为两类。有限方案条件下的决策分析技术在实际问题中使用更为普遍。

2. 有限方案的多目标决策分析方法

目前,可供环境规划与管理选用的多目标决策分析方法很多,但在实践中,最可行的多目标决策分析仍是基于一组目标对若干待定方案进行评价比较的形式。这不仅易于体现环境规划与管理多目标分析的逻辑过程;而且易于适应环境规划与管理决策问题的非程序化特征。以下介绍这类决策分析形式的两种基本方法:矩阵法和层次分析法。

(1) 矩阵法

矩阵法是处理有限方案多目标问题最简单而直观的评价方法。设一决策问题,$x_1,x_2,\cdots,x_n$ 是该决策问题的 n 个目标(属性);$W_1,W_2,\cdots,W_n$ 是 n 个目标的相对重要性评价值,即权重系数;$A_1,A_2,\cdots,A_m$ 是满足 n 个目标要求的 m 个可行方案,在此基础上可建立评价矩阵,见表 2.3。

表 2.3 评价矩阵示意表

	x_1	x_2	$\cdots$	x_j	$\cdots$	x_n	V_j
	W_1	W_2	$\cdots$	W_j	$\cdots$	W_n	
A_1	V_{11}	V_{12}	$\cdots$	V_{1j}	$\cdots$	V_{1n}	V_1
A_2	V_{12}	V_{22}	$\cdots$	V_{2j}	$\cdots$	V_{2n}	V_2
A_i	V_{i1}	V_{i2}	$\cdots$	V_{ij}	$\cdots$	V_{in}	V_i
A_m	V_{m1}	V_{m2}	$\cdots$	V_{mj}	$\cdots$	V_{mn}	V_m

决策矩阵中,V_{ij} 代表方案 A_i 对目标 x_j 的实现程度,即该方案在目标 x_j 下的属性值,V_i 为方案 A_i 在目标属性下的综合评价结果。运用矩阵法进行多目标的方案评价筛选,主要包括三个基本内容:

① V_{ij}的确定。所谓V_{ij}的确定是对被选方案在给定目标下的贡献作用或实现程度进行评价。一般V_{ij}的确定分为两种情况：一是通过直接计算或估计得出相应的定量属性值，如方案的投资费用、水质效果等；二是通过建立分级定性指标，经判断得出属性值。

通常情况下需要把不同量纲、不同数量级的属性值无量纲化，一般是统一变换到$(0,1)$范围内。常用的规范化方法有向量规范化法和线性变换法。

② W_j的确定。在多目标决策问题中，不同目标间的相对重要性或偏好一般可通过权重系数来反映。权重系数是多目标决策问题中价值观念的集中体现，它的确定直接影响到规划与管理方案的选择。在某种程度上说，多目标决策分析的关键就在于权重系数的确定。确定权重系数大体可分为非交互式和交互式两类方式。非交互式是指在获得决策分析前通过分析人员与决策者等有关人员的协调对话，先获得一组权重值分布，然后据此进行方案选择。交互式则指在决策分析过程中，通过决策分析人员与决策者等不断交流对话，在获得决策方案的同时而确定权重系数值的做法，无论何种方式，常见的具体确定权重系数的方法主要有：专家法或特尔菲法、特征向量法、平方和法等。这些方法从总体来看侧重于对所收集信息的处理计算。它要在对问题目标重要性两两排序调查的基础上，对这种两两比较的结果进行处理。具体计算的思路类似于下面的层次分析法。实际上，层次分析法本身就可用来确定权重系数。

③ V_i的确定。V_i表达了任一备选方案在多个目标下的综合评价结果，通过V_i的确定即可对备选方案进行选择决策。V_i的确定主要是根据每一方案对全部目标的贡献（属性值V_{ij}）和各目标间的相对重要性（W_j）构造或选择相应的算法，求得V_i。最简单的算法是加和加权法，其计算过程的一般形式为：

$$V_i = \sum_{j}^{n} W_j Z_{ij} \tag{2.21}$$

式中　W_j——目标j权重系数；

Z_{ij}——方案i在目标j下的属性规范值，这里Z_{ij}的计算需和V_i的排序规则相匹配。

(2) 层次分析法

层次分析法(AHP)是20世纪70年代由美国学者萨蒂最早提出的一种多目标评价决策法。它本质上是一种决策思维方式，基本思想是把复杂的问题分解成若干层次和若干要素，在各要素间简单地进行比较、判断和计算，以获得不同要素和不同备选方案的权重。应用层次分析法的步骤如下：

① 建立多级递阶结构。用层次分析法分析的系统，其多级递阶结构一般可以分成三层，即目标层、准则层和方案层。目标层为解决问题的目的，要想达到的目标；准则层为针对目标评价各方案时所考虑的各个子目标（因素或准则），可以逐层细分；方案层即解决问题的方案。

层次结构往往用结构图形式表示，图上标明上一层次与下一层次元素之间的联系。如果上一层的每一要素与下一层次所有要素均有联系，称为完全相关结构，如图2.2所示。如上一层每一要素都有各自独立的、完全不相同的下层要素，称为完全独立性结构。也有由上述两种结构结合的混合结构。

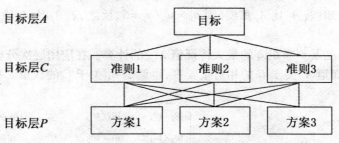

图2.2 递阶层次结构

②建立判断矩阵。判断矩阵是层次分析法的基本信息,也是计算各要素权重的重要依据。设对于准则 C,其下一层有 n 个要素 $A_1,A_2,\cdots,A_n$,以上一层的要素 C 作为判断准则,对下一层的 n 个要素进行两两比较来确定矩阵的元素值,其形式见表2.4。

表2.4 判断矩阵表

C	A_1	A_2	$\cdots$	A_j	$\cdots$	A_n
A_1	a_{11}	a_{12}	$\cdots$	a_{1j}	$\cdots$	a_{1n}
A_2	a_{21}	a_{22}	$\cdots$	a_{2j}	$\cdots$	a_{2n}
$\vdots$	$\vdots$	$\vdots$	$\vdots$	$\vdots$	$\vdots$	$\vdots$
A_i	a_{i1}	a_{i2}	$\cdots$	a_{ij}	$\cdots$	a_{in}
$\vdots$	$\vdots$	$\vdots$	$\vdots$	$\vdots$	$\vdots$	$\vdots$
A_n	a_{n1}	a_{n2}	$\cdots$	a_{nj}	$\cdots$	a_{nn}

元素 a_{ij} 表示以判断准则 C 的角度考虑要素 A_i 对 A_j 的相对重要程度。若假设在准则 C 下要素 $A_1,A_2,\cdots,A_n$ 的权重分别为 $w_1,w_1,\cdots w_n$,即 $\boldsymbol{W}=(w_1,w_2,\cdots,w_n)^{\mathrm{T}}$,则 $a_{ij}=\dfrac{w_i}{w_j}$。矩阵 $\boldsymbol{A}$ 为判断矩阵:

$$\boldsymbol{A}=\begin{bmatrix} a_{11} & a_{12} & \cdots & a_{1n} \\ a_{21} & a_{22} & \cdots & a_{2n} \\ \vdots & \vdots & & \vdots \\ a_{n1} & a_{n2} & \cdots & a_{nn} \end{bmatrix} \tag{2.22}$$

判断矩阵中的元素 a_{ij} 是表示两个要素的相对重要性的数量尺度,称做判断尺度,其取值见表2.5。

表2.5 判断尺度的取值

判断尺度	定义	判断尺度	定义
1	对 C 而言,P_i 和 P_j 同样重要	7	对 C 而言,P_i 比 P_j 重要得多
3	对 C 而言,P_i 比 P_j 稍微重要	9	对 C 而言,P_i 比 P_j 绝对重要
5	对 C 而言,P_i 比 P_j 重要	2,4,6,8	介于上述两个相邻判断尺度之间

由表 2.5 可知：若 A_i 比 A_j 重要，则 $a_{ij} = w_i/w_j = 5$，反之，若 A_j 比 A_i 重要，则 $a_{ij} = 1/a_{ji} = 1/5$。

③相对重要度及判断矩阵的最大特征值 $\lambda_{\max}$ 的计算。在应用层次分析法进行系统评价和决策时，需要知道 A_i 关于 C 的相对重要度，也就是 A_i 关于 C 的权重。我们的问题归结如下，已知：

$$A = (a_{ij})_{n \times n} = |w_i/w_j|_{n \times n} = \begin{bmatrix} w_1/w_1 & w_1/w_2 & \cdots & w_1/w_n \\ w_2/w_1 & w_2/w_2 & \cdots & w_2/w_n \\ \vdots & \vdots & & \vdots \\ w_n/w_1 & w_n/w_2 & \cdots & w_n/w_n \end{bmatrix} \quad (2.23)$$

求 $W = (w_1, w_2, \cdots, w_n)^T$。由

$$\begin{bmatrix} w_1/w_1 & w_1/w_2 & \cdots & w_1/w_n \\ w_2/w_1 & w_2/w_2 & \cdots & w_2/w_n \\ \vdots & \vdots & & \vdots \\ w_n/w_1 & w_n/w_2 & \cdots & w_n/w_n \end{bmatrix} \begin{bmatrix} w_1 \\ w_2 \\ \vdots \\ w_n \end{bmatrix} = n \begin{bmatrix} w_1 \\ w_2 \\ \vdots \\ w_n \end{bmatrix} \quad (2.24)$$

知 W 是矩阵 A 的特征值为 n 的特征向量。

当矩阵 A 的元素 a_{ij} 满足 $a_{ii} = 1, a_{ij} = 1/a_{ji}, a_{ij} = a_{ik}/a_{jk}$ 时，A 具有唯一的非零最大特征值 $\lambda_{\max}$，且 $\lambda_{\max} = n (\sum \lambda_i = \sum a_{ii} = n)$。

由于判断矩阵 A 的最大特征值所对应的特征向量即为 W，为此，可以先求出判断矩阵的最大特征值所对应的特征向量，再经过归一化处理，即可求出 A_i 关于 C 的相对重要度。

④相容性判断。由于判断矩阵的三个性质中的前两个容易被满足，第三个"一致性"则不易保证，如所建立的判断矩阵有偏差，则称为不相容判断矩阵，这时就有

$$A'W' = \lambda_{\max} W' \quad (2.25)$$

若矩阵 A 完全相容，则有 $\lambda_{\max} = n$，否则 $\lambda_{\max} > n$。这就提示我们可以用 $\lambda_{\max} - n$ 的大小来度量相容的程度，度量相容性的指标为 $C.I.$（Consistence Index），且

$$C.I. = \frac{\lambda_{\max} - n}{n - 1} \quad (2.26)$$

一般情况下，若 $C.I. \leq 0.10$，就可以认为判断矩阵 A' 有相容性，据此计算的 W' 是可以接受的，否则重新进行两两比较判断。

⑤组合权重的计算。在计算了各层次要素对其上一级要素的相对重要度以后，即自上而下的求出各层要素关于系统总体的组合权重。其计算过程如下：

设有目标层 A、准则层 C、方案层 P 构成的层次模型（对于层次更多的模型，其计算方法相同），准则层 C 对目标层 A 的相对权重为：

$$\overline{w}^{(1)} = (w_1^{(1)}, w_2^{(1)}, \cdots, w_k^{(1)})^T \quad (2.27)$$

方案层 P 的 n 个方案对准则层的各准则的相对权重为：

$$\overline{w}_l^2 = (w_{l1}^{(2)}, w_{l2}^{(2)}, \cdots, w_{lk}^{(2)})^T \quad (l = 1, 2, \cdots, n) \quad (2.28)$$

这 n 个方案对目标而言，其相对权重是通过权重 $\overline{w}^{(1)}$ 与 $\overline{w}_l^{(2)}$（$l = 1, 2, \cdots, n$）的组合而得到的，其计算可采用表格形式进行，见表 2.6。

表2.6 组合权重的计算

P 层 \ C 层 权重	因素及权重 $C_1 C_2 \cdots C_k$ $w_1^{(1)} w_2^{(1)} \cdots w_k^{(1)}$	组合权重 $V^{(2)}$
P_1	$w_{11}^{(2)} w_{12}^{(2)} \cdots w_{1k}^{(2)}$	$v_1^{(2)} = \sum_{j=1}^{k} w_j^{(1)} w_{1j}^{(2)}$
P_2	$w_{21}^{(2)} w_{22}^{(2)} \cdots w_{2k}^{(2)}$	$v_2^{(2)} = \sum_{j=1}^{k} w_j^{(1)} w_{2j}^{(2)}$
⋮	⋮	⋮
P_n	$w_{n1}^{(2)} w_{n2}^{(2)} \cdots w_{nk}^{(2)}$	$v_n^{(2)} = \sum_{j=1}^{k} w_j^{(1)} w_{nj}^{(2)}$

这时得到的 $\boldsymbol{V}^{(2)} = (v_1^{(2)}, v_2^{(2)}, \cdots, v_n^{(2)})^{\mathrm{T}}$,为 P 层各方案的相对权重。若最低层是方案层,则可根据 v_i 选择满意方案;若最低层是因素层,则根据 v_i 确定人力、物力、财力等资源的分配。

第3章 环境规划的内容

3.1 环境规划概述

3.1.1 环境规划的含义

环境规划是国民经济与社会发展规划的有机组成部分,它是指为使环境与社会经济协调发展,把"社会-经济-环境"作为一个复合生态系统,依据社会经济发展规律、生态学原理和地学原理,对其发展变化趋势进行控制,而对人类自身活动和环境所做出的时间和空间上的合理安排。

环境规划的定义规定了环境规划的目的、内容和科学性的要求。环境规划实质上是一种克服人类经济社会活动和环境保护活动盲目性和主观随意性的科学决策活动。其内涵包括如下五个主要方面:

①环境规划研究对象是"社会-经济-环境"这一大的复合生态系统,它可能指整个国家,也可能指一个区域(城市、省区、流域);

②环境规划任务在于使该系统协调发展,维护系统良性循环,以谋求系统最佳发展;

③环境规划依据社会经济原理、生态原理、地学原理、系统理论和可持续发展理论,充分体现这一学科的交叉性、边缘性;

④环境规划的主要内容是合理安排人类自身活动和环境。其中既包括对人类经济社会活动提出符合环境保护需要的约束要求,也包括对环境的保护和建设作出合理的安排和部署;

⑤环境规划是在一定条件下的优化,它必须符合一定历史时期的技术、经济发展水平和能力。

3.1.2 环境规划的特征

3.1.2.1 整体性

环境规划具有的整体性,反映在环境的要素和各个组成部分之间构成一个有机整体,虽然各要素之间也有一定的联系,但各要素自身的环境问题特征和规律十分突出,有其相对确定的分布结构和相互作用关系,从而各自形成独立的、整体性强的、关联度高的体系。环境规划的整体性还反映在规划与管理过程中各种技术环节之间关系紧密、关联度高,各环节相互影响并制约着相关环节。因而规划工作应从整体出发、全面考察研究,单独从某一环节着手并进行简单的串联叠加难以获得有价值的系统结果。

3.1.2.2 综合性

环境规划的综合性反映在其涉及的领域广泛,影响因素众多、对策措施综合、部门协调复杂。随着人类对环境保护认识的提高和实践经验的积累,环境规划的综合性及集成性越来越有显著的加强。

3.1.2.3 区域性

环境问题的地域性特征十分明显,因此环境规划必须注重"因地制宜"。所谓地方特色主要体现在环境及其污染控制系统的结构不同,主要污染物的特征不同,社会经济发展方向和发展速度不同,控制方案评论指标体系的构成及指标权重不同,各地的技术条件和基础数据条件不同,总结提炼出的环境规划的基本原则、规律、程序和方法必须融入地方特征才是有效的。

3.1.2.4 动态性

环境规划具有较强的时效性。它的影响因素在不断变化,无论是环境问题(包括现存的和潜在的)还是社会经济条件等都在随时间发生着难以预料的变动,基于一定条件(现状或预测水平)制定的环境规划,随社会经济发展方向、发展政策、发展速度以及实际环境状况的变化,势必要求环境规划工作具有快速响应和更新的能力。因此,建立起一套滚动环境规划系统以适应环境规划不断更新调整、修订的需求是发展的方向。

3.1.2.5 信息密集

在环境规划的全过程中,自始至终需要收集、消化、吸收、参考和处理各类相关的综合信息。规划的成功与否在很大程度上取决于搜集的信息是否较为完全,取决于能否识别、提取准确可靠的信息,取决于是否能有效地组织这些信息,也取决于能否很好地利用这些信息。

3.1.2.6 政策性强

从环境规划的最初立题、课题总体设计至最后的决策分析,制定实施计划的每一技术环节中,经常会面临从各种可能性中进行选择的问题,完成选择的重要依据和准绳是我国现行的有关环境政策、法规、制度、条例和标准。环境规划的过程也是环境政策的分析和应用过程。

3.1.2.7 环境规划的自适应性

在环境规划中,所谓自适应性,就是怎样充分利用自然环境适应外界变化的能力,如资源再生能力、自净能力和自然界生物防治作物虫害的作用等,以达到保护和改善环境的目的。

3.1.3 环境规划的基本原则

1. 经济建设、城乡建设和环境建设同步原则

经济建设、城乡建设、环境建设同步规划、同步实施、同步发展,实现经济效益、社会效益和环境效益的统一,促进经济、社会和环境持续、协调地发展。它标志着中国的发展战略,从传统的只重发展经济忽视环境保护的战略思想向环境与经济社会持续、协调地发展的战略思想的转变,是环境规划编制的最重要的基本原则。

2. 遵循经济规律,符合国民经济计划总要求的原则

环境与经济存在着互相依赖、互相制约的密切联系,经济发展要消耗环境资源,排放污染,施加对环境的影响,从而产生了环境问题。自然生态环境的保护和污染的防治需要资金、人力、技术、资源和能源,受到经济发展水平和国力的制约。环境问题说到底是一个经济问题,经济起着主导的作用。环境规划必须遵循经济规律,符合国民经济计划的总要求。

3. 遵循生态规律，合理利用环境资源的原则

在制定环境规划时，必须遵循生态规律，利用生态规律为社会主义建设服务。对环境资源的开发利用要遵循开发利用与保护增值同时并重的原则，防止开发过度造成恶性循环，对环境承载力的利用要根据环境功能的要求，适度利用、合理布局，减轻污染防治对经济投资的需求，促进生态系统良性循环，使有限的资源发挥更大的效益。

4. 预防为主，防治结合的原则

"防患于未然"是环境规划的根本目的之一，在污染和生态破坏发生之前，予以杜绝和防范，减少污染和生态破坏带来的危害和损失是我们环境保护的宗旨。同时鉴于我国污染和生态破坏现状已较严重，环境保护方面的欠账太多，新账不能欠，老账也要逐步地、积极地还。因此，预防为主、防治结合是环境规划的重要原则。

5. 系统原则

环境规划对象是一个综合体，用系统论方法进行环境规划有更强的实用性，只有把环境规划研究作为一个子系统，与更高层次的大系统建立广泛联系和协调关系，才能达到保护和改善环境质量的目的。

6. 坚持依靠科技进步的原则

大力发展清洁生产和推广"三废"综合利用，将污染消灭在生产过程之中，积极采用适宜规模的、先进的、经济的治理技术。同时，环境规划还必须寻求支持系统，包括数据收集、统计、处理和信息整理等，这些都必须借助科技的力量。

3.1.4 环境规划的类型

1. 按规划期划分

按规划期可分为长远环境规划、中期环境规划以及年度环境保护计划。

长远环境规划一般跨越时间 10 年以上；中期环境规划一般跨越时间 5~10 年，5 年环境规划一般称"五年计划"，因为 5 年环境计划便于与国民经济社会发展计划同步并纳入其中；年度环境保护计划实际上是"五年计划"的年度安排，它是"五年计划"的分年度实施的具体部署，也可以对"五年计划"进行修正和补充。

2. 按环境与经济的辩证关系划分

(1) 经济制约型的环境规划

经济制约型的环境规划，一般为在经济发展过程中出现了环境问题，为解决已发生的环境污染和生态的破坏，制定相应的环境保护规划。

(2) 协调型的环境规划

协调型环境规划是协调发展理论的产物，以提出经济和环境目标为出发点，以实现这一双重目标为终点。

(3) 环境制约型的环境规划

从充分地、有效地利用环境资源出发，同时防止在经济发展中产生环境污染来建立环境保护目标，制定环境保护规划。这种环境规划充分体现经济发展服从环境保护的需要，经济发展目标是建立在环境基础上的，即经济发展受环境保护的制约。

3. 按环境要素划分

(1) 大气污染控制规划

主要是在城市或城市中的小区进行,所以一般为城市或区域大气污染控制规划。其主要内容是对规划区内的大气污染控制,提出基本任务、规划目标和主要的防治措施。

(2) 水污染控制规划

水污染控制规划包括区域、水系、城市的水污染控制。具体地讲,水域(河流、湖泊、地下水、海洋)环境保护规划的主要内容是对规划区内水域污染控制提出基本任务、规划目标和主要防治措施。

(3) 固体废物污染控制规划

可以是省、市、区、行业、企业等的规划,主要对规划区内的固体废物处理处置、综合利用进行规划。

(4) 噪声污染控制规划

一般指城市、小区、道路和企业的噪声污染防治规划。

环境规划还包括土地利用规划、生物资源利用与保护规划等。

4. 按照行政区划和管理层次划分

可分为国家环境规划、省(区)市环境规划、部门环境规划、县区环境规划、农村环境规划、自然保护区环境规划、城市综合整治环境规划、重点污染源(企业)污染防治规划。

5. 按性质划分

环境规划从性质上分,有生态规划、污染综合防治规划和专题规划(如自然保护区规划)和环境科学技术与产业发展规划等。

3.2 环境规划的内容

经过30多年的发展,我国环境规划的主要内容有如下7个方面:环境调查与评价、环境预测、环境规划的目标、环境规划的指标体系、环境功能区划、环境规划方案的生成和决策、环境规划方案的实施。

3.2.1 环境调查与评价

在环境规划工作中,需要对环境现状进行广泛、深入和全面的调查研究,并根据调查结果进行分析和计算,对环境质量作出综合评价,找出环境中存在的问题,之后才有可能有针对性地制定改善和提高环境质量的规划措施。环境调查与评价主要包括环境特征调查与评价、污染源调查与评价、环境质量现状调查与评价等方面。

3.2.1.1 环境调查

1. 环境特征调查

环境特征调查主要进行自然环境特征、社会环境特征和生态等级三个方面的调查。

自然环境特征调查一般是根据掌握的资料,调查规划范围内的地质状况、地形起伏特征、地貌类型和特征、气候特征、水文地球化学特征等。特别是要对一些有特别危害的地质、地貌进行详细调查,如地震、崩塌、滑坡、冻土等,同时注意对人类行为可能诱发的地貌现象的现状和发展趋势的调查。气候调查包括气温、降水量、风速、风向、风频和日照时间等。水文地球化学特征调查主要是对土地状况、水系一般状况(河流、湖泊、地下水、海域等)进行调查。

社会环境特征调查主要说明调查区与界外区中城镇、村落分布,人口数目,城市性质,工业与能源,农、牧、林业结构,交通运输,风景区及名胜古迹分布及城市发展规划等。调查的重点放在人类活动对生态系统的干扰破坏程度上,如土地利用状况、大型建设工程状况、各行业对环境的污染程度等。

生态等级是根据规划目标的要求和客观条件的可能性选定需要调查等级的生态因子,以边长为 1~2 km 将规划范围内的整个地区划分为若干网格,以网格为单位进行调查。调查生物物种、动物群落、植物区系、土壤类型、生态污染水平、自然资源、自然保护区、珍稀和濒危物种等。

2. 污染源调查

污染源调查的目的是弄清污染物的种类、数量、排放方式、排放途径及污染源的类型和位置等,在此基础上分析主要的污染物和主要的污染源,为环境质量评价和治理提供依据。

根据污染源的分类和调查目的不同,污染源调查分为工业污染源调查、农业污染源调查、生活污染源调查、交通污染源调查等。

工业污染源调查主要调查企业环境状况、企业基本情况、污染物排放和治理情况等;农业污染源调查包括农药的使用情况、化肥的使用状况、农业废弃物和水土流失状况等;生活污染调查主要内容为城市居民人口调查、居民用水排水状况、生活垃圾、民用燃料、城市污水和垃圾的处理处置状况等。

3. 环境质量现状调查

环境质量现状调查主要是进行环境污染现状的调查,包括江河湖泊污染现状与污染分布、地下水污染现状及海域污染现状及分布、大气环境污染现状及分布、土壤污染现状和分布等。环境污染现状调查尽可能收集和充分利用规划范围内及其邻近地区设有的常规大气、水质环境质量监测站、点的例行监测数据资料,统计分析各点各季节的主要污染物的浓度值、超标倍数和变化趋势等。

3.2.1.2 环境评价

环境评价的内容包括自然环境评价、污染源评价、环境质量现状评价。

1. 自然环境评价

自然环境主要包括地质、气候、水文、植被、地形地貌、土壤、特殊价值地区及生态环境(特别是生态敏感区或生态脆弱区)等。自然环境评价主要为环境区划和评估环境的承载能力服务。

2. 污染源评价

污染源评价是在查明污染物排放地点、形式、数量和规律的基础上,综合考虑污染物的毒性、危害和环境功能等因素,以潜在污染能力来表达区域内主要污染问题的方法。

污染源评价要突出重大工业污染源评价和污染源综合评价。根据污染类型,进行单项评价,按污染物排放总量排队,由此确定评价区的主要污染物和主要污染源。污染源评价还应酌情包括乡镇企业污染评价和生活及面源污染分析等。污染源评价还应考察现有环保设施运行情况、已有环境工程的技术和效益、作为新规划工程项目的设计依据和参考。

3. 环境质量现状评价

环境质量现状评价是对环境质量现状优劣进行定性或定量的描述和评定。评价的目的是准确反映环境质量现状和污染状况,找出当前的主要环境问题,为环境规划工作提供科学依据。

一般应包括大气环境质量评价、水环境质量评价、土壤环境质量评价、声环境质量评价和固体废物污染评价。应突出超标问题,以明确环境污染的时空界域。环境质量现状评价还要指出主要环境问题的原因和潜在的环境隐患等。

此外,环境评价还涉及经济与社会现状评价。经济与社会现状评价主要包括如下内容:

(1)产业结构和布局现状分析。产业结构和布局对区域环境产生直接和显著的影响。合理的产业结构和布局能够最大限度地减轻对区域环境的危害,并在有限的环境容量和环境资源的情况下,发挥当地最大的生产潜力;而不合理的产业结构和布局既不能有效地发挥生产潜力,又严重地损害区域的环境质量。

(2)资源优势和利用现状分析。资源在利用过程中,没有被充分利用的部分就成为污染物,因而资源的利用效率与环境密切相关。

(3)经济规模及科技水平分析。一个区域经济规模的大小及其发展速度与该区环境质量密切相关,而在经济规模相同时,一般技术水平越高则对环境的损害越小,技术水平越低则对环境的污染和破坏越重。

(4)社会人口状况分析。人是社会的基本组成部分,又是社会生产和消费的主体。人通过生产和消费活动与环境形成了相互对立统一的关系,这种相互关系的影响程度与人口总数、人口密度、人口分布、人口结构、年龄分布、城乡人口分布等因素有直接关系。

(5)社会意识状况分析。规划区域内人的思想、道德、哲学、美学、文艺、宗教和风俗等社会意识形态,特别是人的环境保护意识等都会对环境产生影响,要进行认真分析。

3.2.2 环境预测

环境预测是指根据人类过去和现有已掌握的信息、资料、经验和规律,运用现代科学技术手段和方法,对未来的环境状况和环境发展趋势及其主要污染物和污染源的动态变化进行描述和分析,为提出防止环境进一步恶化和改善环境的对策提供依据。环境规划预测的主要目的,就是预先推测出实施经济发展达到某个水平年时的环境状况,以便在时间和空间上作出具体安排和部署。

3.2.2.1 环境预测的依据

(1)社会经济发展规划

预先推测出实施社会经济发展达到某个水平年时的环境状况是环境规划预测的主要目的,所以这种环境预测与经济发展的关系十分密切,社会经济发展规划(发展目标)是环境预测的主要依据。

(2)规划区的环境质量评价

规划区的环境质量评价是环境预测的基础工作和依据,通过环境评价,探索出经济社会发展与环境保护间的关系和变化规律,从而为建立规划预测或决策模型提供信息、数据和资料打下基础。

(3)村镇、城市建设发展规划、城镇总体发展战略和发展目标、交通运输等资料

村镇、城市建设发展规划、城镇总体发展战略和发展目标、交通运输等有关资料是环境

预测的依据资料,例如城市集中供热、发展型煤、煤气化、绿化、建污水处理厂等,都直接关系未来环境的状况,这些数据资料都是环境预测所不可缺少的背景材料。

3.2.2.2 环境预测的类型

1. 按预测目的划分

（1）警告型预测

警告型预测指在人口和经济按历史发展趋势增长,环保投资、防治管理水平、技术手段和装备力量均维持在目前水平的前提下,预测未来环境的可能状况。

（2）目标导向型预测

目标导向型预测指人们主观愿望想达到的水平。目的是提供环境质量的上限值,是为了使水平年污染物浓度达到环境保护要求,排污系数应有的递减速率及污染排放量应达到的基准。

（3）规划协调型预测

规划协调型预测是指在充分考虑到技术进步、环境保护治理能力、企业管理水平和产业结构的更新换代等动态因素的前提下,对环境质量达到的切合实际的预测。是指通过一定手段,使环境与经济协调发展所能达到的环境状况。

2. 按预测的内容划分

按照预测的内容划分,环境预测可以分为社会与经济发展预测、环境质量与污染预测、环境容量和资源预测、社会和经济损失预测、环境治理和投资预测和生态环境预测等。预测的重点是社会与经济发展预测和环境质量与污染预测。

（1）社会与经济发展预测

社会与经济预测是预测规划期内区域内的人口总数、人口密度和人口分布等方面的发展变化趋势；人们的生活水平、居住条件、消费倾向和对环境污染的承受能力等方面的变化；区域生产布局的调查、生产力发展水平的提高和区域经济基础、经济规模和经济条件等方面的变化趋势。

社会发展预测重点是人口预测,经济发展预测重点是能源消耗预测、国民生产总值预测等。预测随着社会、经济的发展所带来的各种环境问题,预测区域环境质量随着人们的生产和消费活动变化的规律性,预测区域污染物发生量和人口分布、人口密度、生产布局和生产力发展水平等因素之间的关系。

（2）环境质量与污染预测

环境质量与污染预测的要点是确定排放源、汇与受纳环境介质之间的输入响应关系,预测各类污染物在大气、水体、土壤等环境要素中的总量、浓度以及分布的变化,预测可能出现的新污染物种类和数量。污染物宏观总量预测的要点是确定合理的排污系数（如单位产品和万元工业产值排污量）和弹性系数（如工业废水排放量与工业产值的弹性系数）。

3.2.3 环境规划的目标

制定环境目标是环境规划和管理的核心内容,是对规划对象（如国家、城市和工业区等）未来某一阶段环境质量状况的发展方向和发展水平所作的规定。它既体现了环境规划的战略意图,也为环境管理活动指明了方向,提供了管理依据。

3.2.3.1 环境规划目标的类型

1. 按管理层次划分

(1) 宏观目标

宏观目标是对规划区在规划期内应达到的环境目标的总体上的规定。

(2) 详细目标

详细目标是按照环境要素、功能区划等对规划区在规划期内所要达到的环境目标所作的具体规定。

2. 按规划内容划分

(1) 环境质量目标

环境质量目标主要包括大气环境质量目标、水环境质量目标、噪声控制目标以及生态环境目标。环境质量目标依不同的地域或功能区而不同，其由一系列表征环境质量的指标体系来体现。

(2) 环境污染总量控制目标

环境污染总量控制目标主要由工业或行业污染控制目标和城市环境综合整治目标构成。污染排放总量控制目标实质上是以功能区环境容量为基础的目标，即把污染物排放量控制在功能区环境容量的限度内，多余的部分即作为削减目标或削减量。削减目标是污染总量控制目标的主要组成部分和具体体现。

3. 按规划管理目的划分

(1) 环境污染控制目标

其中大气污染控制目标是在规划期内要把区域内的大气主要污染物的总量、浓度控制在一定的标准范围内，包括各项空气质量指标和大气污染治理指标。水体污染控制目标指控制区域工业废水和生活污水的排放总量，以及水中污染物的含量；控制区域内江河湖泊的工业废水和生活污水的纳入总量；控制地表水和地下水在一定的水质指标范围内，制定各类水体污染的治理目标。固体废物控制目标指控制区域内各产业部门的固体废物和生活垃圾的产生量和排放总量、占地面积；提出固体废物的综合利用率和生活垃圾处理率等项目标。噪声污染控制目标是按国家规划的标准要求，把区域内的一般噪声、交通噪声和飞机噪声控制在一定的范围内。

(2) 生态保护目标

自然生态环境是人类赖以生存和发展的物质条件，所以，在区域环境规划中要有保护森林资源、草原资源、野生生物资源、矿产资源、土地资源和水资源等生态资源的规划目标；同时还要有防止水土流失、土地沙化、土地荒漠化、土地盐碱化以及建立自然保护区和风景区的规划目标。

(3) 环境管理目标

环境规划的科学制定和实施要依靠环境管理来进行。因此，在环境规划中要包括组织、协调、监督等各项管理目标，同时还包括实施环境规划，执行各项环境法规以及环境保护的宣传、教育等管理目标。

4. 按规划时间划分

按规划可分为短期(年度)目标、中期(5~10年)目标和长期(10年以上)目标。

5. 按空间范围划分

按空间范围可分为国家、省区、县市各级环境目标。对特定的森林、草原、流域、海域和山区也可规定其相应目标。

3.2.3.2 确定环境规划目标的原则

1. 客观性原则

环境规划目标必须有时间限定和空间约束，可以计量并能反映客观实际，而不是规划人员和决策者的主观要求和愿望。确定目标要以规划区环境特征、性质和功能为基础，抓住其自身特征，客观地确定环境目标。

2. 社会经济的可持续发展原则

可持续发展的核心是发展，但是在发展的同时必须保护环境，实现社会、经济、环境的协调可持续发展。因而在确定目标时，如果过分强调环境保护，将目标定得过高，超过了经济的承受能力，则会使经济发展停滞不前，甚至倒退；如果环境目标过低，经济发展又会加速环境污染和破坏，并最终反过来限制社会经济的发展。因而环境目标的确定要合理，符合社会经济的可持续发展原则。

3. 满足人们生存发展对环境质量的基本要求

环境规划目标要保证人们生存发展的基本要求得到满足。一方面，确定目标应高于人们生活对环境质量的要求，尤其对于符合要求的饮用水、清洁空气、适当的生存空间和娱乐休闲等生活条件要得到保证；另一方面，确定的目标也要高于生产对环境质量的要求，保证符合标准的生产用水、空气、生产用地、生产材料和能源等，从而保证生产的顺利进行。

4. 保证目标的可行性和可实施性

确定目标时要考虑现有经济水平能够提供多少资金用于环境保护，保证目标在经济上可行；考虑现有的环境管理技术、污染防治技术和技术人才等方面条件，保证目标在技术上可行；此外还要分析规划区的污染负荷削减能力，分析当地的公民素质、环境意识，确保制定的环境目标的可行性。确定的环境目标要能分解，能定量化。无论定性目标还是定量目标，都要把目标具体化。在时间上和空间上能进行分解细化目标，形成易于操作的指标和具体要求，要便于管理、监督、检查和执行，要与现行管理体制、政策、制度相配合，特别要与责任制挂钩。

3.2.3.3 确定环境规划目标的方式

1. 定量确定环境规划目标

定量是指在目标确定过程中尽量使目标量化的方式。用这种方式确定的目标都有具体的数量，表示环境质量要达到的程度或标准。其优点在于明确而具体，便于管理、监督和实施。这种方式在中短期规划中应用较多。

2. 定性确定环境规划目标

定性是指用定性的方式描述目标，无明确数量化的要求，只是用概要的语言描述对于环境质量的要求。其优点在于能在较高视角表达目标，常用于中长期规划的目标确定。定性目标便于指导定量目标的确定，但不具有操作性。

3. 半定量确定环境规划目标

半定量是指介于定性与定量确定之间的方式，综合定量定性确定的优点，回避二者的弱点，适于一些模糊目标的确定。

3.2.4 环境规划的指标体系

指标是目标的具体内容、要素特征和数量的表述。环境规划指标体系是由一系列相互联系、相对独立、互为补充的指标所构成的有机整体。在实际规划中,由于规划的层次、目的、要求、范围、内容等不同,规划指标体系也不尽相同。需根据规划对象、所要解决的主要问题、情报资料拥有量以及经济技术力量等条件决定,以能基本表征规划管理对象的实际状况和体现规划管理目标内涵为原则。

3.2.4.1 指标选取的原则

建立环境规划指标体系,就是要建立起能全面、准确、系统和科学地反映各种环境现象特征和内容的一系列环境规划目标。为了切实地搞好这项工作,必须遵循一定的原则来进行。

1. 整体性原则

要求环境规划指标完整全面,既有反映环境规划全部内容的环境指标,又包括在环境规划过程中所使用的社会、经济等项指标,并由此构成一个完整的指标体系。

2. 科学性原则

要通过科学的方法来建立环境规划指标体系,只有科学的指标才能进行科学的环境规划,也才能够实现环境规划的目标。

3. 规范性原则

环境规划指标体系是一个由多项指标构成的体系,由于这些指标的性质和特点不尽相同,这就需要对各项规划指标进行分类和规范化处理,使各类指标的含义、范围、量纲和计算方法等具有统一性,而且要在较长时间内保持不变,以保证环境规划指标的精确性和可比性。

4. 可行性原则

该指标体系必须根据环境规划管理的要求来设置,根据具体的环境规划内容来确定相应的环境规划管理指标体系,使之具有可行性。

5. 适应性原则

环境规划指标体系一方面要适应环境规划要求,也要适应环境统计工作的要求,在尽量满足环境规划工作需要的同时,也要考虑到实际可能的条件。如果片面地强调指标的完整无缺,势必增加了指标统计的工作量,超过统计部门的财、物的可能,就会给建立环境规划指标体系带来更加不利的影响。

6. 选择性原则

选择那些具有现实性、独立性和必要性的指标,特别是区域环境综合整治指标要注意代表性和可比性,真正体现区域环境综合整治水平并可以得到客观准确的评价。

3.2.4.2 环境规划指标体系

按环境规划指标表征对象、作用以及在环境规划管理中的重要性或相关性来分,环境规划指标有环境质量指标、污染物总量控制指标、环境规划措施与管理指标以及相关性指标。

1. 环境质量指标

环境质量指标主要表征自然环境要素(大气、水)和生活环境(如安静)的质量状况,一般以环境质量标准为基本衡量尺度。环境质量指标是环境规划的出发点和归宿,所有其他指标的确定都是围绕完成环境质量指标进行的。环境质量指标包括大气环境质量指标、水环境质量指标、噪声指标等。具体环境质量指标见后续各相关章节。

2. 污染物总量控制指标

污染物总量控制指标是根据一定地域的环境特点和容量来确定,其中又有容量总量控制和目标总量控制两种。污染物总量控制指标包括大气、水和工业固体废物总量控制指标,以及乡镇环境保护规划指标等。具体污染物总量控制指标见后续各相关章节。

3. 环境规划措施与管理指标

环境规划措施与管理指标是首先达到污染物总量控制指标,进而达到环境质量指标的支持性和保证性指标。这类指标有的由环保部门规划与管理,有的则属于城市总体规划。环境规划措施与管理指标包括:城市环境综合整治指标、乡镇环境污染控制指标、水域环境保护指标、重点污染源治理、自然保护区建设与管理、投资指标等。

4. 相关性指标

相关指标主要包括经济指标、社会指标和生态指标三类。如国民生产总值、部门工业产值、工业密度、单位占地面积企业数;人口总量与自然增长率、分布、城市人口数量;森林覆盖率、草原面积、耕地保有量、水土流失面积、治理面积、土地沙化面积;农村能源、薪柴林建设、生态农业试点数量及类型等。

3.2.5 环境功能区划

3.2.5.1 环境功能区的定义

环境功能区是指对经济和社会发展起特定作用的地域或环境单元。事实上,环境功能区也常是经济、社会与环境的综合性功能区。

3.2.5.2 环境功能区划的内涵

环境功能区划是环境实现科学管理的一项基础工作。它依据社会经济发展需要和不同地区在环境结构、环境状态和使用功能上的差异,将区域合理地划分为不同的功能区。它研究环境单元的承载力(环境容量)及环境质量的现状和发展变化趋势,揭示人类自身活动与环境及人类生活之间的关系。

3.2.5.3 环境功能区划的目的

每个地区由于其自然条件和人为利用的方式不同,该区域内所执行的环境功能不同、对环境的影响程度各异,要求不同地区达到同一环境质量标准的难度也就不一样。因此,考虑到环境污染对人体的危害及环境投资效益两方面的因素,在确定环境规划目标前常常要先对研究区域进行功能区的划分,然后根据各功能区的性质分别制定各自的环境目标。

1. 确定具体的环境目标

通过环境功能区划分,决策者依据功能区的重要程度、经济开发特点,提出控制污染布局与排放的各种强制性措施,确定环境保护重点和环境保护目标。总的指导思想是具有高功能区域要高标准保护,低功能的区域低标准保护,特殊功能区域特殊保护。为各环境功能区环境目标管理的战略决策提供科学依据。

2. 合理布局

决策者依据不同区域的功能、环境保护目标,可以对区域的经济发展进行合理布局。对于未建成区或新开发区、新兴城市等来说,环境功能区划对其未来环境状态有决定性影响。

3. 落实环境目标

从定性管理过渡到定量管理,环境质量状况不断得到改善。将环境功能区与环境保护目标建立起对应关系,使之在技术、经济可行性分析的基础上将确定环境保护目标得到落实。特别是城市环境综合整治定量考核、环境目标管理责任制,排污许可制度的贯彻执行必将对环境目标的落实起到促进作用。

4. 科学使用环境投资,使治理方案有效实施得到保证

治理污染和环境保护需要投资的支持与保证。当前,在环保资金不足,治理污染和环境保护任务严重的情况下,落实环境保护目标,搞好环境保护,需要考虑的问题有:

(1) 根据各功能区的环境特点,做到环境保护目标要突出重点;
(2) 将点源治理与区域集中处理结合起来;
(3) 各环境功能区,实施环境目标,治理污染和环境保护强调经济效益;
(4) 科学地拟定环保投资计划,实现区域污染控制总费用最小,使治理方案做到有的放矢。

5. 使各种法律制度得到正确实施

目前有关环境保护方面的法律有环境保护法、水污染防治法、大气污染防治法、森林法、草原法、海洋环境保护法各项标准和制度等。这些都是重要的环境保护法律手段和依据。针对不同的环境功能区采用不同的控制标准或环保要求,将有利于法律制度的正确实施。

3.2.5.4 环境功能区划的依据

1. 依据城市总体规划

保证区域或城市总体功能的发挥与区域或城市总体规划相匹配。

2. 依据自然条件

依据地理、气候、生态特点或环境单元的自然条件划分功能区,如自然保护区、风景旅游区、水源区或河流及其岸带、海域及其岸带等。

3. 依据环境的开发利用潜力

如新经济开发区、绿色食品基地、名贵花卉基地和绿地等。

4. 依据社会经济的现状、特点和未来发展趋势划分功能区

如工业区、居民区、科技开发区、教育文化区和经济开发区等。

5. 依据行政辖区

行政辖区往往不仅反映环境的地理特点,而且也反映某些经济社会特点。按一定层次的行政辖区划分功能区,有时不仅有经济、社会和环境合理性,而且也便于管理。

6. 依据环境保护的重点和特点

一般可分为重点保护区、一般保护区、污染控制区和重点污染治理区等。

7. 依据环境标准和规范

如环境质量标准、功能区划技术规范等。

3.2.5.5 环境功能区划的类型

1. 按其范围划分

一般可以分为城市环境功能区划和区域环境功能区划。

(1) 城市环境功能区划

一般包括工业区、居民区、商业区、机场、港口、车站等交通枢纽区、风景旅游或文化娱乐区、特殊历史文化纪念地、水源区、卫星城、农副产品生产基地、污灌区、污染处理池（垃圾场、污水处理厂等）、绿化区或绿色隔离带、文化教育区、新科技经济区、新经济开发区和旅游度假区。

(2) 区域（省区）环境规划的功能区划

一般包括工业区或工业城市、矿业开发区、新经济开发区或开放城市、水系或水域、水源保护区和水源林区、林、牧、农区、自然保护区、风景旅游区或风景旅游城市、历史文化纪念地或文化古城、其他特殊地区。

2. 按内容划分

一般分为综合环境功能区划和单要素环境功能区划。

(1) 综合环境区划

城市综合环境区划主要以城市中人群的活动方式以及对环境的要求为分类准则。一般可以分为重点环境保护区、一般环境保护区、污染控制区和重点污染治理区等。

(2) 单要素环境功能区划

一般可以分为环境空气质量功能区划、地表水域环境功能区划、噪声功能区划和生态功能区划等。

3.2.6 环境规划方案的生成和决策

环境规划是对区域环境系统进行的科学评价预测、决策与管理的综合过程。遵循科学的组织与筹划原则，设计制定合理的筹划程序，是规划与管理工作顺利进行的前提。

3.2.6.1 环境规划方案的生成

环境规划方案的生成主要包括前期计划与调研、评价预测与主要问题辨析、方案的开发设计及方案优化等主要过程。

1. 前期准备与调研阶段

主要内容包括接受任务、确定规划的时域与空域范围、成立规划领导小组与课题组、编制规划提纲与调研提纲、进行广泛的咨询、吸取各方意见并采集相关的数据和资料。咨询方式可以是个别咨询、开专题研讨会、问卷调查等。范围从决策部门和领导、各行业和企业的领导和有关人员、相关专业的专家学者直到普通民众。数据的采集工作包括资料查找和踏查两部分。主要资料来源有统计年鉴，环保、土地、水利、农业、工业、矿产等部门统计年报及年度工作总结，资源调查分析报告，以往的规划成果，相关的课题成果，环境年鉴，污染企业的污染统计年报以及对自然状况、污染状况、自然资源状况所作的实地监测与调查等。

2. 评价预测与主要问题辨析阶段

在现状调查的基础上，对区域的环境质量状况、资源利用状况及社会经济发展状况做出评价及预测，摸清区域环境的污染和资源可利用程度，掌握环境系统的动态趋势，找出目前及将来可能发生的主要环境问题，分析其成因及症结所在，从而为制定合理、可行的环境质量目标、污染综合整治对策、生态建设措施及协调经济发展与保护环境的方法提供可靠的科学依据。

3. 方案的开发设计阶段

方案的开发设计阶段是在上一阶段对区域环境质量现状、社会经济发展状况做出评价，并分析了主要环境问题的人口和社会经济成因的基础上，对本区域环境保护与建设的目标、重点、对策与实施步骤做出规划，这是整个规划工作的核心所在。

环境目标又是该核心中的核心。环境目标一旦确立，以后的对策制定以及实施管理便围绕着目标而展开。

围绕一个规划目标，可以多方位、多层次的提出多个可供选择的规划方案，要遵循最小费用原则，对多个方案通过深刻的可行性分析和论证，能实现规划目标的费用最小方案即为可行性方案。当然，方案确立下来后，仍不能到此为止，仍需要在方案优化与实施监控过程中，根据反馈回来的信息，不断地进行调整。

4. 方案优化阶段

规划方案的优化，是在上述工作的基础上，对规划总目标和各种可行方案进行详细分析。首先，应选取有利于环境的产业结构、规划布局，推行清洁生产；其次，在此前提下，仍可能有的污染物要设法综合利用、变废为宝；再次，对不能利用的废物，要尽量利用自然环境容量予以净化；最后，对超过环境自净能力的废物，要采取区域集中处理工程和分散治理等多种途径与措施的优化组合，进行人工无害化处理。

总之，要将这些途径和措施进行分析评价，筛选出最有效最经济的措施来，并进行科学组合，搞好总规划管理方案与各专题规划管理方案之间的纵向衔接和各专题规划管理方案之间的横向协调。形成一套由主到次、由产业结构到规划布局、由综合利用到废物治理、由污染防治到自然资源保护的科学组合方案。

3.2.6.2 环境规划方案的决策

规划方案的生成是规划走向成功的开始。它必须进入到决策过程，并在实践中发挥作用，才能实现其自身的意义。

1. 决策的含义

决策是指为了实现一个或几个特定目标，在占有一定信息和经验的基础上，根据客观条件与环境的可能，借助于一定的方法，从各种可供选择的方案中，选出最佳方案的活动。一般来说，决策由以下基本要素组成，包括：决策对象、决策人、决策理论和方法、决策环境、决策信息和决策目标，其中决策人是这个决策系统的核心。

2. 决策的分类

从不同的角度根据不同的标准可以将决策分为不同的类型。按决策作用时间或层次可分为战略决策、策略性决策和战术性决策（也称业务决策、作业决策）；按决策作用范围可分为宏观决策和微观决策；按决策的结构可分为程序决策和非程序决策；按决策性质可分为定性决策和定量决策；按决策过程的连续性可分为单项决策和续贯决策；按决策环境可分为确定型决策、风险型决策和不确定型决策等。

3. 环境决策的特征

环境系统是一个复杂的人工和自然的复合大系统，其规划和管理的决策涉及环境、经济、社会、技术和政治等多种因素，因此它除了具有一般决策问题的典型特征之外，还有其独特之处。

(1) 非结构化特征

程序性决策又称为结构化决策。这类问题,从信息收集加工、确定决策影响因素和条件、形成决策等方面看是可以准确识别且处理方式相对简单的一类规划与管理的决策问题。其基本表现是:决策问题结构良好,可以运用数学模型较精确地刻画描述;决策具有明确定义的目标并且存在着明确判断目标的准则,同时存在一个为人所公认的最佳方案;决策具有一定的决策规则可按照某种通用的、固定的程序与方法进行;能够广泛地借助于数学方法和计算机,以适宜自动化的方式进行。

非程序性决策,也称非结构化决策。此类问题所涉及的信息知识具有很大程度的模糊性和不确定性;问题的性质无法以准确的逻辑判断予以描述;缺乏例行的决策规则,难以识别决策过程的各个方面;依据固定的程序方法,其结果重现性较差。这种非结构决策,其决策问题复杂,决策者的行为对决策活动的效果具有相当的影响,很难用数学方法和自动化方式进行。

(2) 多目标特征

在环境规划的决策问题中往往伴随着经济与社会活动的决策问题,其决策的目标往往不止一个,普遍呈现出多个目标的特征,即目标间存在着冲突性或矛盾性,即某一目标的改进往往导致其他目标实现程度的降低;目标间存在着不可公度性,即多个目标没有统一的度量标准。环境系统规划与管理的方案选择,往往涉及环境、经济、社会甚至政治等多种因素,而各目标之间普遍存在着冲突性和不可公度性。

(3) 基于价值观念的特征

现实社会中大量的系统决策问题,往往涉及错综复杂的关系,特别是由于在广泛的目标因素中包含社会因素和人的行为因素,因而人的价值观念在评价各种性质不同的问题、因素时将起到重要的作用,从而直接影响决策方案的选择。这种决策问题中人的价值观念和取向反映了基于对客观现实进行价值估计的决策特征。

4. 环境规划方案的决策步骤

环境规划方案的决策主要包括如下几个步骤:

(1) 制定决策目标

根据人类社会发展的需要,对目前存在或潜在的环境问题进行研究,并根据社会经济发展水平,提出环境决策所要达到的目标。

(2) 调查收集信息

搜集决策过程中所需要的各种资料和数据。

(3) 设计决策方案

分析与实现决策目标有关的各种因素,从经济、技术、社会等方面的条件考虑,拟定实现决策目标的方案。

(4) 评估决策方案

对拟定的各种方案进行比较、分析,作出评价。

(5) 选定决策方案

在确保实现决策目标的前提下,选定一个经济、技术和社会等条件均可接受的实施方案。

(6) 调查反馈

若出现所有可能方案均不能被当时的经济、技术和社会等条件所接受的情况,应对决策目标进行修正或调整,并重新进行上述工作,直至得到可行决策方案。

3.2.7 环境规划的实施

环境规划方案编制完成之后,对区域环境的建设与发展还没有起到应有的指导与约束作用。环境规划方案的意义是由规划的实施来体现的。随着市场经济发育的逐渐成熟,区域环境地方性法规体系的逐步完善,信息产业以及新技术的发展和运用,都对环境规划的实施产生了巨大的影响和冲击。为了适应新形势的需要,对环境规划的实施进行研究与思考,可以更好地发挥环境规划的宏观控制作用。

3.2.7.1 环境规划实施的目的和原则

1. 区域环境规划实施的目的

环境规划编制的目的是为了实施,而环境规划实施的目的是对区域资源环境加以合理配置,使区域的经济、社会及建设活动能与资源环境的承载力相协调,实现人口、资源、经济、环境的有序、持续地发展。

我国市场经济的最大特征是生产经营者追求自身利益的最大化。在此过程中,他们的行为往往存在着"外部不经济性",即市场主体从共有资源和生产物品的开发、利用及向环境中排放污染物中获得效益,而对由此产生的环境污染和资源破坏所造成的损失和治理恢复费用,则由社会、他人或后代承担,自身的利益并不受到直接的影响。这就使得市场主体在决定其生产、投资、消费取向时,只从自身的成本和收益出发,吝于花费大量的钱财来保护自然资源、防治环境污染,因而市场运作失灵,几乎完全不具有效率。从长远来看,多个市场主体的共同行为必然导致环境资源的污染和毁灭,使全体公众的利益受损害,"外部不经济性"成为环境问题的重要经济根源。

市场失效的存在,使市场经济不可能自动地解决环境问题,必须依靠政府行为加以纠正。环境规划的制定和实施,则是政府对市场失效进行干预的依据和手段。这就是所谓的"经济靠市场,环保靠政府"的道理。其根本目的是为了社会公众利益的共同实现,政府以大众名义来实行的公众政策。

2. 环境规划实施的原则

环境规划实施的目的是保护公共资源,避免公共资源悲剧的发生,维护的是公众的利益,是一种具有管理效力的公众政策,在实施过程中应遵循以下原则:

(1) 公平原则

环境规划自地方人民代表大会通过之日起,即具有法律效力,任何个人或利益集团对环境保护都有平等的义务,对环境资源的利用也有平等的权力。所有的生产生活活动都应在环境规划的约束之内,任何人都不享有不受规划与管理的特权,可以说在"环境保护"面前人人平等。

(2) 公正原则

环境规划的实施是人民政府环境保护行政主管部门主导下的工作,在具体的规划管理实施中,他们的行政行为要符合客观规律,要符合国家和人民的利益,要符合正义和公正的要求。

(3) 公开原则

我国宪法中有明文规定,人民应通过各种途径和方式,管理国家事务和社会事务。环境规划在实施过程中实施主体有义务向公众解释规划管理的目的、意义、措施及有关的规章、制度等,并在实施过程中,接受公众的监督。

(4) 动态管理原则

应建立信息反馈机制,在环境规划实施过程中遇到的困难和问题,及时反馈给环境规划方案的制定者,并根据实际情况,对环境规划方案进行不断的调整和修正,使其不断完善。

3.2.7.2 环境规划实施的机制

1. 建立环境规划的政策法规体系

市场经济越发达,越要加强法制建设,要彻底由依靠行政手段的"人治"方法向"法治"方法转变,这就需要建立健全环境规划的政策法规。一方面保障环境规划方案的顺利实施;另一方面通过制定符合市场经济规律的环保优惠政策,激励和诱导一切有利于环境保护的行为。例如,对"三废"综合利用的产品、环保机械、环保工程设计等可实行减免税政策;对经济效益好、市场前景广阔的清洁生产、朝阳产业等可给予贷款优先、择优扶持政策等。

2. 建立合理的环境规划模式

随着区域环保工作的不断发展和逐渐深入,环境规划的内容将越来越多,工作量也越来越大,所以必须处理好统一管理与分级管理的关系。从系统的角度来看,即系统是可分的,一个复杂的系统可以分解成若干子系统,各子系统又可以再分解为若干个二级子系统……因此,对于复杂的系统,要实施有效的、统一的管理与控制,管理系统本身就应设置适宜的系统组织结构。区域中常见的环保系统里有省环保局、市环保局和区环保局,各级环保局中又分为局、处、科,层次越高,越统揽全局、越宏观,层次越低,越解决具体操作的问题。要建立环境规划权限制度,明确各级管理的权责,以确保环境规划的顺利进行。

3. 建立社会监督工作体系

广泛的公众参与是环境规划方案进入决策的社会基础。应通过各种新闻媒体向广大公众发布有关环境规划的政策、法规、程序等,以提高公众的环保意识,使公众都能关心、支持并参与到环境规划中来。同时要把环境规划管理方案的实施过程置于公众和媒体的监督之下,增加公开性和透明度,只有在公开透明的前提下,才能保证公平公正,抑制知法犯法和执法犯法行为的发生,防止营私舞弊等腐败现象的滋生,促进廉政建设。

4. 建立高素质的专业化的管理队伍

环境规划是由环境规划人员来操作的,这支队伍的专业水平、职业道德、工作作风将直接影响到环境规划的实施。因此,为了使环境规划得以顺利高效地进行,对管理者必须进行严格的要求。

3.2.7.3 环境规划实施的手段

环境规划实施的手段按其起作用方式可以分为直接管制手段、经济调控手段、技术手段和宣传教育手段四大类。由于环境规划实施工作复杂而艰巨,靠任何单一的手段都难以取得圆满的效果,因而管理手段的运用也必须是这四种手段的有机结合。

1. 直接管制手段

环境规划作为政府的职能,是以政府管理或干预的形式维护公众利益的一种力量。市场经济条件下,由于市场在环境资源领域的"失灵",为了有效保护环境资源,促使外部经济性的内部化,只能依靠行政法规"有形的手"来进行直接命令和控制。

这种手段的突出特点是严格性、强制性。市场经济是法制经济,社会主义市场经济下的环境管理自然是法制管理。只有在法制健全的社会中,环境规划才能有效实施。所以,应建立和完善规划法制体系,提高规划的法律地位进而提高环境规划的权威。要努力营造这样一种法制环境,即违反环境规划的环境污染者或资源破坏者,要受到民事、行政乃至刑事制裁。

2. 经济调控手段

市场经济条件下,区域的一切活动直接或间接地处于市场关系之中,市场机制是推动生产力要素和自然资源配置的基本运行机制。在这种运行机制下,如果环境规划不利用市场调节这只"无形的手",就无法对环境保护实施有效调控。

经济调控手段的实质在于按照环境资源有偿使用和"污染者付费原则",通过市场机制,使开发、利用、污染、破坏环境资源的生产者、消费者承担相应的经济代价,从而将环境成本纳入各级经济分析和决策过程,促使人们从自身利益出发选择更加有利于环境资源的生产、经营和消费方式。同时也可以筹集环保资金,由政府根据需要加以支配,以支持清洁工艺技术的研究、开发、推广、应用以及区域环境综合整治、重点污染治理、污染治理基础设施的建设等。这类经济控制手段主要有排放权交易制度、环境税收制度、环境资源有偿使用制度、财政信贷刺激制度、固定资产投资调节制度、环保专项基金制度、环境损害责任保险制度等,总之是要实现规划实施经济手段的"绿色化"。

3. 技术手段

技术手段是指借助那些既能提高生产率,又能把对环境污染和生态破坏控制到最低限度的技术和先进的污染治理技术等来达到环境目的的手段。

运用技术手段,强化监测管理,积极开发监测新技术,完善环境质量监测系统,包括规划区域内监测能力建设、重点区域监测断面优化布点、重点污染源在线监测以及规划实施的环境质量与总量控制技术评估方案及规范。完善环境管理信息系统,加强规划区域内的环境监督管理为环境评价、污染趋势预测等提供信息支持。

结合实际,开展环境污染防治技术研究,如:如何公开、公正和公平地分配污染物排放总量指标,如何建立排污权交易市场。开展从污染控制技术到规划管理技术的研究是保证规划方案顺利实施、达到预期目标的要求。

4. 宣传教育手段

广泛利用新闻媒体和教育机构,对全民进行环保宣传教育,培养公众的环境意识,增加公众对环境规划的认同感和参与意识,使人们环境行为的改变由被动变为主动,当环境规划的实施以这种手段为主时,则规划与管理发挥的效益将是十分巨大的。

3.2.7.4 环境规划实施的监控与反馈

对环境规划运行过程中的监控就是监督环境规划方案的编制与实施管理是否能沿着正常的轨道运行,从而保证它们的变化方向不偏离规划目标,变化幅度限制在决策者和方案制订者规定的限度之内。一般情况下,当环境规划方案编制完成经评审之后,由决策部门进行决策,决策后的环境规划方案便进入实施阶段。

1. 环境规划运行监控的基本程序

控制既是一个过程,又是一种程序。不管规划管理实施活动如何复杂,规划组织实施的范围如何宽泛,一般都有一个基本程序,这种控制的基本程序包括三个步骤:

（1）规定完成阶段性规划与管理目标或环境建设项目的标准,包括数量标准和质量标准。

（2）衡量执行情况,一般根据获取规划管理目标实施情况的书面报告,对照标准衡量规划管理方案的实施情况和规划管理目标完成情况,得到规划与管理实施的偏差及偏离幅度。

（3）纠正偏差,即要采取措施来纠正实际结果与标准间的偏差,以便使规划管理实施活动控制在规定限度内。

2. 制定完整理性的评价准则

对环境规划阶段性目标或建设项目标准的制定,应该是在总结过去实践经验的基础上,找出其中的规律性,通过预测,确定出未来的需求,从中概括出一整套比较完整的、相对客观的、具有可操作性的和体现时序性的规划管理运行评价原则。而关于制定准则的准则,是看其对实现环境规划总目标的贡献,因为所有阶段性目标和重大项目都是为了实现总目标服务的。

环境规划运行的评价准则,不应当是笼统的条条框框,而是一个完整的系列,要以环境、经济、社会的协调为核心,建立一套衡量规划管理阶段性实施情况的指标,包括总量、速度、效益等方面。这些基于定量手段制成的评价标准,可以大大提高评价的科学性,防止仅仅靠经验判断的主观臆测,对规划管理的评价带有一定的偏执性,从而使后序的纠错改错工作误入歧途。

3. 监控并评估环境规划的实施效果

一项既定的方案在实施过程中,尚需定期或不定期地对规划与管理方案的实施效果进行综合评估,然后根据评估结果,找出存在问题的症结,进而采取有效途径对规划与管理方案实施纠错。这是在整个规划管理实施全过程中的一个重要的环节,承担着"再规划、再决策、再实施"的职能,直接决定着规划与管理方案纠错和报废方案置换的成败。

承担规划与管理方案实施效果评估的人员,既不是实施者本身,也不是决策者,而应该是由各行业领域的专家组成的专家组,专家组在广泛吸取了公众和其他智囊机构的意见之后,根据一定的评价标准,对规划与管理的分阶段目标的完成情况给予评价。评价的内容包括阶段性目标的实施政绩,阶段性目标实施后是否仍与现实和长远的经济、政治、科技等各项政策相一致,实施手段是否合法,阶段性目标实施后是否促进了区域环境质量的改善,阶段性目标实施后是否有利于推动区域人口、资源、环境同经济、社会之间的持续协调发展等。评价方法可以采用头脑风暴法、AHP法、多层次多目标模糊综合评价等定性和定量相结合的方法,并可采用人机会话系统、智能技术等现代化手段。

4. 环境规划方案的纠偏与置换

专家组对实施效果进行综合评价后,会得出好与坏的结论。当评价结论为阶段性实施效果好,则应对规划与管理方案继续采取积极的经济技术手段导入实施,保证规划与管理总目标的顺利实现。当评价结论为实施效果不太理想或很差时,就应该从规划方案或实施环节两个方面找原因,这时一般会得出以下三种结论:第一种结论为实施环节没有问题,执行人员尽职尽责,实施手段比较先进,实施管理模式合理高效,问题的症结还是出在规划管理方案上。如果规划与管理方案没有太大的问题,只需对方案进行纠错微调;如果规划与管理方案实施效果极差,则需深刻分析和反省失败的原因,报废原方案,并找出规划与管理方案置换的途径,重新制定新的规划与管理方案。第二种结论为规划与管理方案科学合理,问题出在实施环节上;或者是由于实施操作队伍人浮于事,散漫低效,不按方案办事,有法不依、执法不严;或者是由于实施手段不当、管理模式不合理,各实环节不能得以很好的协调,相互推诿、扯皮影响了实施效果。这种情况下,只需对实施环节进行调整,提高执行人员素质,改变实施手段,改革管理模式从而提高规划与管理水平。第三种结论为规划方案与实施环节都存在问题,则需要进行从方案编制到实施的全过程的处理。

第4章 水环境规划

4.1 水环境规划基础

水环境规划是对某一时期内的水环境保护目标和措施所作出的统筹安排和设计,其目的是在发展经济的同时保护好水质,合理地开发和利用水资源,充分地发挥水体的多功能用途和实现效益最大化。

4.1.1 水环境规划的类型和层次

根据研究对象的不同,水环境规划大体分为两类,即水污染控制系统规划和水资源系统规划。水污染控制系统规划是水环境规划的基础,以实现水体功能要求为目标。水资源系统规划是水环境规划的归宿,以满足国民经济和社会发展的需要为宗旨。

1. 水污染控制系统规划

水污染控制系统规划是由污染物的产生、排出、输送、处理及其在水体中迁移转化等各种过程和影响因素所组成的系统。水污染控制系统规划是以国家的法规、标准为基本依据,以环境保护科学技术和地区经济发展规划为指导,以水污染控制系统的最佳综合效益为总目标,以最佳适用防治技术为实施对策,统筹考虑污染发生—防治—排污体制—污水处理—水体质量及其与经济发展、技术改进和加强管理之间的关系,进行系统的调查、监测、评价、预测、模拟和优化决策,寻求整体最优化的近、远期污染控制规划方案。根据水污染控制系统的不同特点,水污染控制系统规划又可以分为流域水污染控制系统规划、区域(城市)水污染控制系统规划和水污染控制设施规划三个层次。

2. 水资源系统规划

水资源系统是以水为主体,构成的一种特定的系统,是一个相互联系、相互制约及相互作用的若干水资源工程单元和管理技术单元所组成的有机体。水资源系统规划是指应用系统分析的方法和原理,在某区域内为水资源的开发利用和水患的防治所制定的总体措施、计划和安排。根据水资源系统规划的范围不同,水资源系统规划又可以分为流域水资源规划、地区和专业水资源规划三个层次。

4.1.2 水环境容量

4.1.2.1 水环境容量的定义

水环境容量是指在给定水域范围和水文条件,规定排污方式和水质目标的前提下,单位时间内该水域的最大允许纳污量。

水环境容量即反映流域的自然属性(水文特征),同时又反映人类对环境的要求(水质目标)。水环境容量随着水资源情况的不断变化和人们环境需求的不断提高而不断发生变化。

4.1.2.2 水环境容量的基本特征

水环境容量的大小与水体特征、水质目标和污染物特性有关,同时还受污染物的排放方式和排放的时空分布的影响。水环境容量具有区域性、系统性和资源性三个基本特征。

1. 区域性

理论上,水环境容量是水环境参数的多变量函数,它受污染物在环境中的迁移、转化和积存规律的影响,受水体对污染物稀释扩散能力和自净能力的制约。不同地域的水文、地理和气候条件等不同,使不同水域对污染物的物理、化学和生物净化能力存在明显的差异,从而导致水环境容量具有明显的地域特征。

2. 系统性

河流等水域通常都处在大的流域系统中,水域与陆域、上游与下游、左岸与右岸构成不同尺度的空间生态系统。因此,在确定局部水域水环境容量时,必须从流域的角度出发,合理协调流域内各水域的水环境容量。一个城市、一条支流是流域系统中的一个要素,水环境容量既要考虑本区域条件,又要兼顾流域整体特征。

3. 资源性

水环境容量是一种自然资源,其价值体现在水环境通过对纳入的污染物的稀释扩散,既容纳一定量的污染物,又不影响水域的使用功能,也能满足人类生产、生活和生态系统的需要。但水域的环境容量又是有限的可再生自然资源,一旦污染负荷超过水环境容量,其恢复将是十分缓慢与艰巨的。

4.1.2.3 水环境容量的计算

1. 计算步骤

水环境容量的计算通常有以下六个步骤:

(1)水域简化。将天然河流、湖泊等水域简化为计算水域,如天然河道可以简化为顺直河道、复杂河道地形可以简化处理、非稳态水流可以简化为稳态水流等。水域简化后,能够利用简单的数学模型来描述水质变化规律。对于支流、排污口和取水口等影响水环境的因素也需要进行相应的简化处理,如距离较近的多个排污口可以简化为一个集中的排污口。

(2)基础资料调查与分析。基础资料调查包括流速、流量、水位等水文资料和水域水质资料,水域内的排污口污水排放量与污染物浓度、种类等资料,支流水量和污染物浓度、种类资料,取水口取水量、取水方式资料,污染源排污量、排污方式和排污去向等资料。对收集的基础资料进行一致性分析,形成数据库。

(3)选择控制边界。根据水环境功能区划和水域内的水质敏感点位置,确定水质控制断面的位置和浓度控制标准。对于包含污染混合区的环境问题,需要根据环境管理的要求确定污染混合区的控制边界。

(4)选择水质模型。根据实际情况选择建立零维、一维或二维水质模型,在进行各类数据资料的一致性分析的基础上,确定模型所需的各项参数。

(5)容量计算分析。应用设计水文和上下游水质限制条件进行模型计算,利用试算法或建立线性规划模型等方法确定水域的水环境容量。

(6)水环境容量的确定。在上述容量计算分析的基础上,扣除非点源污染的影响部分,得出实际环境管理可以利用的水环境容量。

2. 计算/设计条件

(1) 计算单元

以水环境功能区为基本单元,以水环境功能区上、下界面或常规监测断面为节点。在计算水环境容量时,可以把整条河流作为一个整体进行计算,将各水环境功能区作为水质约束的节点条件出现,将排入各功能区河段的污染源作为输入条件,进行模拟演算;也可以按照水环境功能区逐一进行计算。

(2) 控制点的选取

选取控制点时应注意以下几个问题:控制断面不要设在排污混合区内;控制断面应能反映敏感点的水质;控制断面能反映出境水质达标状况。一般情况下,计算单元内可以直接按水环境功能区上下边界、常规性监测断面等设置控制点。如果功能区水域内没有常规性监测断面,可以选择功能区的下断面或重要的取水点作为控制点。

(3) 水文条件

河流的水文条件是指河段内的水位、流速和流量等条件。湖库的水文条件是指湖库的水位、库容和流入流出条件。一般情况下,水文条件随年际、月际的变化而变化。针对不同的流域,在选取设计水文条件时,要具体情况具体分析。

(4) 边界条件

河流的控制因子一般选择 COD 和氨氮作为容量计算的主要控制因子,湖库增加总氮、总磷和叶绿素 a 指标。对于不同水域,应根据具体水域特征,增加区域特征污染物进行容量计算;质量标准以水环境功能区划相对应的环境质量标准类别作为控制断面水质质量标准;河流的设计流速为对应设计流量下的流速,对于断面设计流速,可以进行实际测量,但应注意转化为设计条件下的流速;参考上游水环境功能区标准,以对应国家质量标准的上限值为本底浓度(来水浓度);单位时间一般指一年,将最枯月或最枯季的环境容量换算为全年,作为功能区的年环境容量。

3. 河流水环境容量的计算

水环境容量的计算与排放位置和排放方式直接相关,为简化计算,本文针对点源污染(即排污口),以河流为例来介绍水环境容量的计算。

假设源污染为点源,各排污口连续、均匀排污,控制断面与排污口交错间隔分布。以河流流向为 x 轴,与河流垂直方向为 y 轴建立坐标系。假设排污口 i 的排放位置为 (x_{ip}, y_{ip}),x_{ip} 是沿河流流向的坐标,y_{ip} 是排污口延伸到河流中的长度。断面 i 的位置为 x_{id}。假设各个排污口的排放量为 Q_i,其对断面 i 的浓度影响可以用水质模型 $f(x_{id}, y, x_{ip}, y_{ip}, Q_i)$ 来表示,视具体情况,水质模型可以选择一维或二维模型。设第 i 个断面的最大浓度 C_i 在 $y = y_{id}$ 达到,如果是在岸边排放,则 $y_{id} = 0$。各个断面要求达到水质目标 S_i。对第一个断面,要求:

$$C_1(x_{1d}, y_{1d}) \leqslant S_i \tag{4.1}$$

计算上游排入水体的排污量可以通过对水体的污染物进行实测反推水体的污染物总量。

第一个断面的浓度分布 $C_1(x_{id}, y)$,相当于一个断面污水排放量为 Q_p,Q_p 与 $C_1(x_{id}, y)$ 的关系为:

$$Q_p = u \int C_1(x_{id}, y) \mathrm{d}y \tag{4.2}$$

式中 u——河流流速。

这样第二个断面的浓度分布为：
$$C_2(x_{2d},y) = f(x_{2d},y,x_{1d},y_{1d},Q_p) + f(x_{2d},y,x_{1p},y_{1p},Q_1) \tag{4.3}$$

其中 y_{1d} 为河流宽度的一半。由此类推，第 i 各断面的浓度分布为：
$$C_i(x_{id},y) = f(x_{id},y,x_{1d},y_{1d},Q_p) + \sum_{j=1}^{i-1} f(x_{id},y,x_{jp},y_{jp},Q_j) \tag{4.4}$$

第 i 个断面的环境质量要求为：
$$C_i(x_{id},y_{id}) \leq S_i \quad (i=1,\cdots,n) \tag{4.5}$$

在满足上式的前提下，污染物的最大允许排放量即为环境容量。对于单一排污口，无论设几个断面，环境容量唯一确定。

如果存在多个排污口，则排污量为一个向量 $(Q_1, Q_2, \cdots, Q_{n-1})$，水环境容量要求的排污量最大的意义就不明确了。只有确定了各个排污口排放量的相互关系，才能将向量最大化问题转化为标量的最大化，因此多个排污口的水环境容量的确定过程，是与水环境容量分配结合在一起的。

(1) 单一排污口水环境容量计算

以可降解有机物为对象，一维水质模型为例计算单一排污口水环境容量。设河流排污口与断面的距离为 L，流速为 u，污染物按一级反应动力学规律降解，综合降解系数为 k，排污口上游来水量为 Q_b，污染物浓度为 C_b，排污口污水排放量为 Q_p，污染物浓度为 C_p。根据一维模型，河流断面的污染物浓度为：

$$C = C_0 \exp\left(-k\frac{L}{u}\right) = \frac{C_b Q_b + C_p Q_p}{Q_b + Q_p} \exp\left(-k\frac{L}{u}\right) \tag{4.6}$$

由断面污染物浓度 C 小于水质标准 S，得到污染物排放总量

$$C_p Q_p \leq S \exp\left(k\frac{L}{u}\right)(Q_b + Q_p) - C_b Q_b \tag{4.7}$$

当污水排放量与河流流量相比可以忽略时，污染物允许排放总量为

$$S \exp\left(k\frac{L}{u}\right) Q_b - C_b Q_b \tag{4.8}$$

如果沿程有面源汇入，且面源分布较为均匀时，假设：C_r 为沿程面源汇入得到某种污染物平均浓度；Q_0 为 $Q_p + Q_b$，即点源排放污水量与河流流量之和；Q 为控制断面的流量；Q_m 为沿程面源流入污水量。则点源排污口的允许排污量 W_p 可以按下式计算：

$$W_p = (Q_b + Q_p)\left[\left(S - \frac{C_r}{E_1}\right)\left(\frac{Q}{Q_0}\right)^{E_1} - \frac{C_r}{E_1}\right] - C_b Q_b \tag{4.9}$$

$$E_1 = \frac{1.16 \times 10^5 kA}{Q_m} \tag{4.10}$$

式中 A——河段平均断面面积，km^2。

(2) 多个排污口的水环境容量计算

入河排污口是指污染源污水直接排入河流的出口。目前，除源头一些小的支流水质较好外，绝大多数河流均起着纳污的作用，因此把接纳不同污染源污水的支流也看成是一个污染源，其注入主流的河段也称为入河排污口。市政排污口同理也称为入河排污口。根据

此定义,入河排污口可以分为支流汇入口、污染源直排口和市政排口三类。

从排污口定义来看,河流中一般都存在多个排污口,确定河流中最大污染物的排放量,要考虑污染物在不同来源的分配。

存在多个排污口时,排污量是一个向量$(Q_1,Q_2,\cdots,Q_{n-1})$。河流水环境容量取所有排污口排放量总和的最大值。考虑排污口污染源的实际情况,确定每个排污口应该至少分配的初始量,即增加各个排污口的具体限制:

$$Q_{jp} \geq Q_{js} \quad (j=1,\cdots,n-1) \tag{4.11}$$

然后考虑在环境质量约束的条件下,求总的排污量为最大。优化的规划模型为:

$$\max \sum_{j=1}^{n-1} Q_j \tag{4.12}$$

$$C_i(x_{id},y_{id}) \leq S_i \quad (i=1,\cdots,n-1) \tag{4.13}$$

$$Q_{jp} \geq Q_{js} \quad (j=1,\cdots,n-1) \tag{4.14}$$

从上面的模型可以看出,在确定河流最大允许排放量的同时,相应的也决定了这个总量在不同排污口的分配,即河流水环境容量总量的确定与总量分配相关。

4.1.3 水污染控制单元

水污染控制单元由源和水域两个部分组成。源是指排入相应受纳水域的所有污染源的集合,水域根据水体的不同使用功能进行划分。

水环境系统可以看成是由许多水污染控制单元组成的大系统,划分水污染控制单元的过程就是将复杂大系统分解处理的过程,是水环境规划过程的一个重要步骤。水污染控制单元是最终落实水污染控制目标和控制方案的基本单元,也是实施环境目标责任制和定量考核的基本单元。

4.1.3.1 水污染控制单元的划分原则

在分析水环境问题的基础上,考虑行政区划和水环境功能区划、水域的环境特征、污染源和排污口分布等特点,将源所在区域与排污受纳水域划分为多个水污染控制单元。在划分水污染控制单元时应遵循以下原则。

1. 独立性原则

水污染控制单元的划分要有相对独立性,水污染控制单元并不是截然分离的,各单元之间既相互影响,又相对独立。因此在划分水污染控制单元时,要求每一个控制单元可以独立进行环境评价、有明确的污染控制目标,可以实施不同的污染控制路线。

2. 针对性原则

针对不同的水质目标和不同的污染物,不同的保护水平,可以对同一区域采用多种划分方案来划分水污染控制单元。要有针对性地确定划分方案,以满足解决不同环境问题的需要,即对同一区域,不同的控制目标,可能对应不同的水污染控制单元。

3. 齐全性原则

力求每个水污染控制单元内水文资料、河道特征和污染物排放清单齐全,水域控制断面有常规监测资料。并要求各控制单元之间的相互影响,能通过污染物的输入和输出定量表达,满足水量平衡和物质守恒的要求。

4.1.3.2 水污染控制单元的详细分析

划分完水污染控制单元后,应对各单元进行详细的分析,最后给出各控制单元属性列表,列表应能反映各控制单元的主要特征,可参照表4.1进行。

表4.1 水污染控制单元属性列表

控制单元		主要属性	特征值
序号	名称		
1	× × ×	单元内的主要功能	功能区类型,所在位置、范围,应执行标准的类别,专业用水标准等
		水质现状及控制断面	单元内设立的控制断面及其作用、水质情况
		主要污染源	种类、排污口的位置、排放方式
		主要污染物	种类、排放强度和排放量
		主要水环境问题	
		水环境容量	根据各控制断面控制因子应达到的标准值,计算单元内各排污口排入受纳水域的允许纳污量
		控制目标	
		控制路线	浓度控制、总量控制或浓度控制与总量控制相结合
...	...		

4.1.4 水污染控制系统规划方法

在水污染控制系统规划中,规划方法的选择至关重要。根据解决水污染问题的途径,将水污染控制系统规划方法分为数学规划法和模拟比较法两类。

4.1.4.1 数学规划法

水环境污染控制系统规划数学规划法就是利用数学规划的方法,科学地组织污染物的排放或协调各个治理环节,以便用最小的费用达到所规定的水质目标,即水环境污染控制系统的最优化问题。这类问题通常可以分为排污口最优化处理、最优化均匀处理和区域最优化处理三类。

1. 排污口最优化处理

以各小区的污水处理厂为基础,在水质条件的约束下,寻求满足水体水质要求的各处理厂最佳处理效率的组合。其数学模型可以写作:

$$\left. \begin{array}{l} \min Z = \sum_{i=1}^{n} C_i(\eta_i) \\ st.\ UL + m \leq L^0 \\ VL + n \geq O^0 \\ L \geq O \\ \eta_i^1 \leq \eta_i \leq \eta_i^2 \\ \forall i \end{array} \right\} \quad (4.15)$$

式中 $C_i(\eta_i)$ ——第 i 个小区的污水处理厂的污水处理费用,它是污水处理效率的单值函数;

L^0 ——河流各断面的 BOD_5 约束组成的 n 维向量;

O^0 ——河流各断面的 DO 约束组成的 n 维向量;

η_i^1, η_i^2——第 i 个污水处理厂的处理效率的下限与上限约束；

L——输入河流的 BOD_5 向量；

U, V——河流中 BOD_5 和 DO 的响应矩阵；

m, n——起始断面 BOD_5 和 DO 对下游各断面影响的向量。

这里的约束方程中列举了一维河流的状态，对于二维和一维河口问题，可将相应的水质状态方程写成约束形式，形成相应的水质约束方程。一般情况下，这是一个非线性规划问题，其目标函数为非线性的费用函数，约束条件则是线性的。如对目标函数进行线性化或分段线性化处理，即可以将上述问题转化为一个线性规划问题。

2. 最优化均匀处理

最优化均匀处理是在污水处理效率固定的条件下，寻求区域的污水处理和管道输水的总费用最低时，污水处理厂的最佳位置和容量的组合。这个问题也称为厂群规划问题，如经过二级处理的污水排入受纳水体的问题。其数学模型如下：

$$\left. \begin{aligned} &\min Z = \sum_{i=1}^{n} C_i(Q_i) + \sum_{i=1}^{n} \sum_{j=1}^{n} C_{ij}(Q_{ij}) \\ &st. \ q_i + \sum_{j=1}^{n} Q_{ji} - \sum_{j=1}^{n} Q_{ij} - Q_i = 0 \quad \forall i \\ &Q_i, q_i \geq 0 \quad \forall i \\ &Q_{ij}, Q_{ji} \geq 0 \quad \forall i, j \end{aligned} \right\} \quad (4.16)$$

式中 $C_i(Q_i)$——第 i 个污水处理厂的污水处理费用，它是污水处理厂规模 Q_i 的单值函数；

$C_{ij}(Q_{ij})$——节点 i 输水至节点 j 的输水费用，它是输水量的函数；

q_i——第 i 小区本地收集的污水量；

Q_{ij}——第 i 小区输往第 j 个小区的污水处理厂的水量；

Q_{ji}——第 j 小区输往第 i 个小区的污水处理厂的水量；

Q_i——第 i 小区的污水处理厂接受处理的污水量。

与排污口最优化处理问题一样，最优化均匀处理模型也是一个非线性模型，有时也可以转化为线性模型。

3. 区域最优化处理

区域最优化处理要求综合考虑水体自净、污水处理和输水管道三种因素，即为了使系统的总费用最低，区域最优化处理既要考虑污水处理厂的最佳位置和容量，又要考虑每座污水处理厂的最佳处理效率；既要充分发挥污水处理系统的经济效能，又要合理利用水体的自净能力。其规划模型为：

$$\left.\begin{aligned}
&\min Z = \sum_{i=1}^{n} C_i(Q_i, \eta_i) + \sum_{i=1}^{n}\sum_{j=1}^{n} C_{ij}(Q_{ij}) \\
&st.\ UL + m \leqslant L^0 \\
&\quad VL + n \leqslant O^0 \\
&\quad q_i + \sum_{j=1}^{n} Q_{ji} - \sum_{i=1}^{n} Q_{ij} - Q_i = 0 \quad \forall \\
&\quad L \geqslant O \\
&\quad Q_i, q_i \geqslant 0 \quad \forall i \\
&\quad Q_{ij}, Q_{ji} \geqslant 0 \quad \forall i, j \\
&\quad \eta_i^1 \leqslant \eta_i \leqslant \eta_i^2 \quad \forall i
\end{aligned}\right\} \quad (4.17)$$

式中　$C_i(Q_i, \eta_i)$——第 i 个小区的污水处理厂的污水处理费用，这时它既是污水处理规模 Q_i 的函数，又是污水处理效率 η_i 的函数。

区域最优化处理问题目前尚没有成熟的求解方法，通常采用试探分解法来求解。

4.1.4.2　模拟比较法

在污染源、水体、污水处理厂和输水管线等条件已知的情况下，运用数学规划法，一次求算就可以得出水污染控制系统的最佳方案。但实际情况往往是进行最优化的条件不完全具备，或者由于采用了某种特殊的处理方式和排放方式，使问题不容易被纳入最优化的目标和约束之中，从而限制了最优化方法的运用。这时就需要运用模拟比较法来进行水污染控制系统规划。

规划方案的模拟比较首先进行污水输送与处理设施的规划研究，提出各种可供选择比较的规划方案，此时不考虑污水输送和处理系统与水体之间的关系，然后对各种方案中的污水排放与水体之间的关系进行水质模拟计算，检验规划方案的可行性，最后从可行方案中找出比较好的方案。该方法将定性分析与定量计算结合在一起，先定性确定模拟的范围，再定量的模拟计算，最后优选确定最佳方案。应用模拟比较法得到的方案一般不是区域的最优解，因为这种方法的求解过程受规划人员的经验和能力影响较大，因此应用此方法时，要求尽可能多提出一些供选方案。在很多情况下，规划方案的模拟是一种更为有效实用的方法。

4.2　水环境调查与评价

4.2.1　水污染源调查与评价

4.2.1.1　水污染源调查

水污染源调查是为了弄清水污染物的种类、数量、排放方式、排放途径及污染源的类型和位置等，在此基础上判断出主要的污染物和主要的污染源，为评价提供依据。

1. 水污染源调查的内容

水污染源调查主要包括工业水污染源、农业水污染源、生活水污染源等方面。具体内容如下：

(1) 调查污染源所在单位的生产、生活活动；
(2) 污废水量及其所含污染物量；
(3) 污染治理情况；
(4) 污废水排放方式和去向以及纳污水体特性；
(5) 污染危害；
(6) 污染发展趋势；
(7) 不同生活水平下的人均耗水量；
(8) 生活水平提高过程中，污染物种类、数量和浓度的变化趋势；
(9) 区域内人口数、密度、分布、居住条件和生活设施等。

2. 水污染源调查的方法

水污染源调查的方法有普查、详查、重点调查和典型调查等。普查是对水污染源进行全面调查，目的是为了确定作为污染源的企业，并从中找出重点调查对象；详查是在普查的基础上，针对重点水污染源进行的。重点调查是选择一些对环境影响大的水污染源进行细致调查的方法，它为解决实际问题提供重要资料，尤其适用于只有少数污染源排放严重的单位，而其污染物排放又占区域污染物主要部分；典型调查是根据所研究问题的目的和要求，在总体分析的基础上有意识地对地区内一些具有代表性的水污染源进行细致调查和分析的方法。

4.2.1.2 水污染源评价

水污染源评价是在水污染源调查的基础上进行的。其目的是要确定主要的水污染物和水污染源，提供水环境质量水平的成因，为水污染控制规划提供依据。

目前，我国水污染源评价多采样等标指数评价法。该方法以污染源废水中污染物实测值与评价标准值之比作为评价的基础，兼顾污染物的毒性和环境效应。通过等标指数评价，可以提供以下信息：

(1) 某污染源各类污染物指标的超标指数；
(2) 某污染源各污染物指标的等标污染负荷；
(3) 某污染源的等标污染负荷；
(4) 某污染源各污染物指标的等标污染负荷比。

对单个污染源评价的项目、模型和内容见表4.2。

表4.2 污染源评价的项目、模型和内容

	等标指数评价项目		评价模型	评价内容
1	单指标评价	浓度	$I_j = \rho_{Bj}/\rho_{Bj0}$	各单项指标是否超标及超标指数值（$I_j, I_{jw} \leq 1$ 为不超标）
		总量	$I_{jw} = m_j/m_{j0}$ $j = 1,2,\cdots,20$	
2	有机类指标评价	浓度	$I_j = \rho_{Bj}/\rho_{Bj0}$	有机类指标超标与否评价（$I_j, I_{jw} \leq 1$ 为不超标）
		总量	$I_{jw} = m_j/m_{j0}$ $j = 1,2,\cdots,6$	

续表 4.2

	等标指数评价项目		评价模型	评价内容
3	重金属类指标评价	浓度	$I_j = \rho_{Bj}/\rho_{Bj0}$	重金属类指标超标与否评价
		总量	$I_{jw} = m_j/m_{j0}$	($I_j, I_{jw} \leq 1$ 为不超标)
			$j = 7,8,\cdots,11$	
4	全指标类评价	浓度	$I_j = \rho_{Bj}/\rho_{Bj0}$	全指标类超标与否评价($I_j, I_{jw} \leq 1$ 为不超标)
		总量	$I_{jw} = m_j/m_{j0}$	
			$j = 1,2,\cdots,20$	
5	单指标的等标污染负荷		$J_j = I_j q_{Vi} \times 10^{-6}$	某污染源各指标的污染负荷值
			$j = 1,2,\cdots,20$	
6	污染源的等标污染负荷		$J_i = \sum J_j$	某污染源的污染负荷值
			$j = 1,2,\cdots,20$	
7	污染源某指标的等标污染负荷比		$K_{ij} = J_j/J_i \times 100\%$	各污染源各指标的污染负荷比值
			$j = 1,2,\cdots,20$	
			$i = 1,2,\cdots,n$	

注:有机类、重金属类、全指标类评价时,以其中一项指标超标即为该类指标超标。

表中 I_j——单指标、有机类指标、重金属类指标、全指标的污染源浓度超标指数,j 分别为 $1\sim20,1\sim6,7\sim11,1\sim20$);

I_{jw}——单指标、有机类指标、重金属类指标、全指标的污染源总量超标指数,j 分别为 $1\sim20,1\sim6,7\sim11,1\sim20$);

ρ_{Bj},ρ_{Bj0}——污染源废水中第 j 指标的实际浓度和相应的浓度排放标准;

m_j,m_{j0}——污染源废水中第 j 指标的污染物总量和相应的总量排放标准;

J_j——污染源第 j 指标($j = 1,2,\cdots,20$)的等标污染负荷;

q_{Vi}——第 i 污染源排放的废水流量,$t/d,i = 1,2,\cdots,n$;

J_i——第 i 污染源的等标污染负荷,$i = 1,2,\cdots,n$;

K_{ij}——第 i 污染源第 j 指标的等标污染负荷比,$j = 1,2,\cdots,20$。

常用的单项指标序号所对应的污染物指标为:BOD_5、COD、DO、NH_3-N、NO_2-N、As、Hg、NO_3-N、Cd、Cr、Pb、氰、酚、石油类、大肠杆菌、磷、铁、锰、铜和锌。

实际工作中,难于也不必对上列各种指数作出全面的评价,可以根据污染源调查情况,选择主要有关污染物的种类进行评价。

4.2.2 水环境质量现状调查与评价

4.2.2.1 水环境质量现状调查

水环境质量现状调查主要是进行水环境污染现状的调查,包括江河湖泊污染现状与污染分布、地下水污染现状及海域污染现状及分布等。水环境污染现状调查尽可能收集和充分利用规划范围内及其邻近地区设有的常规水质环境质量监测站、点的例行监测数据资料,统计分析各点各季节的主要污染物的浓度值、超标倍数和变化趋势等。水环境质量现状调查的方法主要是收集资料法、现场调查法(现场监测)和遥感调查法三种。

4.2.2.2 水环境质量现状评价

水环境质量现状环境评价是对水环境质量的优劣进行定性或定量的描述和评价,其目的是准确反映水环境质量和水污染状况,指出其将来的发展趋势,并找出当前的主要水环境问题,为有针对性地采取措施,制定环境规划提供科学依据。

目前,水环境质量现状评价方法可以分为环境质量指数法、环境质量分级方法和模糊综合评价方法三大类,以环境质量指数法更为常用。环境质量指数法是在环境质量研究中,依据某种环境标准,用某种计算方法求出的简明、概括地描述和评价水环境质量的数值。该指数既可以由单个环境因子的观测指标计算得到,也可以由多个环境因子观测指标综合算出。

1. 单因子环境质量指数(I_i)

$$I_i = C_i/S_i \tag{4.18}$$

式中　C_i——第i种污染物在水环境中的浓度;

S_i——第i种污染物的评价标准。

I_i——某种污染物在水环境中的实际浓度超过评价标准的程度,即超标倍数。I_i越大,表示水环境质量越差。

2. 综合环境质量指数

任何一个具体的环境质量问题都不是单因子问题。当参与评价的因子数量大于1时,就要用综合环境质量指数来描述环境质量。综合环境质量指数主要有等权加和型环境质量指数、计权加和型环境质量指数和内梅罗环境质量指数。

(1) 等权加和型环境质量指数

等权加和型环境质量指数是将多个具有可比性的单因子评价指数加和的综合指数。其公式如下:

$$I = \sum_i^n I_i \tag{4.19}$$

式中　n——参与评价的因子数;

I_i——对应的单因子评价指数。

等权加和型环境质量指数的出发点是各环境因子对环境的影响程度是一样的。

(2) 计权加和型环境质量指数

计权加和型环境质量指数是根据不同评价因子的环境特性,对每个单因子评价指数乘以权值系数后进行简单加和。其公式如下:

$$I = \frac{\sum_i^n W_i I_i}{\sum_i^n W_i} \tag{4.20}$$

式中　W_i——对应于第i个环境因子的权系数值,其值大于零。

计权加和型环境质量指数的关键是合理的确定各环境因子的权系数值。目前多用专家调查法来确定权系数值,由于采用认为评定权系数值的方法,使得计权加和型环境质量指数的评价结果带有人为主观的影响。

(3) 内梅罗环境质量指数

上述两种指数容易掩盖某种单因子评价指数极端不好时对环境质量的影响,即当一种污染物严重超标时,就可能带来较大的环境危害,因此在计算环境质量指数时,应当兼顾I_i中的最大值。这种兼顾极值的加和型环境质量指数即为内梅罗环境质量指数,其计算公式如下:

$$I = \sqrt{\frac{\max(I_i)^2 + \text{ave}(I_i)^2}{2}} \tag{4.21}$$

式中 $\max(I_i)$——各单因子指数中的最大值;

$\text{ave}(I_i)$——各单因子指数的平均值。

用指数评价法可以判断现实的环境质量是否满足所选择的环境质量标准。一般的,$I<1$,说明环境质量状况较评价标准好;$I=1$,表明环境质量处于临界状态;$I>1$,表明环境质量已经不满足要求了。

4.3 水环境预测

在水环境规划中,不仅需要了解水污染物的排放状况,还需要知道水环境预测主要包括水污染源预测和水环污染物的迁移转化规律及水质的变化趋势,这是水环境预测的基本内容。

4.3.1 水污染源预测

水污染源预测分为工业废水排放量预测、工业污染物排放量预测和生活污水排放量预测三个主要内容。

1. 工业废水排放量预测

工业废水排放量常用预测模型为:

$$W_t = W_0(1 + r_w)^t \tag{4.22}$$

式中 W_t——预测年工业废水排放量,万 m^3;

W_0——基准年工业废水排放量,万 m^3;

r_w——工业废水排放量年平均增长率(可以采用统计回归法或经验判断法求得);

t——基准年至某水平年的时间间隔。

2. 工业污染物排放量预测

工业污染物排放量预测常用模型为:

$$W_i = (q_i - q_0)C_0 \times 10^{-2} + W_0 \tag{4.23}$$

式中 W_i——预测年某污染物的排放量,t;

W_0——基准年某污染物的排放量,t;

C_0——含某污染物废水工业排放标准或废水中污染物质量浓度,mg/L;

q_i, q_0——分别为预测年和基准年的工业废水排放量,m^3。

3. 生活污水排放量预测

生活污水排放量预测常用的模型为:

$$Q = 0.365AF \tag{4.24}$$

式中 Q——预测年生活污水排放量,万 m^3;

A——预测年人口数,万人;

F——人均生活污水量,L/(d·人);

0.365——单位换算系数。

4.3.2 水环境质量预测

水体环境复杂,水环境质量预测方法各不相同,目前,主要有水质相关法和水质模型法两大类预测方法。

1. 水质相关法

水质相关法是将水质参数与影响该水质参数的主要因素建立相关关系,以此作为水质参数预测的方法。由于在建立相关关系时忽略了一些次要因素,使得水质相关法的预测精度有一定的局限性。常用的水质相关法模型有水质流量相关法、河流湖泊水质的灰色预测模型法和河流湖泊水质的多元回归分析法等。

2. 水质模型法

水环境污染预测的最基本问题是找出污染排放变化与水质控制点处污染物浓度之间的相关关系,以此预测区域水环境质量。为此,可以选用或建立水质预测模型。目前常用的水质预测模型有河流模型、河口模型、湖泊水库模型等。

应用水质模型法预测水环境质量时,通常要根据水质模型的条件和要求,将水域划分为若干预测单元。如在一维水体条件下,可以把水质、水量变化处作为分节点划分区段,使各区段内的水质参数一致,然后利用一组实测资料推求模型的参数,以建立确定的水质模型。此外,还应利用另一组实测资料进行模型验证,分析其误差,若误差在允许范围内,即可在水质预测中应用。

如完全混合的河流水质预测模型。在河流流量稳定,河水背景浓度稳定,污染物流量和浓度也稳定时,污染物排入河流后能够与河水完全混合的条件下,此时的河流水质预测模型为:

$$C = \frac{Q_0 C_0 + q C_i}{Q_0 + q} \tag{4.25}$$

式中　C——河流下游某断面污染物质量浓度,mg/L;

　　　Q_0——河流上游断面河水流量,m^3/s;

　　　C_0——河流上游断面污染物质量浓度,mg/L;

　　　C_i——废水中的污染物质量浓度,mg/L;

　　　q——废水流量,m^3/s。

完全混合模型适用于相对狭窄的河流,河流为稳态、均匀河段,定常排污、污染物为难降解的有机物、可溶性盐类、悬浮固体的情况下的预测。

其他的水质预测模型参见相关参考书。

4.4　水环境规划目标与指标体系

4.4.1　水环境规划目标

水环境规划目标主要有水资源保护目标和水污染综合防治目标两大类。水质和水量是辩证统一的两个方面,水量大、水体的环境容量增大,不容易造成严重污染,水质比较容易得到保证;污染物持续过量排入水体,水质下降,可用水量也随之减少。水质好,水量不足;或虽然水量较大,但水质差,都会引起生态破坏,无法保证人类经济和社会的可持续发展。所以,水污染综合防治,不仅要重视污染的防和治,还要重视合理开发利用和保护水资源。

国家的相关法规与标准、国家重点流域的水污染防治规划、规划区域的区位和生态特征和经济、社会发展的需求及经济技术发展的实际水平等是确定水环境规划目标的重要依据。

4.4.2 水环境规划指标体系

规划目标需要通过规划指标来具体体现,水环境规划指标体系主要由以下几部分组成:

1. 水环境质量指标

水环境质量指标主要包括:①饮用水:水源水质达标率、饮用水源数;②地表水:水质达到地表水水质标准的类别或COD;③地下水:矿化度、总硬度、COD、硝酸盐氮和亚硝酸盐氮;④海水:水质达到近海海域水质标准类别或COD、石油、氨氮和磷等。

2. 污染物总量控制指标

污染物总量控制指标主要有工业用水量和工业用水重复利用率、新鲜水用量、废水排放总量、工业废水总量、外排量;生活废水总量;工业废水处理量、处理率、达标率,处理回用量和回用率;外排工业废水达标量、达标率;新增工业废水处理能力;万元产值工业废水排放量;废水中污染物(COD、BOD_5、重金属)的产生量、排放量、去除量。

3. 环境规划措施与管理指标

主要包括污水处理厂建设和处理能力、处理量、处理率及污水排放量;区域水位降深;地面下沉面积、下沉量;水域功能区达标情况;重点污染源治理情况等。

4. 其他相关指标

主要包括水土流失面积、治理面积;水资源总量、调控量、水利工程、地下水开采等;农药化肥污染土壤面积、污灌面积等。

4.5 水环境功能区划

水环境功能区划是水环境规划的一项重要的基础工作。水体功能区是指水体使用功能所占有的范围。水环境功能区划是根据水体不同区段的自然条件、区域内的用水需求,按照国家和地方的有关法规和标准,对水体不同区段按其使用功能加以划分,并确定其相应的环境质量目标。

4.5.1 水环境功能区的分级分类

水环境功能区划采用两级分区,即一级区划和二级区划。一级功能区分四类:①保护区,指对水资源保护、自然生态系统及珍稀濒危物种的保护有重要意义的水域;②保留区,指目前开发利用程度不高,为今后开发利用预留的水域,该区内应维持现状不受破坏;③开发利用区,主要指具有满足工农业生产、城镇生活、渔业和游乐等多种用水要求的水域;④过渡区,指为协调省际以及水污染矛盾突出的地区间用水关系,为满足功能区水质要求而划定的水域。

二级功能区是在一级区中开发利用区内进行的划分,共分为七类:①饮用水源区,指城镇生活用水集中供水的水域;②工业用水区,指为满足城镇工业用水需要的水域;③农业用水区,指为满足农业灌溉用水需要的水域;④渔业用水区,指具有鱼、虾、蟹、贝类产卵场、索饵场、越冬场及洄游通道功能的水域,养殖鱼、虾、蟹、贝、藻类等水生动植物的水域;⑤景观娱乐用水区,指以满足景观、疗养、度假和娱乐需要为目的的江河湖库等水域;⑥过渡区,指为使水质要求有差异的相邻功能区顺利衔接而划定的区域;⑦排污控制区,指生活、生产污废水排污口比较集中的水域,所接纳的污废水应对水环境无重大不利影响。

4.5.2 水环境功能区划的基本原则

1. 可持续发展原则

水功能区划分应与区域水资源开发利用规划及社会经济发展规划相结合,根据水资源的可再生能力和自然环境的可承受能力,合理开发利用水资源,保护当代和后代赖以生存的水环境,保障人体健康及生态环境的结构和功能,促进社会经济和生态环境的协调发展。

2. 统筹兼顾,突出重点的原则

在划定水功能区时,应将流域作为一个大系统,综合考虑上下游、左右岸、干支流,近远期社会经济发展的要求,统筹兼顾达到水资源的开发利用与保护并重。在划定水功能区的范围和类型时,应以城镇集中饮用水源为重点,优先保护。

3. 前瞻性原则

水功能区划分应体现社会发展的超前意识,为将来引进高新技术和社会发展需求留有余地。

4. 便于管理,实用可行原则

水功能分区的界限应尽量与行政区界一致,便于管理。区划成果是水资源保护管理的依据和规划的基础,应符合水资源、水环境实际,切实可行。

5. 水质水量并重原则

划分水功能区,应综合考查水质水量情况及需求。对水量水质要求不明确,或仅对水量有需求的功能,例如船运、发电不予单独区划。

4.5.3 水环境功能区划的程序

水环境功能区划分程序如下:
(1)按水资源分区进行一级水功能区划分;
(2)在一级水功能区的开发利用区内进行二级水功能区划分;
(3)在按分区进行水功能区划分的基础上编制流域片水功能区划报告;
(4)将流域片水功能区划报告送审报批。
水环境功能区划分工作程序如图4.1所示。

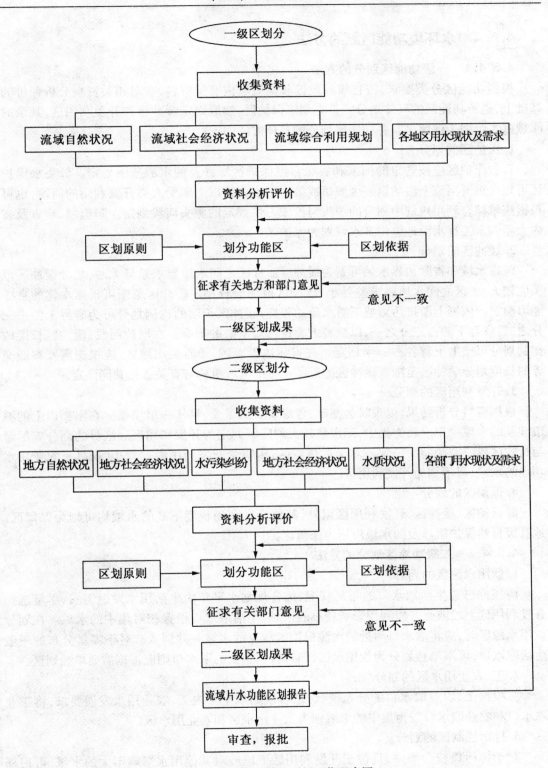

图 4.1 水环境功能区划工作程序图

4.5.4 水环境功能区划的方法

4.5.4.1 一级功能区划分的方法

根据功能区分类要求，按省级行政区收集流域内有关资料，在对相关资料分析评价的基础上，进行功能区的具体划分。首先划定保护区，然后划定缓冲区和开发利用区，其余的水域基本可划为保留区。各功能区划分的具体方法如下：

1. 保护区的划分

自然保护区应按选定的国家和省级自然保护区所涉及的水域范围划定。源头水保护区可划在重要河流上游的第一个城镇或第一个水文站以上未受人类开发利用的河段，也可根据流域综合利用规划中划分的源头河段或习惯规定的源头河段划定。跨流域、跨省及省内大型调水工程水源地应将其水域划为保护区。

2. 缓冲区的划分

跨省水域和省际边界水域可划为缓冲区。省区之间水质要求差异大时，划分缓冲区范围应较大，省区之间水质要求差异小，缓冲区范围应较小。缓冲区范围可根据水体的自净能力确定。依据上游排污影响下游水质的程度，缓冲区长度的比例划分可为省界上游占三分之二，省界下游占三分之一，以减轻上游排污对下游的影响。在潮汐河段，缓冲区长度的比例划分可按上下游各占一半划定。在省际边界水域，矛盾突出地区，应根据需要参照交界的长度划分缓冲区范围。缓冲区的范围也可由流域机构与有关省区共同商定。

3. 开发利用区的划分

根据资料分析结果，以现状为基础，考虑发展的需要，将任一单项指标在限额以上的城市涉及的水域中用水较为集中，用水量较大的区域划定为开发利用区。区界的划分应尽量与行政区界或监测断面一致。对于远离城区，水质受开发利用影响较小，仅具有农业用水功能的水域，可不划为开发利用区。

4. 保留区的划分

除保护区、缓冲区、开发利用区以外，其他开发利用程度不高的水域均可划为保留区。地县级自然保护区涉及的水域应划为保留区。

4.5.4.2 二级功能区划分的方法

1. 饮用水源区的划分

应根据已建生活取水口的布局状况，结合规划水平年内生活用水发展需求，尽量选择开发利用区上段或受开发利用影响较小的水域，生活取水口设置相对集中的水域。在划分饮用水源区时，应将取水口附近的水源保护区涉及的水域一并划入。对于零星分布的一般生活取水口，可不单独划分为饮用水区，但对特别重要的取水口则应根据需要单独划区。

2. 工、农业用水区的划分

应根据工、农业取水口的分布现状，结合规划水平年内工、农业用水发展要求，将工业取水口和农业取水口较为集中的水域划为工业用水区和农业用水区。

3. 排污控制区的划分

对于排污口较为集中，且位于开发利用区下段或对其他用水影响不大的水域，可根据需要划分排污控制区。对排污控制区的设置应从严控制，分区范围不宜过大。

4. 渔业用水和景观娱乐用水区的划分

应根据现状实际涉及的水域范围,结合发展规划要求划分相应的用水区。

5. 过渡区的划分

应根据两个相邻功能区的用水要求确定过渡区的设置。低功能区对高功能区的水质影响较大时,以能恢复到高功能区水质标准要求来确定过渡区的长度。具体范围可根据实际情况决定,必要时可按目标水域纳污能力计算其范围。为减小开发利用区对下游水质的影响,根据需要,可在开发利用区的末端设置过渡区。

6. 两岸分别设置功能区的划分

对于水质难以达到全断面均匀混合的大江大河,当两岸对用水要求不同时,应以河流中心线为界,根据需要在两岸分别划区。

4.6 水环境规划措施

水环境规划方案是由许多具体的技术措施构成的组合方案。这些技术措施涉及水资源的开发利用和水污染控制的方方面面,这里选择了一些常用的水环境规划措施作以介绍。

4.6.1 节约用水

综合防治水污染的最有效的方法之一就是节约用水,提高水资源的利用率。坚持开源与节流并重,节流优先、治污为本、科学开源、综合利用。

各个区域要根据本地区水资源状况和水环境容量,合理确定城市规模,优化调整产业结构和布局;以创建节水型社会为目标,节约用水要坚持建设项目的主体工程与节水措施同时设计、同时施工、同时投入使用;取水单位必须做到用水计划到位、节水目标到位、节水措施到位和管水制度到位;缺水地区要限期关停并转一批耗水量大的企业,严格限制高耗水型工业项目和农业粗放型用水,尽快形成节水型经济;加大推行各种节水技术政策和技术标准的贯彻执行力度,制定并推行节水型用水器具的强制性标准;改造城市供水管网,降低管网漏失率;发展工业用水重复和循环利用系统;开展城市废水的再生和回用;改进农业灌溉技术;加强管理,减少跑冒滴漏。这些都是行之有效的缓解水资源短缺、减少污水排放量的有效措施。

4.6.2 加强生活饮用水水源地保护

组织制定饮用水水源保护规划,依法划定饮用水水源保护区。依照相关法规和标准,禁止在生活饮用水地表水源一级保护区内排放污水,从事旅游、游泳和其他可能污染水体的活动,禁止新建、扩建与供水设施和保护水源无关的建设项目等。

4.6.3 推行清洁生产

清洁生产是指将整体预防的环境战略持续地应用于生产过程、产品和服务中,以期改善生态效率并减少对人类和环境的风险。相对于传统生产,清洁生产表现为节约能源和原材料,淘汰有害原材料,减少污染物和废物的产生与排放,减少企业在环保设施方面的投入,降低生产成本,提高经济效益;对产品而言,清洁生产表现为减低产品全生命周期对环境的有害影响;对服务而言,清洁生产指将污染预防结合到服务业的设计和运行中,使公众有一个更好的生活空间。

4.6.4 实施污染物排放总量控制制度

水污染物排放总量控制,是根据某一特定区域的环境目标的要求,预先推算出达到该目标所允许的污染物最大排放量或最小污染物削减量,然后通过优化计算将污染指标分配到各个水污染控制单元,各单元根据内部各污染源的地理位置、技术水平和经济承受能力协调分配污染指标到排污单位。

实施污染物排放总量控制,综合考虑了环境目标、污染源特点、排污单位技术经济水平和环境承载力,对污染源从整体上有计划、有目的地削减排放量,使环境质量逐步得到改善。总量控制具体可以分为容量总量控制、目标总量控制和行业总量控制三类。容量总量控制从受纳水体环境容量出发,制订排放口总量控制指标。容量总量控制以水质标准为控制基点,从污染源可控性、环境目标可达性两个方面进行总量控制负荷分配;目标总量控制从控制区域允许排污量控制目标出发,制订排放口总量控制指标。目标总量控制以排放限制为控制基点,从污染源可控性研究入手,进行总量负荷分配;行业总量控制从总量控制方案技术、经济评价出发,制订排放口总量控制指标。行业总量控制以能源、资源合理利用为控制基点,从最佳生产工艺和实用处理技术两个方面进行总量控制负荷分配。

4.6.5 加大水污染治理力度

对工业企业的水污染治理,要突出清洁生产,从源头减少废水排放,对末端排放废水要优选处理技术,保证污染物稳定达标排放;对生活污水,要提高污水的处理率和污水再生回用率;对农业面源污染,要合理规划农业用地,加强农田管理,防止水体流失,合理使用化肥、农药,优化水肥结构,施行节水灌溉,大力发展生态农业。

4.6.6 提高或充分利用水环境容量

水环境容量是环境的自然规律参数与社会效益参数的多变量函数,它反映在满足特定功能条件下水环境对污染物的承受能力。水环境容量是水环境规划的主要环境约束条件,是污染物总量控制的关键参数。水环境容量的大小与水体特征、水质目标和污染物特性有关。水污染控制系统规划的主要目的,是在保证水环境质量的同时,提高水体对污染物的容纳能力,进而提高水环境承载力,减少水环境系统对经济发展的约束。提高或充分利用水环境容量的措施有人工复氧、污水调节和河流流量调控等几种。

4.7 水环境规划方案的分析

4.7.1 费用-效益分析

水环境规划方案制定后,为了检验和比较各个备选方案的可行性和可操作性,一般通过费用-效益分析、可行性分析和水环境承载力分析进行综合评价,以便为最佳规划方案的筛选和决策提供依据。

关于费用-效益分析的知识在前面章节中已有介绍,这里不再赘述。

4.7.2 方案的可行性分析

评价水环境规划方案的可行性,可以从水环境目标的可达性和污水处理投资的可行性两个方面进行。

1. 水环境目标的可达性分析

利用已经建立的水环境数学模型,通过对各个方案的水质模拟,来检验规划方案是否能够达到预定的水环境目标。

2. 污水处理投资的可行性分析

规划方案确定后,检验其可行性的关键条件看方案中的投资能否为当地的经济实力所承受。估算城市污水处理投资的方法一般有两种:一是根据城市环保投资占国民生产总值的百分比,及其中污水处理投资的比率;二是根据工业总产值和固定资产投资率来求算污水处理投资占工业基建投资的比率,通常城市固定资产投资率为工业产值的9%。

通过上述任一种方法对不同时期的规划方案的污水处理可能投资进行估算,并将其与相对应的污水处理投资费用进行比较,如果可能的投资额能够满足实际需要的污水处理投资费用,即可认为该方案是可行的。

4.7.3 水环境承载力分析

水环境承载力是指某一地区、某一时间、某种状态下,水环境对经济发展和生活需求的支持能力。水环境承载力因经济发展的速度和规模不同而不同,不同的规划方案对应着不同的水环境承载力,因此可以通过估算其相应的水环境承载力,来评价规划方案的可行性。

1. 水环境承载力指标

研究水环境承载力关键是建立其指标体系。水环境承载力的指标包括与人口、经济有关的水资源和水污染状况、污水处理投资和供水费用等方面。具体指标有:城市化水平的倒数、人均工业产值、工业固定资产产出率、可用水资源总量与城市总用水量之比、单位水资源消耗量的工业产值、单位水资源消耗量的农灌面积、污水处理投资占工业投资之比、污水处理率、单位 COD 或 BOD_5 排放量的工业产值、COD 或 BOD_5 控制目标与 COD 或 BOD_5 浓度之比等,这些指标与水环境承载力的大小成正比关系。

2. 水环境承载力定量描述模型

在探讨水环境承载力定量描述模型之前,先介绍两个概念:一是发展变量;另一个是支持变量。发展变量是表征城市社会经济发展对水环境作用的强度,它可以用与社会经济发展有关的人口、产值、投资、水资源的利用量、向水环境排放的废水和污染物量等因子来表示。这些因素构成了一个集合,即发展变量集,其中的元素称为发展因子。发展因子可以被量化,可以表示为 n 维空间的一个向量:$d = (d_1, d_2, \cdots, d_n)$;支持变量是水环境系统结构和功能状况对城市经济发展支持能力及其相互作用的表现,全部支持变量构成了支持变量集,其中的元素被称为支持因子。同样支持因子也可以量化,即表示成 n 维空间的一个向量:$s = (s_1, s_2, \cdots, s_n)$。

水环境承载力是 n 维发展空间中的一个向量,其各个分量由上述与发展因子和支持因子有关的具体指标来确定。对于同一个地区来说,该向量可因为地区经济发展方向不同而有不同的方向,即不同地区经济发展策略下,发展因子和支持因子的大小会发生变化,从而导致水环境承载力的大小不同。由于水环境承载力的各个分量具有不同的量纲,为了进行比较大小,首先需要对其各个分量进行归一化处理。

例如:假设在一个地区的经济发展规划中,有 m 个发展方案,因而存在 m 个水环境承载力。不妨设此 m 个水环境承载力为 $E_j(j=1,2,\cdots,m)$,再设每个水环境承载力由 n 个具体指标确定的分量组成,即:

$$E_j = (E_{1j}, E_{2j}, \cdots, E_{nj}) \tag{4.26}$$

归一化处理后为:

$$\overline{E}_j = (\overline{E}_{1j}, \overline{E}_{2j}, \cdots, \overline{E}_{nj}) \tag{4.27}$$

其中

$$\overline{E}_{ij} = \frac{E_{ij}}{\sum_j^m E_{ij}} \quad (i=1,2,\cdots,n)$$

这样,第 j 个水环境承载力的大小,可以用归一化后的向量的模来表示:

$$|\overline{E}_j| = \sqrt{\sum_{i=1}^n (\overline{E}_{ij})^2} \tag{4.28}$$

为了突出水环境对不同经济发展方案的支持因子的支持作用,可以用下式表示第 j 个水环境承载力的相对大小:

$$E_j = \sqrt{\frac{m^2}{n} \sum_{i=1}^n (\overline{E}_{ij})^2} \tag{4.29}$$

第5章 大气环境规划

大气环境是人类赖以生存的基本要素之一。国际标准化组织(ISO)认为:"大气污染通常指由于人类活动和自然过程引起某些物质进入大气中,呈现出足够的浓度,达到足够的时间,并因此而危害了人体的舒适、健康和福利或危害了环境。"大气环境质量的优劣不但直接影响以人为主体的城市生态系统,而且关系到城市社会经济的持续健康发展。为了协调城市社会经济健康发展与大气环境保护之间的关系,制定与社会经济发展相匹配的大气环境规划是行之有效的手段。

5.1 大气环境规划基础

5.1.1 大气环境规划的内容

大气环境规划就是为了平衡和协调某一区域的大气环境与社会、经济之间的关系,以期达到大气环境系统功能的优化,最大限度地发挥大气环境系统组成部分的功能。在对大气环境进行规划时应首先对大气环境系统进行分析,确定各子系统之间的关系;其次对规划区内的主要资源进行需求分析,找出产生污染的主要原因和控制污染的主要途径,从而为确定和实现大气环境目标提供可靠保证。

一个完整的大气环境规划主要包括如下几个方面的内容:大气环境污染源调查和评价、大气环境污染预测、大气环境目标确定及大气环境功能区的划分等。这些内容对制定切实可行的规划方案具有重要作用。

5.1.2 大气环境规划的类型

大气环境规划总体上可以划分为两类,即大气环境质量规划和大气污染控制规划。

1. 大气环境质量规划

大气环境质量规划是以城市总体布局和国家大气环境质量标准为依据,规定了城市不同功能区主要大气污染物的限值浓度。它是城市大气环境管理的基础,也是城市建设总体规划的重要组成部分。大气环境质量规划模型主要是建立污染源排放和大气环境质量的输入响应关系。

2. 大气污染控制规划

大气污染控制规划是实现大气环境质量规划的技术与管理方案。

对于新建或污染较轻的城市,制定大气污染控制规划就是要根据城市的性质、发展规模、工业结构、产品结构、可供利用的资源状况、大气污染最佳适宜控制技术及地区大气环境特征,结合城市总体规划中其他专业规划合理布局。一方面为城市及其工业的发展提供足够的环境容量,另一方面提出可以实现的大气污染物排放总量控制方案。

对于已经受到污染或部分污染的城市,制定大气污染控制规划的目的主要是寻求实现城市大气环境质量规划的简捷、经济和可行的技术方案和管理对策。

大气环境污染控制模型是建立在设计气象条件下,污染源排放与大气环境质量的响应关系。设计气象条件是指综合考虑气象条件、环境目标、经济技术水平、污染特点等因素后,确定的较不利(以保证率给出)气象条件。

5.1.3 大气环境规划的步骤

完整的大气环境规划包括规划区划定、污染源调查、污染特征分析、功能区划和环境保护目标的确立、大气环境质量模型的建立、大气污染模拟、规划方案设计等项目内容。大气环境规划技术路线如图 5.1 所示。

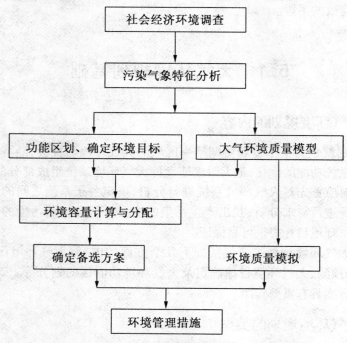

图 5.1 大气环境规划技术路线框架

5.1.4 污染气象特征分析

区域内的大气环境质量不但受到污染源的影响,还要受污染气象条件的影响。影响大气环境质量的主要气象条件包括风、温度、地面粗糙度、云量等条件。考虑到常规气象监测资料,气象条件可以分成几个参数:风向、风速、大气稳定度。其中风向决定污染范围,风速和大气稳定度决定污染的扩散能力。一般通过对常规气象条件的分析,可以得到风向、风速、大气稳定度常年的联合频率表,据此可以计算出大气污染物的年平均浓度。

通过对区域的污染条件的分析,一方面可以了解区域污染气象特征,掌握最不利于污染扩散的气象条件,另一方面可以为建立大气环境质量模型提供气象参数。

5.1.5 大气污染物总量控制

5.1.5.1 大气总量控制

大气总量控制是指将某一控制区域(如行政区、流域、环境功能区等)作为一个完整的系统,采取措施将排入这一区域的污染物总量控制在一定数量之内,以满足该区域的环境质量要求或环境管理要求。按照技术原理划分,总量控制可以分为容量总量控制和目标总量控制。

1. 容量总量控制

容量总量控制是以环境容量为依据,在满足区域环境质量目标的前提下,进行总量计算和分配。这里的环境容量是指在不破坏大气环境功能的前提下,充分利用大气环境的迁移与净化功能,环境中所能允许的污染物的最大排放量。一般以大气环境质量达到功能区环境保护目标为限制,这样环境容量就可以通过数学规划的方法来计算。

容量总量控制以环境目标为导向,具有较强的科学性。

2. 目标总量控制

目标总量控制是在不能确切知道环境容量的条件下,为了适应环境管理的需要而开展的一种总量控制,其根据区域污染物排放总量目标,从排放现状水平出发,通过经济技术可行性分析,确定总量和污染物消减方案。

目标总量控制虽然不能将污染物排放和环境质量直接联系起来,但其需要的数据资料和技术水平较低,易于实现和操作,同时也能起到较好的环境管理效果。

总量控制作为一种环境管理思想,与之相对应的是浓度控制。在实行总量控制之前,我国环境管理一直以浓度控制为核心。但随着中国社会经济的发展、环境污染的加剧浓度控制的弊端愈发明显。浓度标准是为控制各个污染源排放而制定的,没有和环境中污染物浓度相联系,因而不能保证环境质量水平。即使在所有污染源均达标排放的情况下,增加污染源的数量同样可能导致环境质量下降;另外,浓度控制是由行政命令规定的不同地域环境采用统一排放标准,没有考虑到不同地域环境之间的差异性。

自"九五"开始,我国的环境管理思想就全面转向总量控制。相应的,多项环境管理措施也是依据总量控制的思想制定和开展的。同样,大气环境规划也都是围绕总量控制展开的,只有实行总量控制,才能建立大气污染物排放总量与大气环境质量的定量关系,建立污染物削减与最低治理费用的定量关系,从而确保实现大气环境质量目标。

5.1.5.2 大气污染物总量控制规划区的划定

大气污染物排放总量控制区(简称总量控制区)是当地人民政府根据城镇规划、经济发展与环境保护要求而决定对大气污染物排放实行总量控制的区域。总量控制以外的区域称为非总量控制区,例如,广大农村以及工业化水平低的边远荒僻地区。

一般根据环境保护的目标来确定大气总量控制区域的大小。在确定总量控制区域时要遵循以下条件。

(1)对于大气污染严重的城市和地区,控制区一定要包括全部大气环境质量超标区,以及对超标区影响比较大的全部污染源。非超标区根据未来城市规划、经济发展,适当的将一些重要的污染源和新的规划区包含在内。

(2)对于大气污染尚不严重,但是存在着孤立的超标区,或估计不久以后会成为严重污染的区域,总量控制区的划定方法同(1),如果仅仅要求对城市中某一污染源密集区进行总量控制,则可以将该污染源密集区以及它的可能污染区划为控制区。

(3)对于新经济开发区或新发展城市,可以将其规划区作为控制区。

(4)在划定总量控制区时,无论哪种情况,都要考虑当地的主导风向,一般在主导风向下风方位,控制区边界应在烟源的最大落地浓度以远处,所以在方位上控制区应该比非主导风向上长些。

(5)总量控制区不宜随意扩大,应以污染源集中区和主要污染区为主,其不同于总量控制模式的计算区,计算区要比控制区大,大出的范围由控制区边缘处的烟源的最大落地浓度的距离而定。

5.1.5.3 大气污染物总量控制方案制订方法

1. A-P值法

A-P值法是大气环境质量控制A值法和P值法的合称。A值法属于地区系数法,只要给出控制区总面积及各功能分区的面积,再根据当地总量控制系数A值,就能很快求得该面积上的总允许排放量。P值法属于烟囱排放标准的地区系数法,只要给定烟囱高度,再根据当地的点源排放系数P,就能立即求得该烟囱允许排放量。A-P值法简便,能从宏观上迅速估算出各地区允许排放总量,并能分配给点源。

(1)A值法

①区域总量的计算。A值法的基本原理:如果假定某城市分为n个区,每分区面积为S_i,总面积S为各分区面积之和,由式(5.1)确定,全市排放的允许总量可由式(5.2)确定,各分区排放总量由式(5.3)确定。

$$S = \sum_{i=1}^{n} S_i \tag{5.1}$$

式中 S——总量控制区总面积,km^2;
S_i——第i功能区面积,km^2。

$$Q_{ak} = \sum_{i=1}^{n} Q_{akj} \tag{5.2}$$

式中 Q_{ak}——总量控制区某种污染物k年允许排放总量限值,10^4t/年;
Q_{aki}——第i功能区某种污染物k年允许排放总量限值,10^4t/年;
n——功能区总数;
i——总量控制区内各功能分区的编号;
k——某种污染物下标;
a——总量下标。

各功能分区污染物排放总量限值由式(5.9)计算:

$$Q_{ai} = A \cdot \rho_{Bsi} \cdot \frac{S_i}{\sqrt{S}} \tag{5.3}$$

式中 ρ_{Bsi}——国家和地方有关大气环境质量标准所规定的与第i功能区类别相应的年日平均浓度限值,mg/m^3;
A——地理区域性总量控制系数,10^4 km^2/年,主要由当地通风量决定,可参照表5.1所列数据选取。

②点源和面源允许排放量的分配。在一般气象条件下,高架源对地面浓度数值影响不大,但影响范围大。而低架源及地面源对地面浓度贡献一般较高,在对区域的允许排放总量进行分配时,首先要确定各个功能区的面源和点源所占的份额。

在夜间大气温度层结稳定时,高架源对地面影响不大,但低架源及面源都能产生严重污染,因此需要确定夜间低架源的允许排放总量。

总量控制区内低架源的大气污染物年允许排放总量按式(5.4)计算:

$$Q_{bk} = \sum_{i=1}^{n} Q_{bki} \tag{5.4}$$

式中 Q_{bk}——总量控制区某种污染物低架源年允许排放总量限值,10^4 t/年;

Q_{bki}——第 i 功能区某种污染物低架源年允许排放总量限值,10^4 t/年;

b——低架源排放总量下标。

各功能区低架源污染物年允许排放总量限值按式(5.5)计算:

$$Q_{bki} = \alpha \cdot Q_{aki} \tag{5.5}$$

式中 α——低架源排放分担率,见表5.1。

表 5.1 我国各地区总量控制系数 A,低架源分担率 α,点源控制系数 P 值表

地区序号	省(市)名	A	α	P 总量控制区	P 非总量控制区
1	新疆、西藏、青海	7.0~8.4	0.15	100~150	100~200
2	黑龙江、吉林、辽宁、内蒙古(阴山以北)	5.6~7.0	0.25	120~180	120~240
3	北京、天津、河北、河南、山东	4.2~5.6	0.15	120~180	120~240
4	内蒙古(阴山以南)、山西、陕西(秦岭以北)、宁夏、甘肃(渭河以北)	3.6~4.9	0.20	100~150	100~200
5	上海、广东、广西、湖南、湖北、江苏、浙江、安徽、海南、台湾、福建、江西	3.6~4.9	0.25	50~75	50~100
6	云南、贵州、四川、甘肃(渭河以南)、陕西(秦岭以南)	2.8~4.2	0.15	50~75	50~100
7	静风区(年平均风速小于1m/s)	1.4~2.8	0.25	40~80	40~80

(2) A-P 值法

在 A 值法中只规定了各区域总允许排放量而无法确定每个源的允许排放量,而 P 值法则可以对某个固定的烟囱的排放总量进行控制,但无法对区域内烟囱个数加以限制,及无法限制区域排放总量。若将二者结合起来,则可以解决上述问题。

所谓的 A-P 值法是指用 A 值法计算控制区域中允许排放总量,用修正的 P 值法分配到每个污染源的一种方法。下面就如何计算修正的 P 值法进行说明。

将点源分为中架点源(几何高度在 100 m 以下及 30 m 以上)与高架点源(几何高度在 100 m 以上)。中架点源与低价点源一般主要影响邻近区域所在功能区的大气质量,而高架点源则可以影响全控制区的大气质量。因此在某功能区内:

$$Q_{aki} \leq \sum_{j} \beta_i \times P \times H_{ej} \times \rho_{Bsi} \times 10^{-6} + Q_{bki} \tag{5.6}$$

式中 β_i——调整系数;

P——点源控制系数;

H_{ej}——烟囱有效高度,m。

式(5.6)表示在 i 功能区所有几何高度在 100 m 以下的点源及低架源排放的总量不得超过总允许排放量 Q_{aki}。

各功能分区的中架点源($H < 100$ m)的总允许排放量为:

$$Q_{mki} = \sum_j P \times H_{ej} \times \rho_{Bsi} \times 10^{-6} \qquad (5.7)$$

根据式(5.6)、式(5.7)可得

$$\beta_i = (Q_{aki} - Q_{bki})/Q_{mki} \qquad (5.8)$$

当 $\beta_i > 1$ 时,β_i 取值为 1。

整个城市中架点源的总允许排放量为:

$$Q_{mk} = \sum_{i=1} \beta_i \times Q_{mki} \qquad (5.9)$$

各功能分区的高架点源($H > 100$ m)的总允许排放量为:

$$Q_{hi} = \sum_j P \times H_{ej} \times \rho_{Bsi} \times 10^{-6} \qquad (5.10)$$

整个城市高架点源的总允许排放量为:

$$Q_h = \sum_{i=1} \beta_i \times Q_{hi} \qquad (5.11)$$

根据 Q_a, Q_b, Q_m, Q_h,可以计算全控制区的总调整系数 β

$$\beta = (Q_a - Q_b)/(Q_m + Q_h) \qquad (5.12)$$

当 $\beta > 1$ 时,β 取值为 1。

当 β_i 和 β 确定后,各功能区的点源控制系数 P 可变成:

$$P_i = \beta \times \beta_i \times P \qquad (5.13)$$

式中 P_i——修正后的 P 值。

各功能区点源新的允许排放率限值为:

$$q_{pi} = \beta \times \beta_i \times P \times \rho_{Bsi} \times h_e^2 \times 10^{-6} \qquad (5.14)$$

当实施新的点源允许排放率限值后,各功能区即可以保证排放总量不超过总排放量。此外,也可以选取比 P_i 大的值作为实施值,只要该功能区内实际排放的 Q_{aki}, Q_{bki} 在允许排放总量范围之内即可。

(3) A – P 值法的特点

A 值法计算方便,只需要简便易得的几个数据就可以估算一个区域内的年允许排放总量。P 值法使用地区特定的 P 值、烟囱有效高度和环境标准浓度限制作为计算参数,可以得到不同环境功能分区中给定规格的烟囱的允许排放总量。

A – P 值法有以下缺陷,影响该法的广泛使用:

①科学性不够强,结论的可靠性较差。无论是 A 值法还是 P 值法,都只是根据简单的原理,在大大简化的前提下,进行近似推理得到的。参数的确定也更多地依靠经验数据。

②目标与实际需要相偏离。A 值法所用的箱模型的假定与实际情况不相符。首先,把整个城市当成一个箱体,不考虑源强分布的不均匀性,显得过于粗糙。其次,模型隐含了污染物刚排出就立即在整个气箱范围内完全混合,大大地低估了地面的实际浓度。

③设定的环境目标是大气边界层以下、地面以上、城市范围的空间内平均浓度不超标。而实际上,影响人体健康、作物生长的污染物暴露浓度主要是接近地面层的污染物浓度。以 A 值法设定的环境质量目标作为总量控制的出发点和目标,难免与实际需要有些偏离。

④污染源分配的局限。P 值法控制方案虽然已具体到点源,但没有综合考虑当地的地形、气象等具体情况。用高斯模型模拟点源的地面浓度结果表明,在 σ_y、σ_z 成正比时,只有最大落地点污染浓度才与烟囱高度成反平方关系,离污染源较近或者较远的地方,烟囱高度对地面浓度的影响都要减小。因此,P 值法按与烟囱高度平方成反比的关系分配允许排放量,夸大了提升烟囱对降低污染的作用。

2. 基于多元模拟模型的总量控制法

多元模拟模型是除箱体模型外,常用于大气环境规划工作的大气质量模型。

(1) 基于多元模拟模型方法的步骤

城市或区域是个空间概念,其环境质量也即污染物浓度,也是个空间分布,可以用一个或多个位置有规律点的污染物浓度表示。表示点越多,代表城市或区域的整体性越强。污染物浓度是个在时间上连续的概念,SO_2 浓度按照国家标准规定,有小时平均浓度、日平均浓度、年平均浓度三个标准。因此"保证环境质量目标"还要具体解析为三个平均浓度中哪个达到国家空气质量标准。多个污染源的排放量与多点的环境质量关系,可以用多元模拟模型来表示。对污染源排放量尽可能大或治理费用尽可能低最简单的理解就是所有污染源的排放量总和最大或者是所有污染源总的治理费用最小,可以用目标排放量或费用函数的优化目标来表述。因此可以用数学规划的模型来表述总量控制问题的结论。

由以上分析可知,基于多元模拟模型的数学规划方法计算允许排放总量的步骤有:控制点选取、气象条件处理、多元模拟模型的选择、总量控制计算。

①控制点选取。所谓控制点,就是用来标识整个控制区大气污染物浓度是否达到环境目标值的一些代表点。

在控制区内,污染源分布往往不均匀,气象条件也各不相同,那么相应的浓度分布也不均匀,控制点的选择也就十分必要。由于计算机技术的快速进步,可以多选择一些控制点,以提高控制点的代表性。特别是当采用计算速度较快的模拟模型(如高斯模型)时,可以将规划期内的全部公里网格点作为控制点。

如果规划区范围很大,公里网格点的控制数目过多,影响计算效率时,要优先选择一些控制点。当有足够的监测点数据时,根据监测数据画出浓度分布图。如果没有足够的监测点数据,在源强分布已经调查清楚的情况下,可以用城市多元模式进行计算,画出各种天气条件下的浓度分布或年均浓度分布、季均浓度分布等。然后,根据浓度分布图和各个功能区的分布选择一些代表高浓度区、中浓度区、低浓度区的点。对于新经济开发区,在没有任何污染特征的情况下,只考虑在功能区均匀分布即可。

选择控制点后,根据控制点所在的功能区,确定总量控制目标值,即实行总量控制后各功能区大气环境质量应该达到的目标值。

②气象条件处理。浓度与源间的关系是依赖于气象条件的,而气象参数是多变的。即使在一日之内,污染源不变的情况下,由于风向、风速、稳定度等气象条件的变化也可能会使地面浓度在固定监测点上变化数个量级。而总量计算的核心是按地面目标浓度达标要求唯一的确定出各源的允许排放量及总量,这就需要提供将多变的气象条件定常化。解决

办法有年平均方法和气象设计条件方法两种。

年平均方法使用平均的控制点目标浓度,使得总量控制执行后的各控制点预测浓度相应平均值低于此目标浓度值。计算的是年平均浓度,使用的是多年气象记录统计出的风向、风速及稳定度联合频率作为计算参数,这种联合频率有统计基础,在气候上是相当稳定的,从而唯一的确定出总量限值。年平均方法中气象参数稳定,总量对气象条件敏感性弱,对确定总量本身有利,但工作量较大。

气象设计条件方法中的气象条件是风向、风速、大气稳定度的不同组合。在污染源排放强度和分布确定的情况下,不同气象条件对环境质量的影响也不相同。如果能把不同气象条件下的污染严重程度排序,就可以选择一直较为不利的气象条件作为大气环境规划的设计条件,寻找这种气象条件下的污染源的允许排放量,将其作为总量控制的基准。

气象条件的风向、风速、稳定度对地面浓度的影响不同。稳定度越差,风速越大,地面污染浓度越小。这两个气象条件每个对浓度的影响都是单调的。但风向决定污染范围,不同风向对地面污染的影响,与污染源的分布有关。一般设计条件的确定,要先确定主导风向,然后在主导风向上选择较为不利的风速和稳定度,将这样的组合作为大气环境规划的设计条件。

年平均方法中气象参数稳定,总量对气象条件敏感性弱,对确定总量本身有利,但工作量较大。气象设计条件方法实际上是以若干小时平均的气象参数作为输入参数,而小时平均气象参数变化幅度大,极易使总量计算结果在很大幅度内变化,随意性大。适当的方法应该是两者的结合,先用第一种方法确定一个总量及其分布,然后带到特定气象条件下的模拟模型中,模拟污染物地面浓度分布,根据结果,对已初步确定的总量进行调整。

③多元模拟模型的选择。基于多元模拟模型的数学规划方法涉及大气污染扩散模式的选用。选择大气污染扩散模式时一般要求所选模式的输入资料易得到、模拟精度要求高、模式有较高的空间分辨率以便于分清区域间污染程度及认定责任源,这些对管理和治理都是很重要的。在数学规划模型中这些扩散模式可能要调用很多次,太复杂的模式不宜采用,一般要求模式简便、计算速度快。常选择多元模拟的高斯模式。

④总量控制计算。采用大气污染扩散多元模式进行总量控制计算比较细致。

确定污染源允许排放量的过程,也是确定污染源削减量的过程。首先要按照国家大气污染物浓度排放标准和国家的地方大气污染物浓度排放标准的技术原则和方法规定的 A-P 值法确定各个污染源的基础允许排放量和削减量。具体方法见 A-P 值法。

然后设定每个污染源的初始排放量为 Q_{0i},按 A-P 值法确定的基础允许排放量为 Q_i。如果 $Q_{0i} > Q_i$,则第 i 个污染源的基础削减量为 $Q_{0i} - Q_i$,基础排放量为 $Q_{1i} = Q_i$,当 $Q_{0i} \leq Q_i$ 时,$Q_{1i} = Q_{0i}$。

按基础允许排放量削减后,通过多元模式模拟,某控制点的叠加浓度还超标的,则必须按照各源的浓度分担率进行进一步削减。

假设第 j 个点的浓度控制目标是 C_{0j},模拟浓度是 C_{1j},第 j 个点的超标浓度为 $\Delta C_{1j} = C_{1j} - C_{0j}$,超标率为 $\Delta C_{1j}/C_{1j}$,第 i 个污染源对第 j 个点的浓度贡献是 C_{1ij}。

$$C_{1j} = \sum_{i=1}^{n} C_{1ij} \tag{5.15}$$

可以采用以下两种方法确定各污染源的削减量,一是等比例削减法,二是按贡献的平方比例削减法。

a. 等比例削减法。按浓度与源强成正比的关系,如果每个污染源削减率为 $R_j = \Delta C_{1j}/C_{1j} = (C_{1j} - C_{0j})/C_{1j}$,削减后的浓度叠加恰好为 $C_{1j}(1 - \Delta C_{1j}/C_{1j}) = C_{0j}$,达到环境质量目标要求。

等比例削减法对所有污染源一视同仁,而不管污染源与受体之间的相互位置,这种无差别的做法并不合理。除了对一些小城市或污染源比较密集的区域应用之外,其他情况常采用平方比例削减法或者优化削减法。

b. 平方比例削减法。第 i 个污染源对第 j 个控制点的浓度贡献率为

$$P_{ij} = \frac{C_{1ij}}{C_{1j}} \tag{5.16}$$

设每个源的削减比率与贡献率成正比,不妨假设为 $L_j \times P_{ij}$,削减的比例必须要保证削减的排放量对应的浓度总和等于削减前的污染浓度与环境质量目标 C_{0j} 之差。

$$\sum_{i=1}^{n} \left(L_j \times \frac{C_{1ij}}{C_{1j}} \times C_{1ij}\right) = C_{1j} - C_{0j} \tag{5.17}$$

$$L_j \times P_{ij} = \frac{C_{1j} - C_{0j}}{\sum_{i=1}^{n} \frac{C_{1ij}}{C_{1j}} \times C_{1ij}} \times \frac{C_{1ij}}{C_{1j}} = \frac{C_{1j} - C_{0j}}{\sum_{i=1}^{n} C_{1ij}^2} \times C_{1ij} =$$

$$\frac{C_{1j}}{C_{1ij}} \times \frac{C_{1j} - C_{0j}}{C_{1j}} \times \frac{C_{1ij}^2}{\sum_{i=1}^{n} C_{1ij}^2} = \frac{R_j}{P_{ij}} \times \frac{C_{1ij}^2}{\sum_{i=1}^{n} C_{1ij}^2} \tag{5.18}$$

由上式可以看出,削减率与浓度的平方成正比,因此通常称为平方比例削减法。该方法按贡献率削减,贡献大的削减就多,贡献小的,削减就少,这对于各污染源之间是比较公平合理的。

对同一个 i 源,取不同控制点 j 计算的削减量也不一定相同。为了保证每个控制点都满足当地目标值,应该取 $R_j P_{ij}$ 序列中的最大值为 i 源的削减量。

对一个城市或一个环境功能区,将各个污染源在一年(或一个季节)内,计算得到的平均允许排放量求和,就得到了整个控制区的允许排放量。其他各类型污染源(如线源、面源、体源等)都可以如此计算。

⑤优化削减模型。如果综合考虑每个源与每个控制点的转移系数,考虑到在每个点都达到环境质量标准,可以建立总削减量最小模型如下。

$$\min \sum_{j=1}^{i} Q_j \tag{5.19}$$

$$\sum_{j=1}^{i} T_{ij} Q_j \leqslant \Delta C_i \quad (i = 1, \cdots, m)$$

$$Q_j \geqslant 0 \quad (j = 1, \cdots, i)$$

式中 Q_j——j 污染源源强的削减量;

T_{ij}——第 j 个污染源到 i 控制点的转移系数;

ΔC_i——i 控制点的污染物浓度超标量;

$\sum_{j=1}^{i} T_{ij} Q_j$——所有污染源削减量影响 j 控制点的浓度降低量之和。

如果知道污染源治理成本与污染源的治理水平之间的关系,也可以建立最小成本模型。

(2) 多元模拟模型法的特点

多元模拟模型法的特点和优势表现在以下几个方面。

① 排污状况和污染影响相关联。多元模拟法采用大气扩散模式将污染源的排放情况和其造成的大气污染物浓度分布联系起来,建立排放条件和浓度分布之间的响应关系,为达标条件下污染物排放总量控制建立了科学依据,使大气环境总量控制管理工作的科学化和定量化水平大大提高。

② 考虑局部地区的特殊条件,使方法的适用性增强。不同于前述 A – P 值法,多元模拟法在污染气象学研究的基础上,较为细致地考虑了地形、气象、下垫面以及有效源高等因素,因此,其准确性大大提高,适用性大大增强。

③ 充分利用现有资料,提高环境管理工作的水平。多元模拟法能够较为充分的利用污染源调查数据、大气环境监测数据、气象资料以及城市规划等原始数据和资料,模拟结果也能够容易的揭示环境污染现状并且指导总量控制方案制订。

5.2 大气环境污染源调查与评价

对大气环境质量现状调查和评价是为了了解现在的大气污染状况从而对未来的发展趋势做出预测。

5.2.1 大气污染源的分类

为有效评价、预测、控制大气污染,首先要对大气环境中产生有害物质的污染源进行研究。通常把一个能够释放污染物到大气中的装置,称为大气污染源(或称为排放源)。

大气污染源按大气污染物产生的主要来源可分为人为大气污染源和天然大气污染源。人为大气污染源主要是资源和能源的开发、燃料的燃烧以及向大气释放出污染物的各种生产场所、设施和装置等。通常按照人们的社会活动又可分为工业污染源、生活污染源和交通污染源。天然大气污染源主要是森林火灾、火山爆发、自然溢出煤气和天然气、煤田和油田以及腐烂的动植物尸体释放出的有害气体。一般的,自然灾害所造成的污染多为暂时的、局部的,而人为因素引起的大气污染通常延续时间长、范围广。我们通常所说的大气污染问题多指人为因素引起的大气污染。

另外,按污染源的几何形状,可分为点源、线源、面源和体源;按污染源的运动特性可分为固定源和流动源;按污染源的几何高度可分为高架源、中架源和低架源;按污染源排放污染物的时间长短,可分为连续源、瞬时源和持续有限时间源;按污染源排放形式可分为有组织排放源和无组织排放源。

5.2.2 污染因子筛选

在污染源调查中,应根据当地大气环境质量状况对污染因子进行筛选。首先应选择等标排放量 P_i 较大的污染物为主要污染因子;其次应选择特征污染物,同时还要考虑该区域内已造成严重污染的污染物。污染源调查中的污染因子数一般不宜过多，通常为几个污染因子。

5.2.3 大气污染源调查方法

大气污染源调查一般有以下三种方法：

5.2.3.1 现场实测法

对于排气筒排放的大气污染物，例如由排气筒排放的 SO_2、NO_x 或颗粒物等，可根据实测的废气流量和污染物浓度，按下式计算：

$$Q_i = Q_N \cdot C_i \times 10^{-6} \tag{5.20}$$

式中 Q_i——废气中 i 类污染物的源强，kg/h；

Q_N——废气体积流量，m^3/h；

C_i——废气中污染物 i 的实测质量浓度，mg/m^3。

5.2.3.2 物料衡算法

物料衡算法是对生产过程中所使用的物料情况进行定量分析的一种科学方法。对一些无法实测的污染源可采用此法计算污染物的源强，其计算公式如下：

$$\sum G_{投入} = \sum G_{产品} + \sum G_{流失} \tag{5.21}$$

式中 $\sum G_{投入}$——投入物料量总和；

$\sum G_{产品}$——所得产品量总和；

$\sum G_{流失}$——物料和产品流失量总和。

通过物料衡算可以明确进入环境中的气相、液相和固相的污染物的种类和数量。

5.2.3.3 经验估算法

对于某些特征污染物排放量，例如，燃煤排放的 SO_2，可以依据一些经验公式或一些经验的单位产品排污系数来进行估算。

5.2.4 大气污染源调查内容

工业污染源的调查内容，如有近期的"工业污染源调查资料"，一般可直接选用。生活污染源和交通污染源的调查，可以结合各城镇的具体情况进行。但调查所得的基础资料和数据，必须能满足环境污染预测与制定污染综合整治方案的需要。主要包括下列几方面：

1. 画出污染源分布图

画出规划区域范围内的大气污染源分布图，标明污染源位置、污染排放方式，并列表给出各所需参数。高的、独立的烟囱一般作点源处理；无组织排放源以及数量多、排放源不高、源强不大的排气筒一般作面源处理（一般把源高低于 30 m、源强小于 0.04 t/h 的污染源列为面源）；繁忙的公路、铁路、机场跑道一般作线源处理。

2. 点源调查统计内容

点源调查统计内容主要包括：排气筒底部中心坐标（一般按国家坐标系）及分布平面图；排气筒高度（m）及出口内径（m）；排气筒出口烟气温度（℃）；烟气出口速度（m/s）；各主要污染物正常排放量（t/年，t/h 或 kg/h）；毒性较大物质的非正常排放量（kg/h）；以及相应的排放工况,如连续排放或间断排放。

3. 面源调查统计内容

一般区域面源可以按网格进行统计。将规划区在选定的坐标系内网格化,用网格点作为控制点。网格单元一般可取 $1\,000 \times 1\,000(m^2)$,规划区较小时,可取 $500 \times 500(m^2)$。按网格统计面源的下述参数:

(1)主要污染物排放量($t/(h \cdot km^2)$);

(2)面源有效排放高度(m),如网格内排放高度不等时,可按排放量加权平均取平均排放高度;

(3)网格面源分类,如果面源分布较密且排放量较大,当其高度差较大时,可酌情按不同平均高度将面源分为 2~3 类。

5.2.5 大气污染源评价方法

常用的大气污染源评价方法主要有等标污染负荷法和污染物排放量排序法。

1. 等标污染负荷法

采用等标污染负荷法对区域工业污染源进行评价,具体方法见水环境调查与评价一节。

2. 污染物排放量排序法

污染物排放量排序法是直接评价某种污染物的主要污染源的最简单方法。采用总量控制规划法时,针对区域总量控制的主要污染物,对排放主要污染物的污染源进行总量排序。排序的方法很简单,首先要有污染源排放量清单,然后排序。排序后,可选出占污染物总量 90% 以上的污染源,据此制定总量控制规划。

5.3 大气污染预测

在进行大气污染预测时,首先要确定主要大气污染物,以及影响污染量增长的主要因素;然后预测排污量增长对大气环境质量的影响。这就需要污染环境质量的指标体系,并建立或选择能够表达这种关系的数学模型。

大气污染预测主要包括大气污染源的源强预测和大气环境质量预测两个基本方面。

5.3.1 大气污染源强预测

源强是研究大气污染的基础数据。对于瞬时点源,源强是点源的一次排放的总量;对连续点源,源强是点源在单位时间里的排放量。

源强预测的一般模型为:

$$Q_i = K_i W_i (1 - \eta_i) \tag{5.22}$$

式中 Q_i——源强,对瞬时排放源以 kg 或 t 计,对连续稳定排放源以 kg/h 或 t/d 计;

W_i——燃料的消耗量,对固体燃料以 kg 或 t 计,对液体燃料以 L 计,对气体燃料以 $100\,m^3$ 计,时间单位以 h 或 d 计;

η_i——净化设备对污染物的去除效率;

K_i——某种污染物 i 的排放因子；

i——污染物的编号。

例如，烟尘排放量的预测模型为：
$$G = WAB(1 - \eta) \tag{5.23}$$

式中 　G——烟尘排放量，t/年；

　　　W——燃煤量，t/年；

　　　A——煤的灰分，%；

　　　B——烟气中烟尘占灰分的百分数，%；

　　　η——除尘效率，%。

5.3.2 大气环境质量预测

大气环境质量预测主要是对大气环境中的污染物的含量进行预测。常见的方法有箱式模型和高斯模型等。

1. 箱式模型

箱式模型是研究大气污染物排放量与大气环境质量之间关系的一种最简单的模型。箱式模型预测大气环境质量主要适用于城市家庭炉灶和低矮烟囱分布不均匀的面源。对于一个城市一般是将其划分为若干小区，再把每个小区看做是个箱子，通过箱子的输入和输出关系，即可以预测大气中的污染物浓度。其模型表达方式为：
$$\rho_i = \frac{Q}{uLH} + \rho_0 \tag{5.24}$$

式中　ρ_i——大气污染物浓度的预测值，mg/m³；

　　　ρ_0——预测区域大气环境的背景浓度值，mg/m³；

　　　Q——面源源强，t/年；

　　　u——进箱内的平均风速，m/s；

　　　L——箱的边长，m；

　　　H——箱的高度，为大气混合层高度，m。

2. 高斯模型

高斯模型是预测大气环境中污染物的常用模型。它是在污染物浓度分布符合正态分布的情况下导出的。其基本假设为：烟气扩散时，烟流中心轴附近污染物比它的外侧高，浓度分布在水平和垂直方向均呈高斯分布；在湍流扩散场中，平均风速不随地点、时间而变化，流场是定常的；污染源为连续、均匀排放；在扩散过程中，污染物不发生沉降、分解和化合，地面对其起全反射作用，不发生吸附和吸收作用。

根据上述假设得到高斯模型的一般表达方式：
$$C(c,z,H) = \frac{Q}{2\pi \bar{u}\sigma_y\sigma_z} \exp\left(-\frac{y^2}{2\sigma_y^2}\right) \left[\exp\left(-\frac{z-H^2}{2\sigma_z^2}\right) + \exp\left(-\frac{z+H^2}{2\sigma_z^2}\right)\right] \tag{5.25}$$

式中　C——某种污染物在大气环境中的预测浓度，mg/m³；

　　　Q——污染物排放源强，g/s；

　　　$\bar{u}$——平均风速，m/s；

H——烟流中心线距离地面的高度,m;

σ_y,σ_z——分别为用浓度差表示的 y 轴和 x 轴上的扩散系数,m。

扩散系数的估算方法有多种,常用的是帕斯奎尔曲线法。应用高斯模型可以求出下风向任一点的污染物浓度。但在实际预测工作中更多的是关心地面浓度、地面轴线浓度。可以通过将高斯模型的一般形式进行适当的转化求得。

5.4 大气环境规划目标与指标体系

5.4.1 大气环境规划目标

环境规划的目的是为了实现预定的环境目标。所以制定科学、合理的大气环境规划目标是编制大气环境规划的重要内容之一。大气环境目标是在区域大气环境调查评价和预测以及区域大气环境功能区划分的基础上,根据规划期内所要解决的主要大气环境问题和区域社会、经济与环境协调发展的需要而制定的。大气环境目标主要包括大气环境质量目标和大气环境污染总量控制目标。

1. 大气环境质量目标

大气环境质量目标是基本目标,不同的地域和功能区,大气环境质量目标不相同。大气环境质量目标是由一系列表征环境质量的指标来实现的。

2. 大气环境污染总量控制目标

大气环境污染总量控制目标是为了达到质量目标而规定的便于实施和管理的目标,其实质是以大气环境功能区环境容量为基础目标,将污染物浓度控制在功能区环境容量的限度内,其余的部分作为削减目标或削减量。

大气环境规划目标的决策过程一般是初步拟定大气环境目标,然后编制达到大气环境目标的方案;论证环境目标方案的可行性,当可行性出现问题时,反馈回去重新修改大气环境目标和实现目标的方案,再进行综合平衡,经过多次反复论证,最后才能比较科学地确定大气环境目标。

5.4.2 大气环境规划的指标体系

大气环境规划的指标体系是用来表征所研究具体区域大气环境特征和质量的指标体系。确定大气环境指标体系是研究和编制大气环境规划的基础内容之一。目前,国内外已经有了被大家公认、统一的大气环境系统的指标体系。在大气环境规划中,作为大气环境指标体系要同时考虑环境污染防治、环境建设等因素。大气环境规划指标体系必须具有以下特点:

(1)能反映大气环境的主要组成要素;

(2)必须是一个完整的指标体系,各个指标之间是相互关联的;

(3)能够被定量或者半定量;

(4)表征这些指标的信息是可以得到的。

根据这些基本要求和大气环境的基本特征,可以提出一般的大气环境规划指标体系。

1. 大气环境规划指标

（1）气象、气候指标。气象、气候等指标是决定大气扩散能力的重要因素，也是进行大气环境规划需要首先了解的基础大气资料。主要指标有：气温、气压、风向、风速、风频、日照、大气稳定度和混合层高度等。

（2）大气环境质量指标。主要指标有：总悬浮颗粒物、飘尘、二氧化硫、降尘、氮氧化物、一氧化碳、光化学氧化剂、臭氧、氟化物、苯并芘、细菌总数等。

（3）大气污染控制指标。主要指标有：废气排放总量、二氧化硫排放量及回收率、烟尘排放量、工业粉尘排放量及回收量、烟尘及粉尘的去除率、一氧化碳排放量、氮氧化物排放量、光化学氧化剂排放量、烟尘控制区覆盖率、工艺尾气达标率和汽车尾气达标率等。

（4）城市环境建设指标。主要指标有：城市气化率、城市集中供热率、城市型煤普及率、城市绿地覆盖率和人均公共绿地等。

（5）城市社会经济指标。主要指标有：国内生产总值、人均国内生产总值、工业总产值、各行业产值、能耗、万元工业产值能耗、城市人口总量、分区人口数、人口密度及分布和人口自然增长率等。

2. 筛选大气环境规划指标的方法

大气环境规划属于综合性的环境规划，因此指标涉及面广，内容比较复杂。为了编制环境规划，期望从众多的统计和监测指标中科学地选取出大气环境规划指标，需要进行指标筛选。一般指标筛选方法主要有：综合指数法、层次分析法、加权平均法和矩阵相关分析法等。

5.5 大气环境功能区划

正确划分大气环境功能区是研究和编制大气环境规划的基础和重要内容，也是实施大气环境总量控制的基础和前提。大气环境功能区是因其区域社会功能不同而对环境保护提出不同要求的地区。功能区数目不限，但应当由当地人民政府根据国家有关规定及城乡总体规划划分为一、二、三类大气环境功能区。

5.5.1 大气环境功能区划分的目的

根据国家有关规定，具有不同社会功能的区域分别划分为一、二、三类功能区，见表5.2。各功能区分别采用不同的大气环境标准来保证这些区域社会功能的发挥。

表5.2 大气环境功能区划分

功能区	范围	执行大气质量标准
一类区	指自然保护区、风景名胜区和其他需要特殊保护的地区	一级
二类区	城镇规划中确定的居住区、商业交通居民混合区、文化区、一般工业区和农村地区，以及一、三类地区不包括的地区	二级
三类区	特定工业区	三级

大气环境功能区的划分应充分考虑规划区的地理、气候条件,科学合理。一方面要充分利用自然环境的界线(如山脉、河流、道路等)作为相邻功能区的边界线,尽量减少边界的处理。另一方面,应特别注意风向的影响,如一类功能区应放在最大风频的上风向;三类功能区应安排在最大风频的下风向,以此最大限度的开发利用大气自净能力,达到既扩大区域污染物的允许排放总量,又减少治理费用的目的。

划分大气环境功能区,对不同的功能区实行不同大气环境目标的控制对策,有利于实行新的环境管理机制。

(1)二类区的面积不得小于 4 km²。

(2)三类区中的生活区,应根据实际情况和可能,有计划的分期分批从三类区中迁出。

(3)三类区不应设在一、二类功能区的主导风向的上风向。

(4)各类功能区之间应设置一定宽度的缓冲带,缓冲带的宽度根据区划面积、污染源分布和大气扩散能力等确定。一般情况下一类功能区和三类功能区之间的缓冲带宽度不小于 500 m,其他功能区之间的缓冲带宽度不小于 300m。缓冲带内的环境空气质量应向要求高的区域靠。

(5)位于缓冲带内的污染源,应根据其对环境空气质量要求高的功能区的影响情况,确定该污染源执行排放标准的级别。

5.5.2 大气环境功能区的划分方法

环境空气质量功能区的划分应该在区域或城市环境功能区或城市性质的基础上,根据环境空气质量功能区的划分原则,以及地理、气象、政治、经济和大气污染源分布现状等因素的综合分析结果,按环境空气质量标准的要求,将区域或城市环境空气划分为不同的功能区域。其划分方法如下:

(1)分析区域或城市发展规划,确定环境空气质量功能区划分的范围并准备工作底图。

(2)根据调查和监测数据,环境空气质量功能区类别的定义、划分原则等进行综合分析,确定每一单元的功能区类别。

(3)把区域类别相同的单元连成片,并绘制在底图上,同时将环境空气质量标准中例行监测的污染物和特征污染物的日平均值等值线绘制在底图上。

(4)根据环境空气质量管理和城市发展规划的要求,依据被保护对象对环境空气质量的要求,兼顾自然条件和社会经济发展,将已建成区或规划中的开发区等所划分区域的最终边界的区域功能类型进行反复审核,最后确定该区域的环境空气质量功能区划的方案。

(5)对有明显人为氟化物排放源的区域,其功能区应严格按照《环境空气质量标准》中的有关条款进行划分。

大气环境功能区是不同级别的大气环境系统的空间形式,各种地域上的大气环境的系统特征是大气环境功能区的内容和性质。大气环境功能区是个复杂的问题,涉及的因素较多,采用简单的定性方法进行划分,不能很好的揭示出城市大气环境的本质在空间上的差异及其多因素间的内在关系。定量划分大气环境功能区的方法一般有:多因子综合评分法、模糊聚类分析法、生态适宜度分析法、层次分析法等。

5.6 大气环境规划措施

大气污染防治是一项复杂的系统工程,涉及的范围很广,如能源利用、污染控制、环境管理等方面。只有对整个大气环境系统进行分析,对各种能减轻大气污染的方案的技术、经济性等进行优化、比较、筛选和评价并根据各地的特点、经济发展状况、管理水平等因素,确定实现整个区域大气环境质量控制目标的最佳实施方案,才能有效地控制大气污染。

在制定和实施大气环境规划方案时,要综合考虑大气污染的防治途径。大气污染的防治途径很多,主要包括减少污染物排放量、污染源及功能区的合理布局、强化环境管理等方面。

5.6.1 减少污染物排放量

5.6.1.1 调整能源结构

1. 使用新能源

传统能源都是不可再生的,而且容易对大气环境造成污染,因此人们已经开始探索新能源。我国正在开发使用的新的清洁能源主要有太阳能、风能、地热、潮汐能和沼气等。新能源的最大特点在于清洁、对环境无污染或少污染。我国对水利资源的大力开发、核能的有步骤发展都有很大的空间。

2. 改变燃料构成

我国的能源消费是以煤为主,在我国大气污染物中,约60%的TSP、87%的SO_2、67%的NO_x和71%的CO_2均来自煤的燃烧,燃煤排放的大量SO_2和NO_x也是我国酸雨形成的主要原因。因此要解决大气环境问题必须加强能源结构调整工作,逐步改善能源结构,改善大气环境质量状况。

在目前使用的传统能源中,燃煤污染是最重的。平均每吨煤燃烧将排放出粉尘6~11 kg,这些粉尘主要包括未完全燃烧的碳粒和燃烧产生的飞灰。与煤炭相比,液体燃料和气体燃料的污染相对较低,其粉尘较少,如1 t石油燃烧产生的粉尘只有0.1 kg左右,气体燃烧产生的粉尘量更少。

因此,发展气体燃料、液体燃料、合成燃料来代替燃煤,在煤燃料中选用低灰分、低硫、低挥发分的煤,是控制大气污染、保护环境的重要途径。

5.6.1.2 改变燃烧方式

燃煤锅炉的型号不同、燃烧方式不同,污染物排放量以及烟尘粒径分布也不同,热能利用率可以从15%~20%提高到40%。通过不断进行锅炉改造,改变煤的燃烧方式,采用节能、高效、低排放的燃烧设备,可以减少污染物的排放。

另外,煤的燃烧效率及污染物产生量除了与燃烧设备有关外,还与煤的成分和性质密切相关。为了减少污染物排放,应避免直接燃烧原煤。通过将煤炭气化、液化或制成型煤,改变煤的燃烧方式,来达到保护环境的目的。

5.6.1.3 污染集中控制

集中控制是指在一个特定的范围内为环境保护所建立的集中治理措施和采用的集中管理措施,是针对面源和密集点源的一种有效的环境管理手段。集中控制是相对于分散治理而言的,集中控制通过对某一区域内的面源或密集点源进行安排、集中治理,以较少的经济代价来谋求整个区域的环境质量改善。

相对于分散治理,集中控制有利于集中人力、物力、财力解决重点污染问题,有利于采用新技术、提高污染治理效果。有利于提高资源利用率、加速有害废物资源化,有利于节省污染防治的总投入、改善和提高环境质量。

对面源进行集中控制,主要通过调整燃料结构,优先供应低硫煤或其他清洁燃料给居民使用,对居民采暖实行集中供热,从而将大量分散的、低矮的污染源排放削减或集中控制。对工业密集点源进行集中控制,主要通过污染集中治理,在可能的条件下,逐步取消小型锅炉,将多个密集点源的分散排放和治理集中起来,通过采用新技术提高污染物的治理率,减少污染物的总排放量,同时形成经济规模,降低治理成本。

5.6.1.4 加强污染源的治理

能源结构调整和污染集中控制虽然可以有效地减少污染物的排放,改善大气质量环境,但对于污染源来说,还必须采取有效的治理技术和设备,降低污染物的排放,使之达标或达到总量控制所要求的允许排放量。

1. 控制颗粒物排放

控制颗粒物排放的方法与技术很多,目前常用的处理设备有重力沉降设备、旋风式集尘器、洗涤除尘器、过滤集尘器、静电除尘器、声波除尘器等。

2. 控制气体污染物排放

气体污染物可采用燃烧、吸收、吸附、催化和回收等方法来控制。对具体的污染源,应根据气体污染物的性质和经济能力来决定。目前大部分采用吸收、吸附、催化法来控制。

5.6.1.5 控制移动源的排放

近年来,随着我国经济的发展,机动车拥有量迅速增加,机动车尾气污染成为大气污染的重要污染源。特别是在一些大城市,环境污染有可能从以煤烟型污染逐步过渡到以 NO_x 为主的机动车燃油氧化性污染。因此,必须采取措施加强对机动车污染的控制。主要措施如下:

(1)严格制定用车污染排放标准及新车污染排放管理办法,促使新出厂的燃油汽车采用电喷装置、安装三元催化净化装置。

(2)重型汽油货车采用废气再循环、氧化催化器。

(3)重型柴油车采用电控柴油喷射、增压中冷等手段控制污染排放。

(4)对于公共汽车、出租车可采用集中的、强化的 I/M,并配合安装三元催化净化装置。

(5)对于污染排放严重的车辆要进行淘汰。

(6)气象条件恶劣时应限制车辆的出行等。

以此降低机动车排放的污染,改善城市大气环境质量。

5.6.2 污染源及功能区的合理布局

通常,大气中的污染物质浓度较低,由于大气环境的自净作用,在大气环境自身能够承载的范围内。大气的自净作用是指大气中的污染物由于自然过程,而从大气中除去或浓度降低的过程或现象。只有大气中的污染物质浓度超过大气的自净容量时,才会造成大气污染。大气的自净能力与当地的气象条件、功能区的划分以及污染源的布局等因素有关。充分利用大气自净能力可以减少污染物的削减,降低治理投资。

1. 合理布局大气污染源

为了避免对城镇居民的生活造成影响,大气污染源的布局应该是使有烟尘和废弃污染的工业区,尽量布置在原理对大气环境质量要求较高的居民区。怎样对大气污染源进行布局,才能使污染源对居民区产生的污染影响最小,这是编制环境规划时应重点解决的问题。

2. 合理布置城市功能区

城市的主要功能区一般分为:商业区、居民区、文教区、工业区等。如何安排这些功能区,特别是对工业区的布局,会直接影响人们的生活和工作环境。考虑风向、风速等对大气环境质量的影响,对于工业较集中的大中城市十分重要。用地规模较大、对空气有轻度污染的工业(如电子、纺织等),可布置在城市边缘或近郊区;污染严重的大型企业(如冶金、石化、化工、火电站、水泥厂等),布置在城市的远郊区,并设置在污染系数最小的上风向。

在进行工业布局时,还应该注意各企业的合理布局,使其有利于生产协作和环境保护。

大气环境规划确定的污染物允许排放总量,要以排污许可证形式分配给企业。对城市的重点污染企业和未达标的企业限期达标,凡超过期限未达标者一律停产。

排污收费要按照超标量实行收费,既体现总量控制的思想和环境价值,也对污染企业有个经济刺激。

严格执行环境影响评价制度,对没有容量的区域,新上污染源必须要从其他企业购买排污许可。

第6章 噪声污染防治规划

6.1 噪声污染防治规划基础

6.1.1 噪声及其类型

从环境和生理学的观点分析,凡使人厌烦的、不愉快的和不需要的声音统称为噪声。根据噪声声源不同,噪声一般可分为工业噪声、建筑施工噪声、交通噪声和社会生活噪声四种。

(1)工业噪声:是指在工业生产活动中使用固定设备时产生的干扰周围生活环境的声音。工业生活中由于机械振动、摩擦撞击及气流扰动等产生的噪声属于工业噪声。例如:化工厂使用的空气压缩机、鼓风机等设备在运转时产生的噪声,是由于空气振动而产生的气流噪声;球磨机、粉碎机等产生的噪声,是由于固体零件机械振动或摩擦撞击产生的机械噪声。

(2)建筑施工噪声:是指在建筑施工过程中产生的干扰周围生活环境的声音。建筑施工过程中使用的一些机械设备,如搅拌机、打桩机等在运转时会产生噪声,干扰周围居民的生活和健康。

(3)交通噪声:是指机动车辆、铁路机车、机动船舶、航空器等交通运输工具在运行时所产生的干扰周围生活环境的声音。像飞机、火车、汽车等交通运输工具在飞行和行驶中所产生的噪声属于交通噪声。

(4)社会生活噪声:是指人为活动所产生的除工业噪声、建筑施工噪声和交通运输噪声之外的干扰周围生活环境的声音。如商业活动中使用高音广播喇叭产生的噪声。

6.1.2 噪声的危害

噪声的危害是多方面的,噪声不仅干扰人们正常的工作和生活,还会给人体健康带来危害。

(1)影响正常生活和工作。噪声影响人们交谈、思考,分散注意力,降低工作效率;噪声影响人们的睡眠质量,令人烦躁不安,反应迟钝,生活质量变差。

(2)损害人的听力。噪声强度越大、频率越高、作用时间越长,危害越严重。据统计,$80 \sim 85$ dB(A)的噪声会造成轻微的听力损伤;$85 \sim 100$ dB(A)的噪声会造成一定数量的噪声性耳聋;当噪声超过 100 dB(A)以上时,会造成相当数量的噪声性耳聋。

(3)影响人的中枢神经系统。噪声作用于人的中枢神经系统,使大脑皮层的兴奋与抑制平衡失调,导致条件反射异常,使脑血管张力遭到损害。时间一长,使人产生头痛、脑胀、耳鸣、失眠、心慌、记忆力衰退和全身疲乏无力等症状。

(4)影响人的消化系统和心血管系统。噪声对人的消化系统会产生不良影响,会出现消化不良、食欲不振、恶心呕吐等症状。受噪声影响的人群,高血压和冠心病的发病率比正常情况高出2~3倍。

6.1.3 噪声污染防治规划技术路线

噪声污染防治规划的技术路线如图6.1所示,在城市声环境质量评价和噪声污染现状与趋势分析的基础上,结合城市总体规划、土地利用规划和声环境功能区划,提出噪声污染控制规划目标,并进一步根据声环境规划目标提出实现目标所采取的噪声污染控制措施及噪声污染防治方案。再经过可行性分析和反复论证得到噪声污染控制的推荐方案。最后,还需要提出实施噪声污染防治规划所需保障措施包括费用及其来源等,以保证合理可行的城市噪声综合整治规划的最终形成。

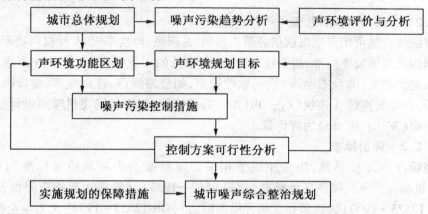

图6.1 城市噪声环境综合整治规划的一般程序与内容

6.2 噪声现状调查与评价

6.2.1 噪声现状调查

噪声现状调查的方法主要有两种,即收集资料和现场调查法。噪声现状调查时,首先应搜集现有的资料,当这些资料不能满足规划需要时,在进行现场调查和测试。

1. 调查内容

(1)收集、调查规划区域内城市总体发展规划、土地利用状况及土地利用规划、交通及社会与经济发展规划。

(2)收集已制定的城市环境规划、计划及其基础资料。

(3)调查规划区域内环境噪声背景状况、主要产生噪声污染源状况。

(4)收集、调查规划区域内存在的主要声环境污染问题以及城市居民对噪声污染的投诉情况。

(5)收集当地政府有关控制噪声污染的法律法规及政策、措施。

(6)调查区域内噪声敏感目标、噪声功能区划分情况。

(7)调查受噪声影响人口分布。

2. 环境噪声现状监测

监测布点原则：

（1）现状测点布置一般要覆盖整个评价范围，但重点要布置在现有噪声源对敏感区有影响的那些点上。

（2）对于包含多个呈现点声源性质的情况，环境噪声现状测量点应布置在声源周围，靠近声源处测量点密度应高于距声源较远处的测点密度。

（3）对于呈现线状声源性质的情况，应根据噪声敏感区域分布状况确定若干噪声测量断面，在各个断面上距声源不同距离处布置一组测量点。

6.2.2 环境噪声评价

6.2.2.1 环境噪声评价量

噪声源评价量可用声压级或倍频带声压级、A声级、声功率级、A计权声功率级。

依据国家环境噪声标准，对于稳态噪声，如常见的工业噪声，一般以A声级为评价量；对于声级起伏较大（非稳态噪声）或间歇性噪声，如公路噪声、铁路噪声、港口噪声、建筑施工噪声等，以等效连续A声级（L_{Aeq}、dB(A)）为评价量；对于机场飞机噪声以计权等效连续感觉噪声级（WECPNL、dB）为评价量。

6.2.2.2 评价标准

环境噪声的评价标准，应采用以下相关国家标准：《声环境质量标准》（GB 3096—2008）、《机场周围飞机噪声环境标准》（GB 9660—1988）、《铁路边界噪声限值及其测量方法》（GB 12525—1990）、《建筑施工场界噪声限值》（GB 12523—1990）、《工业企业厂界环境噪声排放标准》（GB 12348—2008）、《社会生活环境噪声排放标准》（GB 22337—2008）。

6.2.2.3 评价内容

1. 环境噪声现状评价的主要内容

（1）规划区域内现有噪声敏感区、保护目标的分布情况、噪声功能区的划分情况等。

（2）规划区域内现有噪声种类、数量及相应的噪声级、噪声特性、主要噪声源分析等。

（3）规划区域内环境噪声现状，包括：①多功能区噪声级、超标状况及主要噪声源；②工业企业厂界噪声级、超标状况及主要噪声源；③交通噪声噪声级、超标状况及主要噪声源；④铁路边界噪声噪声级、超标状况及主要噪声源；⑤飞机噪声噪声级、超标状况等；⑥受多种噪声影响的人口分布状况。

2. 声环境影响评价的主要内容

（1）说明规划前后声环境变化，即规划前声环境现状，以及规划实施过程中对噪声的影响程度、影响范围和超标状况。重点评价敏感区域或敏感点声环境的变化。

（2）进行四方面的分析，即分析受噪声影响的人口分布；分析规划噪声源和引起超标的主要噪声源或主要原因；分析规划相关项目选址、选线、设备布局和设备选型的合理性；分析规划相关项目设计中已有的噪声防治措施的适用性和防治效果。

（3）提出措施和建议，即提出规划需要增加的噪声防治措施，并进行其经济、技术的可行性论证；在噪声污染防治管理、噪声监测和城市规划或区域规划方面提出建议。

6.3 噪声污染预测

6.3.1 交通噪声预测

6.3.1.1 公路交通噪声预测模式

1. i 型车辆行驶于昼间或夜间,预测点接收到小时交通噪声值按式(6.1)计算:

$$(L_{Aeq})_i = L_{wj} + 10\lg\left(\frac{N_i}{v_i T}\right) - \Delta L_{距离} + \Delta L_{纵坡} + \Delta L_{路面} - 13 \quad (6.1)$$

式中 $(L_{Aeq})_i$——第 i 型车辆昼间或夜间小时交通噪声值,dB;

L_{wj}——第 i 型车辆的平均辐射声级,dB;

N_i——第 i 型车辆的昼间或夜间的平均小时交通量,辆/h;

v_i——i 型车辆的平均行驶速度,km/h;

T——L_{Aeq} 的预测时间,在此取 1 h;

$\Delta L_{距离}$——第 i 型车辆行驶噪声,昼间或夜间在距噪声等效行车线距离为 r 的预测点处的距离衰减量,dB。

2. 各型车辆昼间或夜间使预测点接到的交通噪声值应按式(6.2)计算:

$$(L_{Aeq})_交 = 10\lg[10^{0.1(L_{Aeq})_L} + 10^{0.1(L_{Aeq})_M} + 10^{0.1(L_{Aeq})_S}]\Delta L_1 + \Delta L_2 \quad (6.2)$$

式中 $(L_{Aeq})_L$、$(L_{Aeq})_M$、$(L_{Aeq})_S$——分别为大、中、小型车辆昼间或夜间,预测点接到的交通噪声值,dB;

$(L_{Aeq})_交$——预测点接收到的昼间或夜间的交通噪声值,dB;

ΔL_1——公路曲线或有限长路段引起的交通噪声修正量,dB;

ΔL_2——公路与预测点之间的障碍物引起的交通噪声修正量,dB。

6.3.1.2 铁路噪声预测模式

把铁路各类声源简化为点声源和线声源,分别进行计算。

1. 点声源

$$L_p = L_{p0} - 20\lg(r/r_0) - \Delta L \quad (6.3)$$

式中 L_p——测点的声级(可以是倍频带声压级或 A 声级);

L_{p0}——参考位置处的声级(可以是倍频带声压级或 A 声级);

r——预测点与点声源之间的距离,m;

r_0——测量参考声级处与点声源之间的距离,m;

ΔL——各种衰减量,包括空气吸收、声屏障或遮挡物、地面效应等引起的衰减量。

2. 线声源

$$L_p = L_{p0} - 10\lg(r/r_0) - \Delta L \quad (6.4)$$

式中 L_p——线声源在预测点产生的声级(倍频带声压级或 A 声级);

L_{p0}——线声源参考位置处的声级(倍频带声压级或 A 声级);

r——预测点与线声源之间的垂直距离,m;

r_0——测量参考声级处与线声源之间的垂直距离,m;

ΔL——各种衰减量,包括空气吸收、声屏障或遮挡物、地面效应等引起的衰减量。

3. 总的等效声级

$$L_{eq}(T) = 10\lg\left[\frac{1}{T}\sum_{i=1}^{n}t_i 10^{0.1L_{pi}}\right] \tag{6.5}$$

式中 t_i——第 i 个声源在预测点的作用时间(在 T 时间内);

L_{pi}——第 i 个声源在预测点产生的 A 声级;

T——计算等效声级的时间。

6.3.1.3 机场飞机噪声预测模式

机场飞机噪声预测根据下列基本步骤进行:

1. 计算斜距

以飞机起飞或降落点为原点,跑道中心线为 x 轴、垂直地面为 z 轴、垂直于跑道中心线为 y 轴建立坐标系。设预测点的坐标为 (x,y,z),飞机起飞、爬升、降落时与地面所成角度为 θ,则飞机与预测点之间的斜距为:

$$R = \sqrt{y^2 + (x\tan\theta\cos\theta)^2} \tag{6.6}$$

如果可以查得离起飞或降落点不同位置飞机距地面的高度 H,斜距为:

$$R = \sqrt{y^2 + (H\cos\theta)^2} \tag{6.7}$$

2. 查出各次飞机飞行的有效感觉噪声级数据

根据飞机机型、起飞或降落、斜距可以查出飞机飞过预测点时在预测点产生的有效感觉噪声级 EPNL。

3. 按下式计算平均有效感觉噪声级 $\overline{EPNL}$

$$\overline{EPNL} = 10\lg\left[\left(\frac{1}{N_1 + N_2 + N_3}\right)\left(\sum_{i=1}^{N}10^{0.1EPNL}\right)\right] \tag{6.8}$$

式中 N_1,N_2,N_3——白天(07:00~09:00)、晚上(19:00~22:00)和夜间(22:00~07:00)通过该点的飞行次数,$N = N_1 + N_2 + N_3$。

计权等效连续感觉噪声级为:

$$WECPN = \overline{EPNL} + 10\lg(N_1 + 3N_2 + 10N_3) - 40 \tag{6.9}$$

6.3.2 工业噪声预测模式

工业噪声源有室外和室内两种声源,应分别计算。一般来讲,进行环境噪声预测时所使用的工业噪声源都可按点声源处理。

6.3.2.1 室外声源

1. 按下式计算某个声源在预测点的倍频带声压级:

$$L_{oct}(r) = L_{oct}(r_0) - 20\lg(r/r_0) - \Delta L_{oct} \tag{6.10}$$

式中 $L_{oct}(r)$——点声源在预测点产生的倍频带声压级;

$L_{oct}(r_0)$——参考位置 r_0 处的倍频带声压级;

r——预测点与声源之间的距离,m;

r_0——参考位置与声源之间的距离,m;

ΔL_{oct}——各种因素引起的衰减量,包括空气吸收、声屏障或遮挡物、地面效应等引起的衰减量。

如果已知声源的倍频带声功率级 $L_{w,oct}$,且声源可看做是位于地面上的,则:

$$L_{oct}(r_0) = L_{w,oct} - 20\lg r_0 - 8 \tag{6.11}$$

2. 由各倍频带声压级合成计算出该声源产生的 A 声级 L_A。

6.3.2.2 室内声源

1. 按下式计算室内靠近围护结构处的倍频带声压级:

$$L_{oct,1} = L_{w,oct} + 10\lg\left(\frac{Q}{4\pi r_1^2} + \frac{4}{R}\right) \tag{6.12}$$

式中 $L_{oct,1}$——某个室内声源在靠近围护结构处产生的倍频带声压级;

$L_{w,oct}$——某个声源的倍频带声功率级;

r_1——室内某个声源与靠近围护结构处的距离,m;

R——房间常数;

Q——方向性因子。

2. 按下式计算出所有室内声源在靠近围护结构处产生的总倍频带声压级:

$$L_{oct,1}(T) = 10\lg\left[\sum_{i=1}^{N} 10^{0.1L_{oct,1(i)}}\right] \tag{6.13}$$

3. 按下式计算出室外靠近围护结构处产生的总倍频带声压级:

$$L_{oct,2}(T) = L_{oct,1}(T) - (TL_{oct} + 6) \tag{6.14}$$

4. 将室外声级 $L_{oct,2}(T)$ 和透声面积换算成等效的室外声源,按下式计算出等效声源第 i 个倍频带的声功率级 $L_{w,oct}$:

$$L_{w,oct} = L_{oct,2}(T) + 10\lg S \tag{6.15}$$

式中 S——透声源面,m²。

5. 等效室外声源的位置为围护结构的位置,其倍频带声功率级为 $L_{w,oct}$,由此按室外声源的方法计算等效室外声源在预测点产生的声级。

6.3.2.3 计算总声压级

设第 i 个室外声源在预测点产生的 A 声级为 $L_{Ain,i}$;在 T 时间内该声源工作时间为 $t_{in,i}$;第 j 个室外声源在预测点产生的 A 声级为 $L_{Aout,j}$;在 T 时间内该声源工作时间为 $t_{out,j}$,则预测点的总等效声级为:

$$L_{eq}(T) = 10\lg\left(\frac{1}{T}\right)\left(\sum_{i=1}^{N} t_{in,i} 10^{0.1L_{Ain,i}} + \sum_{j=1}^{M} t_{out,j} 10^{0.1L_{Aout,j}}\right) \tag{6.16}$$

式中 T——计算等效声级的时间;

N——室外声源个数;

M——等效室外声源个数。

6.3.3 区域环境噪声预测

区域环境噪声受工业噪声、交通噪声影响,并与人口密度呈一定的相关关系,人口增加 1 倍,昼夜等效声级将提高 3 dB(A)。

预测采用点声源自由场衰减模式,仅考虑距离衰减值,忽略大气吸收,障碍物屏障等因素,其噪声预测公式为:

$$L = L_0 - 20\lg(r/r_0) \tag{6.17}$$

根据公式(6.17)可预测每个噪声源在评价点的贡献值,再将所有声源在该点的贡献值用对数法叠加,得出噪声声源对该点噪声的贡献值,贡献值与本底值叠加,即得出影响预测值。具体模式如下:

$$L = 10\lg\left(\sum_{i=1}^{n} 10^{0.1L_i}\right) \tag{6.18}$$

6.4 声环境功能区划

声环境要素是城市居民比较敏感的环境要素,但其污染源影响范围一般较小,区域间相互影响较轻微,划分的区域空间可以相对小一些,可根据城市规划的功能分区要求,结合《声环境质量标准》(GB 3096—2008)的分类方法进行划分,其范围可以参照土地利用规划功能区的范围,落实到相应的网格区划图上。

6.4.1 声环境功能区划的基本原则

声环境功能区划的目的是确定每个区划内具体的环境目标,划分时应重点考虑以下原则:

(1)保障城市居民正常生活、学习和工作场所的安静,提高声环境质量,有效控制噪声污染的程度和范围。

(2)以城市总体规划为指导,结合城市土地利用,按区域规划用地的主导功能来确定声环境保护目标,有利于城市环境噪声管理和促进噪声污染治理。

(3)有利于城市规划的实施和城市改造,做到功能区划分科学合理,促进环境、经济和社会协调发展。

6.4.2 声环境功能区划的主要依据

(1)结合《声环境质量标准》(GB 3096—2008)中各类标准适用区域进行划分;

(2)城市性质、结构特征、城市总体规划、分区规划、近年规划和城市规划用地现状,特别是城市的近期规划和城市规划用地现状应为区划的主要依据;

(3)依据区域环境噪声污染特点和城市环境噪声管理的要求进行划分;

(4)城市的行政区划及城市的自然地貌也是声环境功能区划的依据。

6.4.3 声环境功能区划的程序

(1)收集噪声区划工作资料:城市总体规划、分区规划、城市用地统计资料、声环境质量状况统计资料和比例适当的工作底图等。

(2)划分噪声控制功能区单元,并确定各区域单元的类型。

(3)充分利用行政边界(街、区等)、自然地形(道路、河流、沟壑、绿地等)作为区域边界,合并多个区域类型相同且相邻的单元。

(4)对初步划定的区划方案进行分析、调整。

(5)征求相关部门(环保、规划、城建、公安和基层政府等)对噪声功能区划方案的意见。

(6) 确定噪声控制功能区划方案,绘制噪声控制功能区划图。

(7) 系统整理并提交技术文件,包括区划工作报告、区划方案、区划图等,报上级环境保护行政主管部门技术验收。

(8) 地方环境保护行政主管部门将区划方案报当地人民政府审批,公布实施。

6.4.4 声环境功能区

6.4.4.1 声环境功能区分类

按区域的使用功能特点和环境质量要求,声环境功能区分为以下五种类型:

0 类声环境功能区:指康复疗养区等特别需要安静的区域。

1 类声环境功能区:指以居民住宅、医疗卫生、文化教育、科研设计、行政办公为主要功能,需要保持安静的区域。

2 类声环境功能区:指以商业金融、集市贸易为主要功能,或者居住、商业、工业混杂,需要维护住宅安静的区域。

3 类声环境功能区:指以工业生产、仓储物流为主要功能,需要防止工业噪声对周围环境产生严重影响的区域。

4 类声环境功能区:指交通干线两侧一定距离之内,需要防止交通噪声对周围环境产生严重影响的区域,包括4a类和4b类两种类型。4a类为高速公路、一级公路、二级公路、城市快速路、城市主干路、城市次干路、城市轨道交通(地面段)、内河航道两侧区域;4b类为铁路干线两侧区域。

6.4.4.2 声环境功能区的划分要求

1. 城市声环境功能区的划分

城市区域应按照 GB/T 15190 的规定划分声环境功能区,分别执行本标准规定的0、1、2、3、4 类声环境功能区环境噪声限值。

2. 乡村声环境功能的确定

乡村区域一般不划分声环境功能区,根据环境管理的需要,县级以上人民政府环境保护行政主管部门可按以下要求确定乡村区域适用的声环境质量要求:

①位于乡村的康复疗养区执行0类声环境功能区要求。

②村庄原则上执行1类声环境功能区要求,工业活动较多的村庄以及有交通干线经过的村庄(指执行4类声环境功能区要求以外的地区)可局部或全部执行2类声环境功能区要求。

③集镇执行2类声环境功能区要求。

④独立于村庄、集镇之外的工业、仓储集中区执行3类声环境功能区要求。

⑤位于交通干线两侧一定距离(参考 GB/T 15190 第8.3条规定)内的噪声敏感建筑物执行4类声环境功能区要求。

6.4.4.3 环境噪声限值

(1) 根据《声环境质量标准》(GB 3096—2008),各类声环境功能区适用表6.1规定的环境噪声等效声级限值。

表6.1 环境噪声限值　　　　　　　　　　　　　　　　　　　单位:dB(A)

声环境功能区类别		时段 昼间	夜间
0 类		50	40
1 类		55	45
2 类		60	50
3 类		65	55
4 类	4a 类	70	55
	4b 类	70	60

(2)表6.1 中 4b 类声环境功能区环境噪声限值,适用于 2011 年 1 月 1 日起环境影响评价文件通过审批的新建铁路(含新开廊道的增建铁路)干线建设项目两侧区域。

(3)在下列情况下,铁路干线两侧区域不通过列车时的环境背景噪声限值,按昼间 70 dB(A)、夜间 55 dB(A)执行:

①穿越城区的既有铁路干线;

②对穿越城区的既有铁路干线进行改建、扩建的铁路建设项目。

既有铁路是指 2010 年 12 月 31 日前已建成运营的铁路或环境影响评价文件已通过审批的铁路建设项目。

(4)各类声环境功能区夜间突发噪声,其最大声级超过环境噪声限值的幅度不得高于 15 dB(A)。

6.4.4.4　声环境功能区划的方法

1.0 类声环境功能区划分方法

0 类声环境功能区指特别需要安静的疗养区、高级宾馆和别墅区。该区域内及附近应无明显噪声源。区域界限明确,原则上面积不小于 0.5 km²。

2.1~3 类声环境功能区的划分方法

(1)城市规划明确划定且已形成一定规模的各类规划,分别根据其区域位置和范围按 GB 3096—2008 中的规定确定相应的功能区类型。

(2)区划指标符合下列条件之一的划为 1 类声环境功能区:

①A 类用地占地率大于 70%(含 70%);

②A 类用地占地率在 60%~70% 之间,B 类和 C 类用地占地率之和小于 20%±5%。

(3)区划指标符合下列条件之一的划为 2 类声环境功能区:

①A 类用地占地率在 60%~70% 之间(含 60%),B 类和 C 类用地占地率之和大于 20%±5%;

②A 类用地占地率在 35%~60% 之间(含 35%);

③A 类用地占地率在 20%~35% 之间(含 20%),B 类和 C 类用地占地率之和小于 60%±5%。

(4)区划指标符合下列条件之一的划为 3 类声环境功能区:

①A 类用地占地率在 20%~35% 之间(含 20%),B 类和 C 类用地占地率之和大于 60%±5%;

②A 类用地占地率小于 20%。

3.4 类声环境功能区的划分方法

(1) 道路交通干线两侧区域的划分方法

①若临街建筑以高于三层楼房以上(含三层)的建筑为主,将第一排建筑物面向道路一侧的区域划为 4 类区;

②若临街建筑以低于三层楼房建筑(包括开阔地)为主,将道路红线一定距离内的区域划为 4 类区。距离的确定方法如下:相邻区域为 1 类区的,距离为 45±5 m;相邻区域为 2 类区的,距离为 30±5 m;相邻区域为 3 类区的,距离为 20±5 m。

(2) 铁路(含轻轨)两侧区域的划分方法

城市规划确定的铁路用地范围外一定距离以内的区域划为 4 类区,距离的确定不计相邻建筑物的高度,其方法同道路交通干线。

(3) 内河航道两侧区域的划分方法

根据河道两侧建筑物形式和相邻区域的噪声区划类型,将河堤护栏或堤外坡角外一定距离以内的区域划分为 4 类区,距离的确定方法同道路交通干线。

此外,大型公园、风景名胜区和旅游度假区按 1 类区划分;大工业区中的生活小区,从工业区中划出,根据其与生产现场的距离和环境噪声污染状况,定为 2 类或 1 类区;噪声功能区域面积原则上不小于 1 km^2,山区等地形特殊的城市,可根据城市的地形特征确定适宜的区域面积;各类功能区之间不设过度地带;近期内区域功能与规划目标相差较大的区域,以近期的区域规划用地主导功能作为噪声功能区划的主要依据,随城市规划的逐步实施,及时调整噪声功能区划方案;未建成的规划区域内,按其规划性质或按区域声环境质量现状,结合可能的发展划定区域类型。

6.5 噪声污染控制规划目标与措施

6.5.1 噪声污染控制规划目标与指标

6.5.1.1 噪声污染控制规划总体目标

噪声污染控制规划总体目标就是要为城市居民提供一个安静的生活、学习和工作环境。根据环境噪声污染现状和噪声污染预测情况,结合各噪声污染控制功能区的基本要求,确定规划区域内噪声控制目标。

6.5.1.2 噪声污染控制规划指标

噪声污染控制规划指标应注意考虑:①环境噪声达标率,对各功能区环境噪声规划水平年达标率提出具体指标要求;②交通噪声达标率,对各交通干线噪声在规划水平年达标率提出具体指标要求;③厂界噪声达标率;④建筑施工噪声达标率。

6.5.2 噪声污染控制措施

进行噪声污染控制的第一步是明确噪声控制规划目标,首先要考虑城市居民生活发展的基本要求、国家和地方对环境质量目标的控制要求,还要考虑城市经济的发展水平,再根据区域噪声现状、主要环境影响的预测分析,结合城市综合整治定量考核标准,确定中长期噪声控制目标。其次是划分的声环境功能区，根据《声环境质量标准》(GB 3096—2008)中适用区域的定义，结合城镇建设的特点来划分环境噪声功能区。最后是制订噪声控制规划措施，然后再根据噪声功能区划执行相应的国家标准，进行噪声控制，建立噪声达标区。控制混杂在居民区中的中小企业噪声。对严重扰民的噪声源分别采用隔声、吸声、减震、消声等技术治理，无法治理的应转产或搬迁；企业内部要合理调整布局（如把噪声大、离居民区近的噪声源迁至厂区适当位置），以减小对居民的干扰；企业与居民区之间应建立噪声隔离区、设置绿化带，以达到减噪、防噪的目的。

1. 确定噪声污染控制措施的原则

（1）从声音的三要素为出发点控制环境噪声的影响，以从声源上或从传播途径上降低噪声为主，以受体保护作为最后不得已的选择，充分体现了预防为主的思想。

（2）以城市规划为先，避免产生环境噪声污染影响。合理的城市规划有明确的环境功能分区和噪声控制距离的要求，而且严格控制各类建设布局，避免产生新的环境噪声污染。

（3）关注环境敏感人群的保护，体现"以人为本"。国家制定声环境质量标准和相应的环境噪声排放标准，都是为了保护不同生活环境条件下的人群免受环境噪声影响，以保护人群生存的环境权益。

（4）管理手段和技术手段相结合控制环境噪声污染。控制环境噪声污染不能仅仅依靠工程措施来实现，有力的和有效的环境管理手段同样重要。它包括行政管理和监督、合理规划布局、企业环境管理和对相关人员的宣传教育等。

（5）针对性、具体性、经济合理性和技术可行性原则。这是一条普遍适用原则，要保证对策措施必须针对实际情况且具体可行，符合经济合理性和技术可行性。

2. 防治环境噪声污染的途径

（1）科学统筹进行城乡建设规划，明确土地使用功能分区，合理安排城市功能区和建设布局，预防环境噪声污染。在进行规划建筑布局时，划定建筑物与交通干线合理的防噪声距离，采取相应的建筑设计要求，避免产生环境噪声影响。

（2）从声源上降低噪声

设计制造产生噪声较小的低噪声设备，在工程设计和设备选型是尽量采用符合要求的低噪声设备；在工程设计中改进生产工艺和加工操作方法以降低工艺噪声；在生产管理和工程质量控制中保持设备良好运转状态，不增加不正常运行噪声等。

（3）从噪声传播途径上降低噪声

合理安排建筑物功能和建筑物平面布局，使敏感建筑物远离噪声源，实现"闹静分开"。

采用合理的声学控制措施或技术，来实现降噪达标的目的。如在传播途径上增设吸声、隔声等措施，也可以利用天然地形或建筑物（非敏感的）起到屏障遮挡作用。

（4）受声者防护

当以上方法仍不能保证受噪声影响的环境敏感目标达到相应的环境要求时，则不得不针对保护对象采取降噪措施。

3. 防治环境噪声污染的措施

（1）对以振动、摩擦、撞击等引发的机械噪声，一般采取减振、隔声措施。如对设备加装减振垫、隔声罩等。有条件进行设备改造或工艺设计时，可以采用先进的工艺技术，如将某些设备传动的硬连接改为软连接,使高噪声设备改变为低噪声设备,将高噪声的工艺改革为低噪声的工艺。

对于以这类设备为主的车间厂房,一般采用吸声、消声的措施。一方面在其内部墙面、地面以及顶棚采用涂布吸声涂料,吊顶吸声板等消声措施;另一方面从维护结构,如墙体、门窗设计上使用隔声效果好的建筑材料,或是减少门窗面积以减低透声量等措施,降低车间厂房内的噪声对外部的影响。一般材料隔声效果可以达到 15~40 dB,可以根据不同材料的隔声性能选用。

(2)对以空气柱振动引发的空气动力性噪声的治理,一般采用安装消声器的措施。该措施效果是增加阻尼,改变声波振动幅度、振动频率,当声波通过消声器后减弱能量,达到减低噪声的目的。一般工程需要针对空气动力性噪声的强度、频率,是直接排放还是经过一定长度、直径的通风管道,以及排放出口影响的方位进行消声器设计。这种设计应当既不使正常排气能力受到影响,又能使排气口产生的噪声级满足环境要求。

一般消声器可以实现 10~25 dB 降噪量,若减少通风量还可能提高设计的消声效果。

(3)对某些用电设备产生的电磁噪声,一般是尽量使设备安装远离人群,一是保障电磁安全,二是利用距离衰减降低噪声。当距离受到限制,则应考虑对设备采取隔声措施,或对设备本身,或对设备安装的房间,做隔声设计,以符合环境要求。

(4)针对环境保护目标采取的环境噪声污染防治技术工程措施,主要以隔声、吸声为主的屏蔽性措施,使保护目标免受噪声影响。如可利用天然地形、地物作为噪声源和保护对象之间的屏障,或是依靠已有的建筑物或构筑物(应是非噪声敏感的)做隔声屏蔽,或是根据噪声对保护目标影响的程度进行设计的声屏障等。这些措施对声波产生了阻隔、屏蔽效应,使得声波经过后声级明显降低,敏感目标处的声环境需求得到满足。

一般人工设计的声屏障最多可以达到 5~12 dB 实际降噪效果。这是指在屏障后一定距离内的效果,近距离效果好,远距离效果差,因为声波有绕射作用。

6.5.3 典型噪声污染控制措施

6.5.3.1 交通噪声污染控制

1. 公路、铁路、城市轨道交通的噪声防治

公路、铁路、城市轨道噪声影响主要对象是线路两侧的以人群生活(包括居住、学习等)为主的环境敏感目标。其防治对策措施主要有:线路优化必选,进行线路和敏感建筑物之间距离的调整;线路路面结构、路面材料或是路基、道轨材料改变;道路和敏感建筑物之间的土地利用规划以及临街建筑物使用功能的变更、声屏障和敏感建筑物本身防护;优化运行方式(包括车辆选型、速度控制、鸣笛控制和运销计划变更等)和进行远距离拆迁安置等,以降低和减轻公路、铁路、城市轨道交通产生的噪声对周围环境和居民的影响。具体如下:

(1)采用声屏障。声屏障可分为吸声式和反射式两种。吸声式主要采用多孔吸声材料来降低噪声,反射式主要是对噪声声波的传播进行反射,降低保护区域噪声。采用声屏障可节约土地,降噪效果比较明显。采用可拼装式结构,易于拆换,适于道路两侧敏感建筑物较多,环境保护目标比较敏感的区域。但声屏障造价较高,行车时有单调及压抑的感觉。在设计声屏障时,除要求满足声学要求外还应注意声屏障的造型与色彩设计,要与周围景观协调一致。

(2) 修建低噪声路面，减少轮胎与路面接触噪声。对于中小型汽车，随着行驶速度的提高，轮胎噪声在汽车产业的噪声中的比例越来越大，一般来说，当车速超过 50 km/h 时，轮胎与路面接触产生的噪声，就成为交通噪声的主要组成部分。修建低噪声路面，可明显降低交通噪声，低噪声路面也称多孔隙沥青路面，它是在普通的沥青路面或水泥混凝土路面结构层上铺筑一层具有很高孔隙率的沥青稳定碎石混合料，其孔隙率通常在 15%~25%。根据表面层厚度、使用时间、使用条件及养护状况的不同，与普通的沥青混凝土路面相比较，多孔隙沥青路面可降低道路噪声 3~8 dB(A)。

(3) 建设降噪绿化林带。建设绿化林带，可以降低汽车运输噪声。为了利用绿化林带降低交通噪声，应做到密集栽树，树冠下的空间植满浓密灌木，树的栽植应具有一定的形式。绿化带的吸声效果是由林带的宽度、种植结构、树种的选择、树木的组成等因素决定的。由几列树组成，有一定间隔的绿化林带的减噪效果比树冠密集的单列绿化林带大得多。当绿化林带宽度大于 10 m 时，可降低噪声 4~5 dB(A)。

(4) 声源控制。声源控制包括改建汽车设计，提高汽车整体性能，减少或限制载重汽车进入噪声控制区域；在规定的区域内禁鸣喇叭；机车车辆在市区行驶，机动船舶在市区内河航道航行，铁路机车进入城区、疗养区时，必须按相应的规定使用声响装置等。

(5) 公路、铁路等部门制定专项噪声控制规划，减轻环境噪声污染。在已有的城市交通干线的两侧建设噪声敏感建筑物的，建设单位应当按照规定间隔一定距离，并采取减轻、避免交通噪声影响的措施；穿越城市居民区、文教区的铁路，因铁路机车运行造成环境噪声污染的，铁路部门和其他有关部门应制定环境噪声污染规划，减轻铁路噪声对周围居民的影响。

2. 机场飞机噪声防治

机场飞机噪声影响主要是非连续的单个飞行事件的噪声影响。可通过机场位置选择、跑道方位和位置的调整、飞行程序的变更、机型选择，昼间、晚上、夜间飞行架次比例的变化，起降程序的优化，敏感建筑物本身的噪声防护或使用功能更改、拆迁，噪声影响范围内土地利用规划或土地使用功能的变更等措施减少和降低飞机噪声对周围环境和居民的影响。

此外，民航部门制定专项噪声控制规划，减轻环境噪声污染。地方政府应在航空器起飞、降落的净空周围划定限制减少噪声敏感建筑物的区域，在该区域内建设噪声敏感建筑物的建设单位应当采取减轻航空器运行时产生的噪声影响的措施。民航部门亦应采取有效措施，减轻环境噪声污染。

6.5.3.2 工业噪声污染控制

工业噪声防治以固定的工业设备噪声源为主。对项目整体来说，可以从工程选址、总图布置、设备选型、操作工业变更等方面考虑尽量减少声源可能对环境产生的影响。对声源已经产生的噪声，则根据主要声源影响情况，在传播途径上分别采用隔声、隔震、消声吸声以及阻尼等措施降低噪声影响，必要时需采用声屏障等工程措施降低和减轻噪声对周围环境和居民的影响。而直接对敏感建筑物采取隔声窗等噪声防护措施，则是最后的选择。

工业噪声污染防治对策主要考虑从声源上降低噪声和从噪声传播途径降低噪声两个环节。

1. 从声源上降低噪声

(1) 应用新材料,改进机械设备的结构以降低噪声。如在设计和制造过程中选用发声小的新材料来制造机件,改进设备结构和形状,改进传动装置以及选用已有的低噪声设备都可以降低声源的噪声。

(2) 改革工艺和操作方法以降低噪声。例如:用低噪声的焊接代替高噪声的铆接;用无声的液压装置代替有梭织布机等均可降低噪声。

(3) 提高零部件加工精度和装配质量以降低噪声。零部件加工精度的提高,使机件间摩擦尽量减少,从而使噪声降低。提高装配质量,减少偏心振动,以及提高机壳的刚度等,都能使机器设备的噪声减少。

(4) 维持设备处于良好的运转状态以降低噪声。因为设备运转不正常时,噪声往往增高。

(5) 对工程实际采用的高噪声设备或设施,在投入安装使用时,应当采用减振降噪或加装隔声罩等方法降低声源噪声。

2. 从噪声传播途径上降低噪声

(1) 利用"闹静分开"和"合理布局"的原则降低噪声。在厂区内应合理地布置生产车间和办公室的位置,将噪声较大的车间尽量集中起来,与办公室、实验室等需要安静的场所分开,使高噪声设备尽可能远离噪声敏感区。

(2) 利用地形或声源的指向性降低噪声。如果噪声源于需要安静的区域之间有山坡、深沟、地堑、围墙等地形地物时,可以利用它们的障碍作用减轻噪声的干扰。同时,声源本身具有指向性,使噪声指向空旷无人区或者对安静要求不高的区域。而医院、学校、居民住宅区等需要安静的地区应避开声源的方向,减少噪声的干扰。

(3) 利用绿化林带降低噪声。采用植树、植草坪等绿化手段也可减少噪声的影响。

(4) 采取声学控制措施降低噪声。噪声控制还可以采用声学控制方法,例如对声源采用消声、隔振和减振措施,在传播途径上增设吸声、隔声等措施。

6.5.3.3 建筑施工噪声污染控制

(1) 选择低噪声的施工机械以降低噪声。同时对施工机械设备进行降噪处理。

(2) 建立建筑施工申报制度。在城市市区范围内,建筑施工过程中使用机械设备,可能产生环境噪声污染的,施工单位须向当地政府环境保护行政主管部门进行申报。申报内容包括:项目名称,施工场所和期限,可能产生的环境噪声值及采取的环境噪声污染防治措施的情况。

(3) 在城市市区噪声敏感建筑物集中区域内,禁止夜间进行产生环境噪声污染的建筑施工作业。因特殊需要必须连续作业的,需经相关环境行政主管部门批准。

(4) 加大建筑施工噪声现场监督管理力度,加大对群众信访和纠纷查处力度,保护城市市区居民安静的工作和学习环境。

6.5.3.4 社会生活噪声污染控制

社会生活噪声污染控制主要包括商业活动产生的噪声污染控制和文化娱乐产生的噪声污染控制。

1. 商业活动的噪声污染控制措施

(1) 禁止在商业经营活动中使用高音广播喇叭或采用其他发出高噪声的方法招揽

顾客。

（2）对在商业经营活动中使用空调器、冷却塔等可能产生环境噪声污染的设备、设施进行降噪处理，使其边界噪声达标排放。

2. 文化娱乐噪声污染控制措施

（1）经营中的文化娱乐场所，其边界噪声不得超标排放；如达不到边界噪声标准限值，应采取降噪技术措施进行处理。

（2）在广场、公园等公共场所组织娱乐集会等活动，使用的音响器材可能产生干扰周围生活环境的过大音量时，应遵守当地公安机关的规定。

（3）家庭室内娱乐活动，应当控制音量或避开周围居民休息时间，避免对周围居民造成环境噪声污染。

家庭室内装饰，应当限制作业时间，选择白天周围居民外出工作和学习之际进行施工，以减轻、避免对周围居民造成的影响。

此外，要加强环境宣传教育力度，加大对群众信访和噪声污染纠纷查处的力度，保障人民群众的环境权益。

第7章 固体废物管理规划

7.1 固体废物管理规划基础

7.1.1 固体废物及其类型

7.1.1.1 固体废物

《中华人民共和国固体废物污染环境防治法》中定义,固体废物是指在生产、生活和其他活动中产生的丧失原有利用价值,被抛弃或者放弃的固态、半固态和置于容器中的气态的物品、物质以及其他的法律和行政法规规定纳入固体废物管理的物品、物质。

固体废物一般具有如下特点:
(1)无主性:即被丢弃后,不再属于谁,找不到具体负责者,特别是城市固体废物;
(2)分散性:丢弃、分散在各处,需要收集;
(3)危害性:对人们的生产和生活产生不利影响,危害人体健康,对生态环境造成破坏;
(4)错位性:一个时空领域的废物在另一个时空领域是宝贵的资源。

7.1.1.2 固体废物的类型

固体废物可以按照来源、性质、危害、处理处置方法等,从不同的角度进行分类。目前大多数国家都是采用按照来源和危害特性进行分类的方法。

1. 按来源分类

按来源,固体废物可分为城市生活垃圾和工农业生产所产生的废弃物。

城市生活垃圾又称为城市固体废物,它是指在城市居民日常生活中或是为城市日常生活提供服务的活动中产生的固体废物。城市生活垃圾主要来源于城市居民家庭、商业场所、机构驻地、建筑及建筑物拆解废物、市政服务、处理厂废物、工业企业单位等。

工业固体废物是各个工业部门的生产环节的生产废弃物,由于其废弃物常常具有毒性、破坏整个生态系统并对人体健康产生危害,因而越来越引起人们的重视,其中很多废物被划入危险废物类别。按行业,工业固体废物可分为以下几类:冶金工业固体废物、能源工业固体废物、石油化学工业固体废物、矿业固体废物、轻工业固体废物和其他工业固体废物。

2. 按危害特性分类

按危害特性,固体废物可分为有毒有害固体废物和无毒无害固体废物两类。

有毒有害废物又称为危险废物,包括医院垃圾、废树脂、药渣、含重金属污泥、酸和碱、放射性废物等。我国危险固体废物是指列入国家危险废物名录或者是根据国家规定的危险废物鉴别标准和鉴别方法认定具有危险特性的废物。

7.1.2 固体废物处理处置现状

常见的固体废物处理与处置方法可以分为填埋、堆肥、焚烧、热解、气化、资源化等。在常见的生活垃圾处理方法中以填埋、堆肥、焚烧为主。

国内外现有的固体废物处理处置技术,如分选技术、堆肥技术、焚烧技术、热解技术、气化技术、填埋技术等,都实现了大型化和自动化。固体废物的处理处置技术与计算机技术、通信技术、控制技术、测试技术、遥感技术、新材料技术、能源技术等密切相关,上述学科的发展和进步也会带动固体废物处理处置技术水平的提升。

7.1.3 固体废物管理规划

固体废物管理规划需综合考虑资源利用、环境影响、处理费用等因素,在资源利用最大化、处置费用最小化的条件下,对固体废物管理系统中的各个环节、层次进行整合调节和优化设计,进而筛选出切实的规划方案,使整个固体废物管理系统处于良性运转。

通常,固体废物管理规划有三个层次:操作运行层、计划策略层和政策制定层。其中计划策略层是管理规划的重点。一般该层次规划的系统主要由各固体废物产生源和各种处理处置设施组成。

7.1.4 固体废物管理规划的对象

在我国,工业固体废物是由特定的发生源大量排出,每个发生源排出的固体废物性质、状态基本不变,因此我国采取企业自行处理的原则,开展资源化利用,着眼于生产建材和各种其他资源化利用途径。

危险废物一般以法律或法规规定其管理程序。概括来说,对危险废物的管理一般包括如下四个方面:制定危险废物判别标准;建立危险废物清单;建立关于危险废物的存放与审批制度;建立关于危险废物的处理与处置制度。

所以目前我国的固体废物管理规划主要的研究对象是城市固体废物的管理系统,即如何使城市垃圾的收集、运输以及垃圾的处理处置费用最小。

7.1.5 固体废物管理规划方法

7.1.5.1 垃圾收集路线

固体废物收集是复杂而困难的工作。工业固体废物的处理原则是"谁污染,谁治理"。一般产生废物的工厂都建有自己的堆场,收集、运输工作由工厂负责。危险废物系指《国家危险废物名录》上规定的固体废物。产生危险废物的单位必须向所在地县级以上地方人民政府环境保护行政管理部门申报,必须按国家有关规定处理危险废物,不得擅自倾倒、堆放和运输。危险废物的运输应由领取经营许可证资质的单位来进行。

城市生活垃圾的收集工作尤其复杂。城市生活垃圾包括居民生活垃圾、商业垃圾、建筑垃圾、市政废物等。每一类废物都需要分类收集。生活垃圾的收集可按照以下五个阶段来进行。

第一阶段是从垃圾的产生源到垃圾箱。此阶段包括源头分离垃圾的收集和混合垃圾的收集。

第二阶段是从垃圾箱到垃圾收集车。垃圾车按照预先设计的收集路线将垃圾箱中的垃圾进行收集,根据垃圾的产生量以及垃圾类型的不同可以采取不同的收集频率。

第三阶段是从垃圾车到垃圾堆场、转运站或者垃圾分离、回收、处理厂。此阶段运输由垃圾收集车完成。

第四阶段是由垃圾转运站或处理厂到最终处置场或填埋场。

目前比较先进的垃圾收集运输方式是管道输送,但多数情况下仍采用车辆运输的方式。垃圾收集和运输的费用较高,在发达国家,一般占全部管理费用的80%左右,因此,对收集路径进行优化具有较高的经济效益。

收集成本的高低主要取决于收集时间的长短,因此对收集操作过程的不同单元时间的分析,建立设计数据和关系式,求出垃圾收集消耗的人力和物力,从而计算收集成本。

1. 机械装卸的垃圾车

用压缩机进行自动装卸垃圾时,每个双程旅程所需的时间和经济成本分别如式(7.1)和式(7.2)所示。

$$T_e = (P_t + S_t + T_t)/(1-\omega) \tag{7.1}$$

$$C = P_t C_p + S_t C_s + T_t C_t + T_e C_h \tag{7.2}$$

式中 T_e——每个双程旅程所需的时间,h;

P_t——每个双程旅程拾取所需的时间,h;

S_t——在处置场的时间,h;

T_t——运输时间,可以看成是每个双程旅程运输距离 x 的函数,$T_t = a + bx$;

C_p——单位拾取时间所消耗的卡车成本;

C_s——在处置场单位时间所消耗的卡车成本;

C_t——单位运输时间所消耗的卡车成本;

C_h——单位时间人力成本;

ω——非生产性时间因子。

拾取时间为

$$P_t = N_e(AT_e) + (N_s - 1)(AT_t) \tag{7.3}$$

式中 P_t——每个双程旅程拾取所需的时间,h;

N_e——每个双程旅程出空垃圾桶的数目;

AT_e——每个垃圾桶出空垃圾所需的时间,h;

N_s——每个双程旅程垃圾桶放置点的数目;

AT_t——车辆行驶于垃圾桶放置点之间所花费的平均时间,h。

每个双旅程出空垃圾桶的数目与车辆的容积和能达到的压缩比有关,可利用下式求得:

$$N_e = \frac{Vr}{Cf} \tag{7.4}$$

式中 N_e——每个双程旅程出空垃圾桶的数目;

V——垃圾车的容积,m³;

r——压缩比;

C——垃圾桶的体积,m³;

f——加权垃圾桶利用因子。

每周需要双程旅程次数由每周需要收集的垃圾数量决定：

$$N_w = \frac{V_w}{Vr} \tag{7.5}$$

式中　N_w——每周双程旅程次数；
　　　V_w——每周垃圾产生量，m^3；
　　　V——垃圾车的容积，m^3；
　　　r——压缩比。

每周需要工作的时间可用下式计算：

$$T_w = \frac{N_w T}{(1-\omega)H} \tag{7.6}$$

式中　T_w——每周工作日数，d；
　　　N_w——每周双程旅程次数；
　　　H——工作日的工时数，h/d。

2. 人工装卸的垃圾车

人工装卸垃圾的车辆，一般用于住宅区的服务，对其分析原理与机械装卸的垃圾车相同。

7.1.5.2　固体废物处置选址方法

固体废物最终处置场选址原则主要是符合当地城乡建设总体规划要求，应当与当地的大气污染防治、水资源保护、自然保护相一致，避开不允许建设的区域。

最终处置场的选址、备选方案的选择要从废物转运、环境影响、适宜性、成本等方面综合考虑。除了要考虑地质、水文、气象条件和环境影响外，还应考虑收集路径与处置选址的运输成本问题，以达到既能满足防止污染的要求，又经济合理，节约运输成本。有些情况下，可以把固体废物的选址和固体废物收集分为两个独立的问题。国家对生活垃圾和危险废物填埋场的选址都有不同的规定，针对具体规定制定不同的选址方案。

层次分析法用于填埋场选址的基本思路是：首先根据当地的城市规划、交通运输条件、环境保护、环境地质条件等，拟定若干可选择的场地；然后将这些场地的适应性影响因素与选择原则结合起来，构造一个层次分析图，再次把各层次的因素进行一一的量化处理，给出每一层各因素的相对权重值，直至计算出方案层各个方案的相对权重，根据这些权重计算各个可选场地的评分，以总评分判断每个可选场地的适宜性。

层次分析法的基本原理见第 2 章理论基础与技术方法。

1. 在选址问题中的层制约

根据问题的具体情况一般分为目标层 A，制约因素层 B，制约因子层 C 或层次更多的结构。需要考虑的具体因素如下所述。

（1）填埋场选址应服从城市总体规划

卫生填埋场的作用是消纳和处置城市生活垃圾，目的是保护城市环境卫生及生态平衡，保障人类健康和经济建设的发展。因此，卫生填埋场的位置和建设规模应当服从当地的城乡总体规划要求，符合当地城市环境卫生事业发展规划要求。填埋场应与当地的大气保护、水土资源保护、生态平衡等相适应。

（2）填埋场的选址要考虑交通运输条件

垃圾填埋处理费用中60%~90%为垃圾清运费,因此从经济上考虑,交通运输便利的地方运输成本低。交通运输条件一般由两个因素组成:运输距离和可以采用的运输方式。因此,填埋场选址应要求运输距离尽量短而且交通方便,具有能在各种气候条件下与运输的全天候公路,公路的路面宽度和承载力要适宜,避免交通堵塞。

(3) 填埋场的选址应考虑库容量要求

一般要求场地面积及容量能保证使用15~20年,在成本上才能够接受。填埋场具有较大的库容量可以同时满足城市发展和填埋场使用年限两方面要求。

(4) 填埋场的选址应考虑自然地理条件

地形越平坦越好,其坡度应有利于填埋场和其他配套建筑设施的布置,不宜选择在地形坡度起伏变化大的地方和低洼汇水处;原则上,地形的自然坡度不应大于5%;场地内有利地形范围应满足使用年限内可预测的有害废物产生量,应有足够的可填埋作业容积,并留有余地;最好有作填埋场衬层系统的黏土和其他衬层材料。

(5) 填埋场的选址应考虑地质环境条件

场址应选在渗透性弱的松散岩层或坚硬岩层的基础上,天然地层的渗透性系数 K 最好能达到 $K<10^{-8}$ m/s,并具有一定厚度;地下水位埋深大于2 m,当地不能有作为地下水源的地下水流出,场底离地下水位的垂直距离至少应大于1.5 m;场地地质稳定性要好,不能有边坡失稳、泥石流、地面塌陷等发生;隔水层黏土厚度越大越好,一般要求大于6 m;地下潜水水质越差,水量越小越好;与供水井的距离至少大于300 m,远离水源地500 m以上;低洼湿地、河畔等地方不能建场;包气带土层对垃圾渗滤液净化能力越大越好;专有水源地地区不能建场。

(6) 填埋场的选址应考虑水文条件

场址应选在湖泊、河流的地表径流区,最好是在封闭的流域内,这样对地下水资源造成危害的风险最小。填埋场所选场地必须在100年一遇的地表水域的洪水标高泛滥区或历史最大洪泛区以外。填埋场不应设在专用水源蓄水层或地下水补给区、洪泛区、淤泥区、距居民区或人畜供水点500 m以内的地区、填埋区直接与河流或湖泊相距50 m以内的地区。填埋场的场址离开河岸、湖泊、沼泽的距离宜大于1 000 m,与河流至少相距600 m。填埋场的基础应位于地下水最高峰水位标高1 m以上。填埋场的地下水主流向应背向地表水域。填埋场的选址应确保地下水的安全,应设有保护地下水的严密技术措施。

(7) 填埋场的选址应考虑气象条件

场址应避开高寒区,其蒸发量应大于降水量;不应位于龙卷风和台风经过的地区,宜设在暴风雨发生率较低的地区。场址宜位于具有较好的大气混合作用的下风向、白天人口不密集的地区。寒冷、潮湿、冰冻等气候条件将影响填埋场的作业,要根据具体情况采取相应的措施。

(8) 填埋场的选址应考虑资源条件

要考虑生态条件,场址不能选在生物多样性的区域;要距农田有一定距离,避免填埋场产生的污染物污染农作物。

由此可见,填埋场的选址工作是一项难度很大,政策性很强的技术工作,整个选址工作要经过多个技术环节才能最终定案并过渡到工程阶段。实际上,要找到满足所有条件的场地几乎是不可能的,只能选择一个相对理想的场址。

2. 场地适宜性综合评价模型

对于垃圾填埋场适宜性评价系统,一般用多目标决策的线性加权法来描述,建立一个多目标评价函数如下:

$$Z = \sum_{i=1}^{n} w_i Z_i$$
$$Z_i = \sum_{j=1}^{J_i} w_{ij} Z_{ij}$$
(7.7)

式中 Z——某场地适宜性总分;
i——第一层第 i 项制约因素,$i = 1, 2, \cdots, n$;
n——某场地第一层制约因素个数;
Z_i——第一层第 i 项制约因素的总分;
w_i——第 i 项制约因子权重;
J_i——第一层第 j 个制约因素下的第二层制约因素总数;
w_{ij}——第一层第 j 个制约因素下的第二层每个制约因子权重;
Z_{ij}——第一层第 j 个制约因素下的第二层第 j 项制约因素的总分。

3. 场地适宜性综合评价

利用层次分析法求得各因素权重,利用评价模型,即可对场地适宜性进行综合评价。经过调查分析,得到第一、二层的因素权重,如第一层 5 个因素的相对权重如下:$w_1 = 0.091$,$w_2 = 0.091$,$w_3 = 0.3636$,$w_4 = 0.091$,$w_5 = 0.3636$。

适宜性评价标准分两类:一是各因素对场地适宜性影响的具体标准;二是等级标准。

某个城市垃圾填埋场场地适宜性评判标准是由该城市的建设发展规划、经济发展状况、土地资源、环境保护要求、垃圾的种类和数量、地质环境条件等因素所决定的。评价标准采用相对权重形式表示,目的是为了与目标函数所定义的适宜性的数学模型与层次分析计算方法的联合使用。表 7.1 以与城市距离为标准予以说明。

表 7.1 与城市距离的评价标准

距离 L/km	>30	20~30	10~20	5~10	<5
权值	1	0.75~1	0.60~0.75	0.50~0.60	<0.50

根据有关的研究成果和成功的实践经验,适宜性的等级标准采用百分制是比较合适的。表 7.2 给出了填埋场适宜性等级标准。

表 7.2 填埋场适宜性等级标准

等级	最佳场地	适宜场地	勉强适宜	不适宜	极不适宜
分值	90~100	80~90	60~70	50~60	<50

通过前面计算的适宜性总分,便可对场地的适宜性做出判断,从而对城市固体废物处置设施选址通过决策依据。

综上所述,在固体废物处置设施选址过程中,运用层次分析法可以综合处理具有递阶层次结构的场地的适宜性影响因素之间的复杂关系,而且易于操作,能够得到量化的结果。

7.2 固体废物现状调查与预测

7.2.1 固体废物现状调查

现状调查的研究内容包括如下几个方面：

1. 固体废物污染源调查

实地考察固体废物污染源的数量，收集污染物排放数据，并进行统计分析。对城市生活垃圾、工业固体废物、危险废物等进行分类，确定其来源和数量。

2. 城市垃圾的收集现状调查

考察现有的垃圾回收站（点）、垃圾清运站、垃圾转运站的分布，运输路线的设置情况；那些没有设置垃圾清运回收站点的子区域，尤其是城市低收入住宅区，要进行细致调查。

3. 固体废物处置现状数据调查

确定规划区内固体废物的收集、存放、运输路线，对现有固体废物处理设施，包括其所在位置、处理或处置方式、设计处理能力、实际处理量、运行情况、人员数量及管理水平等，获得固体废物对环境的影响参数以及可以回收固体废物的回收利用状况数据。

4. 环境背景数据调查

环境背景数据调查主要包括规划区域内相关的环境质量、水文、气象、地质条件、地形、地貌。

5. 社会经济数据调查分析

收集分析区域内人口、经济结构、产业结构、工业结构布局、土地利用、交通以及社会与经济发展远景规划数据。

7.2.2 固体废物量预测

固体废物的预测内容主要有不同增长率水平下的人口增长预测和固体废物量预测。人口增长预测方法见本书第 2 章相关内容，这里不再赘述。

城市固体废物主要产生于工业生产排放的固体废物和生活垃圾两个方面，所以固体废物量预测主要从两个方面进行。

7.2.2.1 固体废物量预测

固体废物产生总量计算公式为：

$$V = V_1 + V_2 \tag{7.8}$$

式中　V——预测年固体废物产生总量，万 t/年；

　　　V_1——预测年工业固体废物产生总量，万 t/年；

　　　V_2——预测年生活垃圾产生总量，万 t/年。

固体废物排放总量预测公式为：

$$V' = V - V_\triangle = (V_1 - V_{1\triangle}) + (V_2 - V_{2\triangle}) = V_1' + V_2' \tag{7.9}$$

式中　V'——城市固体废物排放总量，万 t/年；

　　　$V_\triangle$——城市固体废物综合治理量，万 t/年；

$V_{1\triangle}$——工业固体废物综合治理量,万 t/年;

$V_{2\triangle}$——生活垃圾综合治理量,万 t/年

V_1'——工业固体废物排放总量(综合利用量和无害化处理处置量之和),万 t/年;

V_2'——生活垃圾排放总量,万 t/年。

1. 工业固体废物产生量预测

工业固体废物种类较多,一般根据固体废物产生量和性质的不同分别对其进行预测。常用的预测方法有排放系数预测法、回归分析法和灰色预测法三种。

(1)排放系数预测法

排放系数法是经常采用的方法,预测模型如下:

$$V_i = S_i \times W_i \tag{7.10}$$

式中 V_i——预测年废渣排放量,万 t/年;

S_i——排放系数,万 t/工业产品;

W_i——预测年产品产量,万 t/年。

(2)回归分析法

根据工业固体废物产生量与产品产量或工业产值的关系,可建立一元回归模型,如:

$$y = b_0 + b_1 x \tag{7.11}$$

式中 y—— 固体废物产生量;

x——固体废物产生量影响因素。

若工业固体废物产生量的影响因素较多,可以建立多元回归分析模型进行预测。例如,一个三因素多元回归模型的数学表达式为:

$$y = b_0 + b_1 x_1 + b_2 x_2 + b_3 x_3 \tag{7.12}$$

(3)灰色预测法

工业固体废物产生量灰色预测模型根据历年工业固体废物产生量序列来建立预测模型。

2. 城市垃圾产生量预测

与工业固体废物预测一样,城市生活垃圾产生量预测的常用方法也是排放系数法、回归分析法和灰色预测法。常用的排放系数法模型如下:

$$V_\text{生} = f_v N_i \tag{7.13}$$

式中 $V_\text{生}$——预测年生活垃圾产生总量,万 t/年;

f_v——排放系数,kg/(人·d),f_v 一般由调查统计资料结合经验判断来确定,中、小城市一般生活垃圾为 1~2 kg/(人·d)、粪便 1 kg/(人·d);

N_i——预测年人口总数。

生活垃圾也可用回归模型进行预测,只要有近 10 年的统计数字,即可建立回归模型,找出人口与垃圾产生量的相关关系。

7.2.2.2 固体废物特性分析与环境影响预测

1. 固体废物特性分析

城市固体废物的特性主要包括物理、化学、生物性质三个方面。对于有害废物要单独进行预测。

物理特性主要包括:物理组成、粒度及粒径分布、水分、堆积密度、可压实性、渗透性等。

化学特性主要包括:挥发分、灰分、固定碳、灰熔点、元素组成分析、能量含量、闪点、燃点、植物养分组成。

生物特性包含其物质组成和微生物两个主要方面,前者表征废物可以被微生物利用部分的比例,后者是对微生物安全性的描述,可以据此判断垃圾进入各种环境后,可能造成的危害程度。

固体废物的有害性可从健康危害和安全危害两方面来考虑。健康危害主要包括:致癌性、感染性、刺激性、诱变性、毒性、放射性、致畸性等。安全危害主要包括:腐蚀性、爆炸性、易燃性、反应性、生物毒性等。

2. 固体废物的环境影响预测

固体废物对环境的影响是多方面的,对此类问题的预测,一般是进行某种模拟试验,根据试验来建立预测模型,再进行相应环境问题的预测。常采用大气、水影响预测模型及因果分析法等。

7.3 固体废物管理规划措施

一般城市固体废物的来源广泛,种类繁多,组成复杂。有效控制固体废物的产生量和排放量,控制其对环境的污染,相关技术措施主要包括以下几个方面:一是垃圾产生和收集量的削减,主要目标是减量化;二是循环利用技术,主要目标是资源化;三是处理处置技术,主要目标是无害化。

7.3.1 固体废物的源头减少和循环利用

一般对每一个城市来讲,垃圾的减量化和资源化是共性问题。

减少固体废物产生和排放数量不仅包括减少固体废物的产生数量,也包括减少固体废物的毒性。源头减少是最直接有效的减少固体废物产生的数量,进而减少废物管理及其相应的环境影响的方式。所以在固体废物管理中,源头减少占据最重要的地位。

作为量削减的措施,主要包括以下几个方面。

7.3.1.1 促进垃圾的分类回收

作为消费者的市民,如果能把不需要的东西在排放过程中进行分类的话,不需要的东西不一定都成为垃圾。在排放控制阶段,进行分类排放。排放者把不要的东西不是作为垃圾对待,而是当做原材料或资源来对待,在再生利用阶段,进行分类收集。某些东西虽被视为无价物遭遗弃,但未必是无价之物,通过分门别类的收集,可能使之成为一种资源。

为促进分类回收过程,以下几个方面十分重要。

1. 促进公众参与

各级垃圾处理规划应包括垃圾如何进行处理和如何控制垃圾排放的内容。若要把减量化真正落实到生产、流通、经营、消费以及处理等整个物流系统,公众参与的问题十分重要,尤其在消费和处理领域。

一般应积极推动市民、团体参与资源物质的回收,把回收的东西直接送往经营者处,经营者或者行政上应提供适当的奖金鼓励。

在量削减和排放控制的基本框架中,应适当引入资源物质的团体回收、个人回收、混合收集等运行体制。

2. 促进绿色包装概念的推广

概括起来,绿色包装一般应具有五个方面的内涵:

(1)包装减量化,在满足保护商品、方便物流、销售、消费等功能的条件下,包装用量应该最少。

(2)包装应易于重复利用或易于回收再生。通过生产再生制品、焚烧利用热能、堆肥化改善土壤等措施,达到再利用的目的。

(3)包装废弃物可以降解腐化,最终不会形成永久垃圾,进而达到改良土壤的目的。

(4)包装制品从原材料采集、材料加工、制造产品、产品使用、废弃物回收再生,直到其最终处置的生命全过程均不应对人体及环境造成危害。

3. 开展环保宣教工作

无论是行政机构、从业者、还是居民,都有义务参与其中。

行政机构应提供垃圾控制排放方面的教育、开展启发活动;控制购买一次性产品;通过征收处理费引进经济意识;对大量排放一般废弃物的从业者进行减量化指导;普及控制过分包装方面的知识等。

7.3.1.2 合理配置处理与再生利用设施

垃圾的循环利用其实包括从垃圾中回收资源物质和从焚烧等处理方法中回收利用热能的问题。因此,资源化处理技术包括物质回收型技术和能源回收型技术。在群众性回收环节中没有得到回收而排放的垃圾,其资源回收设施有:回收可燃性垃圾中热能的焚烧设施,回收铁、铝等粗大垃圾的处理设施,回收空瓶、空罐的资源化设施,厨房垃圾的高速堆肥化处理设施,从塑料等垃圾中提取燃料油的油化设施,通过调整生活垃圾(可燃垃圾)的水分、粒度,制造固型化燃料的 RDF(Refuse Derived Fuel)燃料化设施。

各级处理部门应根据自身处理设施的实际情况,决定垃圾的分类,同时也要考虑堆肥化设施、燃料化设施生产的再生品的市场需求,根据季节的变化或由于市场刺激对再生品景气度的影响等情况,制定中间处理设施的运行规划。

堆肥化设施处理的主要是厨房垃圾,前处理的分类工作很难,可能会影响堆肥化的成功,另外产品的销路也会影响该处理措施的实施。鉴于此,则需要对厨房垃圾处理设施进行进一步规划。

因此,对处理设施的合理规划和利用对增加垃圾的循环利用起重要作用。

7.3.2 优化处理处置技术

在垃圾处理系统中,处理处置技术的筛选至关重要。逐步开阔视野,着眼于垃圾资源化的新技术的合理运用,以利于资源化和无害化的处理目标。此外,处理处置技术的筛选有必要充分考虑地区规模、自然及社会条件、财政情况、人力资源等条件,充分调查和评价各种技术,慎重决定将采用的技术。

7.4 固体废物管理规划方案的评价

固体废物管理规划方案评价的一个重要方法就是成本效益分析。若规划的工程项目不实施,则会产生一定的经济损失,而实施了该工程项目则可减少经济损失。这是环境经济评价货币化的理论基础。

固体废物造成的经济损失可以从土地损失、水资源、对人体健康影响等方面的经济损失分析评价。

7.4.1 土地损失

$$L = \sum_{i=1}^{n} s_i p_i \tag{7.14}$$

式中 L——被堆占土地的经济损失,元;
s_i——堆占土地的面积,亩;
p_i——单位土地面积的价格,元/亩;
n——被堆占土地类型,每个类型土地价格看成是一致的。

因固体废物引起土壤污染导致农作物经济损失为:

$$L_a = \sum_{i=1}^{n} s_i (\Delta y_i c_i + \Delta c_i y_i) \tag{7.15}$$

式中 L_a——被污染土壤引起农作物损失费用,元/年;
s_i——污染较严重的土地及受影响的土地面积,亩;
y_i——某农作物主、副产品产量,kg/亩;
Δy_i——某农作物主、副产品减产量,kg/亩;
c_i——某农作物主、副产品价格,元/kg;
Δc_i——某农作物主、副产品因为污染的价格降低量,元/kg;
n——农作物种类。

7.4.2 水资源损失

固体废物堆积影响地下水水源水质以及下游河段的水质,使水井和取水口报废,经济损失为:

$$L_w = P_0 Q l_w \tag{7.16}$$

式中 L_w——断水经济损失,元/年;
P_0——影响人口数,人;
Q——人均生活用水量,m³/年;
l_w——单位供水量经济损失。

农作物由于灌溉水受污染而减产的损失为:

$$L_i = \sum_{i=1}^{n} s_i (\Delta y_i c_i + \Delta c_i y_i) \tag{7.17}$$

式中 s_i——受影响灌溉面积,亩;

y_i——主、副产品产量,kg/亩;
Δy_i——受污染水灌溉后物主、副产品减产量,kg/亩;
c_i——某农作物主、副产品价格,元/kg;
Δc_i——受污染水灌溉后某农作物主、副产品价格降低量,元/kg;
n——农作物种类。

7.4.3 对人体健康影响的经济损失

固体废物引起水体污染、大气污染、放射性污染及流行病爆发,在估计环境经济损失时,都会涉及对人的健康影响。评价工作的前提是确认固体废物与诱发疾病、造成死亡有直接关系。为简化起见,可将我国人群分为农业人口和非农业人口两大群体,农业人口的生命价值可按下式估算:

$$B_a = T_n \sum_{i=1}^{n} s_i y_i c_i + \sum_{i=1}^{N} B_i T_i \tag{7.18}$$

式中 B_a——一个农业人口的生命价值,元;
T_n——农业人口有效创收年数,年,一般取 45 年;
i——某种农作物(包括经济作物);
y_i——某种农作物的单产量,kg/亩或 m³/亩;
c_i——某种农作物的市场价格,元/kg;
s_i——平均每个农民种植某种农作物的种植面积,亩;
B_i——牧副渔及其他年产值,元;
T_i——从事牧副渔的劳动年数,年;
n,N——分别为作物种类数及牧副渔等其他行业门类数。

非农业人口创造的价值,按各类行业的职工人均生产力来统计,即:

$$B_n = T'_n \sum_{i=1}^{n} B'_i \tag{7.19}$$

式中 T'_n——非农业人口有效创收年数,年,一般取 35 年;
B'_i——非农业人口年产值,元/年。

知道农业人口和非农业人口的价值,就可以按照固体废物对人体健康的风险进行分析,在已知对死亡概率影响的基础上评估对人体健康的损失。

第8章 生态规划

8.1 生态规划基础

8.1.1 生态规划概念及其内涵

1. 生态规划的概念

生态规划(Ecological Planning)产生于19世纪末20世纪初的土地生态恢复、生态评价、生态勘测、综合规划等方面的理论与实践,是在生态学自身发展与生态学思想传播的氛围中得到发展的。生态规划发展迅速,应用的领域和范围也不断扩大,但生态规划至今尚无统一的定义,不同学者(如 L. Mumford、I. McHarg,以及我国的生态学家马世骏、王如松、刘天齐、于志熙、欧阳志云等)在不同时期结合各自的研究工作领域对生态规划提出了多种定义。

不同学科和领域对生态规划有不同的理解。早期生态规划多集中在土地空间结构布局和利用方面,随着生态学的不断发展及其在社会经济各个领域的广泛渗入,特别是复合生态系统理论的不断完善,生态规划已不仅仅限于土地利用规划、空间结构布局等方面,而是逐步扩展到经济、人口、资源、环境等方面,与国民经济发展、人们的生活质量、生态保护和建设、资源的合理开发和利用紧密结合,因而,可以认为生态规划是以可持续发展的理论为基础,以生态学原理为指导,应用系统科学、环境科学等多学科手段辨识、模拟和设计生态系统内部各种生态关系和生态过程,确定资源开发利用和保护的生态适宜性,探索改善系统结构和功能的生态对策,促进人与环境系统协调、持续发展的规划方法。

2. 生态规划的内涵

生态规划是运用整体优化的系统论观点,对规划区域内城乡生态系统的人工生态因子和自然生态因子的动态变化过程和相互作用特征进行调查,研究物质循环和能量流动的途径,进而提出资源合理开发利用、环境保护和生态建设的规划对策。以促进区域生态系统良性循环,保持人与自然、人与环境关系持续共生、协调发展,实现社会的文明、经济的高效、生态的和谐为目的,提出资源合理开发利用、环境保护和生态建设的规划对策的规划方法。与传统的规划相比,具有很大的不同,主要表现在以下几个方面:

(1)生态规划的对象是复合生态系统,在规划过程中,要注重考虑生态系统的结构与功能的完整性,同时规划过程强调以人为本。生态规划以人类活动与环境的关系为出发点,强调人在系统调控中的主观能动性。

(2)以资源环境承载力和环境容量为前提。强调系统的发展应立足于当地的资源环境承载力,在充分了解系统内部资源和自然环境特征及其环境容量,了解自然生态过程的特征与人类活动的关系基础上确定科学合理的资源开发利用规模和人类社会经济活动的强度和空间布局。

(3)注重运用生态评价分析方法,特别是生态适宜性评价、生态敏感性评价、生态环境承载力以及生态环境影响等的评价方法;注重生物多样性与生态环境的保护模式与措施制定;注重生态环境建设项目的安排。

(4)规划标准从量到序:生态规划特别注重系统的可持续发展,在规划中强调对系统生态过程和生态关系的调节,以及系统复合生态序的诱导,而非单纯的系统组分数量的多少。

(5)规划目标从优到适:生态规划是基于一种生态思维方式,强调系统思想、共生思维和演替思想,遵循"循环再生,协调共生,持续稳生"的生态原则,注重系统过程,采用进化式的动态,引导一种实现可持续发展的过程。

8.1.2 生态规划的目的与任务

1. 生态规划的目的

生态规划的目的主要体现在保护人体健康和创建优美环境、合理利用自然资源、保护生物多样性及完整性三个方面。生态规划的目的可以概括为:在区域规划的基础上,以区域的生态调查与评价为前提,以环境容量和承载力为依据,把区域内环境保护、自然资源的合理利用、生态建设、区域社会经济发展与城乡建设有机地结合起来,培育美的生态景观,诱导和谐统一的生态文明,孵化经济高效、环境和谐、社会适用的生态农业,确定社会、经济和环境协调发展的最佳生态位,建设人与生态和谐共处的生态区,建立自然资源可循环利用体系和低投入高产出、低污染高循环、高效运行的生态调控系统,最终实现区域经济、社会、生态效益高效统一的可持续发展。

2. 生态规划的主要任务

按照生态规划的目的,生态规划的任务是探索不同层次生态系统发展的动力学机制和控制论方法,辨识系统中局部与整体、眼前与长远、人与环境、资源与发展的矛盾冲突关系,寻找解决这些矛盾的技术手段、规划方法和管理工具。

生态规划的研究对象是社会-经济-自然的复合生态系统,它包括以下主要任务:

(1)根据生态适宜度,制定区域经济战略方针,确定相宜的产业结构,进行合理布局,以避免因土地利用不适宜和布局不合理而造成的生态环境问题。

(2)根据土地承载力或环境容量的评价结果,搞好区域生态区划、人口适宜容量、环境污染防治规划和资源利用规划等;提出不同功能区的产业布局以及人口密度、建筑密度、容积率和基础设施密度限值。

(3)根据区域气候特点和人类生存对环境质量的要求,搞好林业生态工程、城乡园林绿化布局、水域生态保护等规划设计,提出各类生态功能区内森林与绿地面积、群落结构和类型方案。

8.1.3 生态规划的原则

生态规划作为区域生态建设的核心内容、生态管理的依据,与其他规划一样,具有综合性、协调性、战略性、区域性和实用性的特点,规划要遵守以下原则:

1. 整体优化原则

从生态系统原理和方法出发,强调生态规划的整体性和综合性,规划的目标不只是生态系统结构组分的局部最优,而是要追求生态环境、社会、经济的整体最佳效益。生态规划还需与城市和区域总体规划目标相协调。

2. 协调共生原则

复合系统具有结构的多元化和组成的多样性特点,子系统之间及各生态要素之间相互影响、相互制约,直接影响着系统整体功能的发挥。在生态规划中就是要保持系统与环境的协调、有序的相对平衡,坚持子系统互惠互利、合作共存,提高资源的利用效率。

3. 功能高效原则

生态规划的目的是要将规划区域建设成一个功能高效的生态系统,使其内部的物质代谢、能量的流动和信息的传递形成一个环环相扣的网络,物质和能量得到多层分级利用,废物循环再生,物质循环利用率和经济效益高效。

4. 趋势开拓原则

生态规划在以环境容量、自然资源承载能力和生态适宜度为依据的条件下,积极寻求最佳的区域或城市生态位,不断地开拓和占领空余生态位,以充分发挥生态系统潜力,强化人为调控未来生态变化趋势的能力,改善区域和城市生态环境质量,促进生态区建设。

5. 保护多样性原则

生态规划要坚持保护生物多样性,从而保证系统的结构稳定和功能的持续发挥。

6. 区域分异原则

不同地区的生态系统有不同的特征,生态过程和功能、规划的目的也不尽相同,生态规划要在充分研究区域生态要素的功能现状、问题及发展趋势的基础上因地制宜地进行。

7. 可持续发展的原则

生态规划遵循可持续发展原则,在规划中突出"既满足当代人的需要,又不危及后代满足其发展需要的能力"的原则,强调资源的开发利用与保护增殖同时并重,合理利用自然资源,为后代维护和保留充分的资源条件,使人类社会得到公平持续发展。

8.1.4 生态规划的目标与指标

1. 生态学评估目标与指标

这是从生态学角度判断所发生的影响可否为生态所接受。在生态学评估中,避免物种濒危和灭绝是一条基本原则,相应的可形成灭绝奉献、种群活力、最小可存活种群、优秀种群、最小生境区(面积)等评估指标和技术,也可评估出最重要生境区、最中央生态系统等以及需要有限保护的生态系统、生境和生物种群。生态学评估是一种客观科学的评估,反映影响的真实性,也是最重要的评估指标。

2. 可持续发展评估目标与指标

这是从可持续发展战略来判断所产生的影响是否为战略所接受,或是否影响区域或流域的可持续发展。在可持续发展战略中,谋求经济与社会、环境、生态的协调(不使任何一方面遭受不可挽回的严重损失),谋求社会公平(不使社会贫富差距扩大,保障受影响弱势群体的基本环境和资源权益),谋求长期稳定和代际间的利益平衡(不损害后代的生存与发展权益)等,都是基本原则。与此相应,评估资源的可持续利用性、生态可持续利用性等,都是重要的评估指标。

3. 政策与战略作为评估目标与指标

党的十六大确定的全面建设小康社会的总目标和可持续发展战略,中共中央"关于制定国民经济和社会发展第十个五年计划的建议",集中地反映了当代中国的发展战略与政策,可作为基本评估目标与指标。在此基础上产生的许多环境政策、资源政策、产业政策,都是重要的评估指标。

4. 以环境保护法规和资源保护法规作为评估目标与指标

法规有世界级、国家级和区域级之分。依据法律和规划进行评估,主要需注意法定的保护目标和保护级别,注意法规禁止的行为和活动、法律规定的重要界限等。

5. 以经济价值损益和得失作为评估目标和指标

经济学评估不仅评估价值的大小与得失,还有经济重要度评价问题,如稀缺性、唯一性以及基本生存资源等,都具有较高的重要值。

6. 社会文化评估目标与指标

以社会文化价值和公众可接受程度为基本依据。社会公众关注程度、敏感人群特殊要求、社会损益的公平性等,都是社会影响评估中应特别注意的。文化影响评估则以历史性、文化价值、稀缺性和可否替代等以及法定保护级别为依据进行评估。

8.1.5 生态规划的步骤

目前生态规划尚无统一的工作程序,麦克哈格(McHarg)在 Design With Nature 一书中提出了生态规划的框架,后来被称之为麦克哈格生态规划法。麦克哈格生态规划法的步骤如图8.1所示。

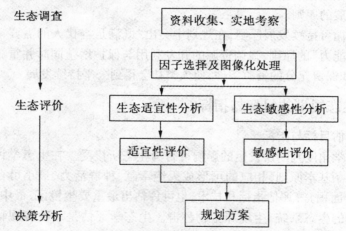

图8.1 生态规划的步骤

McHarg生态规划方法可以分为五个步骤:①确立规划范围与规划目标;②广泛收集规划区域的自然与人文资料,包括地理、地质、气候、水文、土壤、植被、野生动物、自然景观、土地利用、人口、交通、文化、人的价值观调查,并分别描绘在地图上;③根据规划目标综合分析,提取在第二步所收集的资料;④对各主要因素及各种资源开发(利用)方式进行适宜性分析,确定适应性等级;⑤综合适宜性图的建立。McHarg方法的核心是根据区域自然环境与自然资源性能,对其进行生态适宜性分析,以确定利用方式与发展规划,从而使自然的利益与开发及人类其他活动与自然特征、自然过程协调统一起来。

8.2 生态调查与分析

8.2.1 生态调查

8.2.1.1 生态调查的内容

1. 自然环境状况调查

自然环境状况调查主要侧重对规划区域生态环境基本特征的调查,包括:气候气象因素和地理特征因素,如地形地貌、坡向坡位、海拔、经纬度等;自然资源状况,如水资源、土壤资源、野生动植物资源及珍稀濒危动植物资源等;生态功能状况,如区域自然植被的净生产力、生物量和单位面积物种数量,生物组分的空间分布及在区域空间的移动状况,土壤的理化组成和生产能力等;人类开发历史、方式和强度;自然灾害及其对生境的干扰破坏情况;生态环境演变的基本特征;基础图件收集和编制,主要收集地形图、土地利用现状图、植被图和土壤侵蚀图等。

2. 社会经济状况调查

社会经济状况调查包括社会结构情况,如人口密度、人均资源量、人口年龄构成、人口发展状况、生活水平的历史和现状、科技和文化水平的历史和现状、规划区域的主要生产方式等;经济结构与经济增长方式,如产业构成的历史和现状及发展、自然资源的利用方式和强度等。

3. 环境质量状况调查

环境质量状况调查包括空气、水体、土壤、声环境质量现状的监测和调查。

8.2.1.2 生态调查的方法

生态调查的手段通常包括历史资料的收集、实地调查、社会调查与遥感技术的应用四类:

(1)收集历史资料,可以了解区域与城市的过去及其与现在的关系,还可以提供实地调查所不能得到的资料。

(2)实地调查,在区域规划或城市规划中,实地调查往往是弥补历史资料的不足与不完善,或对遥感资料的校正。

(3)社会调查,通过了解区域各阶层对发展的要求以及所关心的焦点问题,以便在规划过程中体现公众的愿望。

(4)遥感技术,为迅速准确的获取空间资料提供了十分有效的手段。

在生态资料收集过程中多采用网格法,即在筛选生态因子的基础上,按网格逐个进行生态状况的调查与登记,通过数据库和图形显示的方式将规划区域的社会、经济和生态环境各种要素空间分布直观地表示出来。其具体工作方法为,采用1:10 000(较大区域为1:50 000)地形图为底图,依据一定原则将规划区域划分为若干个网格(单元),网格一般为1 km×1 km,有的也采用0.5 km×0.5 km(网格大小视具体情况而定),每个网格即为生态调查与评价的基本单元。

8.2.2 生态分析

8.2.2.1 生态适宜性分析

生态适宜性分析是生态规划的核心,是制定规划方案的基础。生态适宜性分析的目标是根据区域自然资源与环境状况,评价其对某种用途的适宜性和限制性,并划分适宜等级,弄清限制因素,为资源的最佳利用方向提供依据。

生态适宜性分析方法有形态法、因素叠加法、线性与非线性因子组合法、逻辑规划组合法、生态位适宜度模型五大类。其中因素叠加法和线性与非线性因子组合法是目前生态规划中应用最为广泛的方法。

1. 因素叠加法

因素叠加法又称地图重叠法。其基本步骤为:

(1)根据规划目标,列出各种发展方案和措施,确定规划方案及措施与环境因子的关系表,建立关系矩阵;

(2)在生态调查的基础上,按一定的评价准则进行各因子对规划目标的适宜性评价和分级;

(3)用不同的颜色将各因素对特定规划方案的适宜性绘制在地图上,形成单因素生态适宜评价图;

(4)再将各单一因素适宜性图叠加得到综合适宜性图;

(5)由综合适宜性图上色调的深浅表示特定规划方案的适宜性等级,并由此制定规划方案。

2. 线性组合与非线性组合法

线性组合法是用一定的度量值来表示适宜性等级,并给每一因素视其重要性赋予不同的权重值;将每一因素的适宜性等级值乘以权重值,得到该因素的适宜性值。最后综合各因子的适宜性空间分布特征,即可得到综合适宜性值及其空间分布。

某些情况下,环境资源因素之间的关系能够运用数学模型进行拟合。因此,在生态适宜性分析时,可直接利用这些模型进行空间模拟,然而按照一定的准则划分适宜性等级。由于这些模型往往属于非线性的,所以称为非线性组合法。

3. 生态适宜性等级划分

单因素生态适宜性等级通常分为三级(即适宜、基本适宜、不适宜)或五级(即非常适宜、适宜、基本适宜、基本不适宜、不适宜)同时分别赋权值 5、3、1 或 9、7、5、3、1,数值大小与该因素生态适宜性的大小成正相关。非常适宜,指土地可持久地用于某种用途而不受重要限制,不至于破坏生态环境、降低生产力或效益;适宜,指土地有限性,当持久用于规划用途会出现中等程度不利,以至于破坏生态环境、降低效益;不适宜,指有严重的限制性,某种用途的持续利用对其影响是严重的,将严重破坏生态环境,利用勉强合理。综合生态适宜性分级,通常根据综合生态适宜性值确定适宜性分级的上下限,结合单因素的生态适宜性分级标准进行分级。

8.2.2.2 生态敏感性分析

生态敏感性是指在不损失或不降低环境质量的情况下,生态因子对外界压力或干扰的适应能力。生态敏感性分析是利用信息技术对影响生态环境的组成因子按照一定的加权叠加规律进行模拟分析的一种方法,它基于 GIS 强大的空间分析能力,对影响生态环境平衡的因素进行叠加分析,可动态的在一定范围内显示"如果这样"将会产生何种后果和"最好这样"的合适区域。生态敏感性分析的内容包括水土流失评价、敏感集水区的确定和生态敏感性等级划分。

1. 水土流失分析

用于分析、评价规划区域潜在水土流失与现实水土流失状况的通用水土流失方程式(USLE)为:

$$A = R \cdot K \cdot L \cdot S \cdot C \cdot P \tag{8.1}$$

式中　A——单位面积多年平均土壤侵蚀量,t/(hm²·年);

　　　R——降雨侵蚀力因子,$R = EI_{30}$(一次降雨总动能×最大 30 min 雨强);

　　　K——土壤可蚀性因子,根据土壤的机械组成、有机质含量、土壤结构及渗透性确定;

　　　L——坡长因子;

　　　S——坡度因子;

　　　C——植被和经营管理因子,与植被覆盖度和耕作期相关;

　　　P——水土保持措施因子,主要有农业耕作措施、工程措施、植物措施。

2. 敏感集水区分析

敏感集水区评价的目的是基于规划区域水文及水资源活动与土地利用的关系,确定其与资源开发和工农业生产布局的关系,使规划区域内水循环过程得到维护。规划区域按其与河流、水体、水土流失、植被等的关系,划分成不同敏感性集水区。对人类活动及一定方式的土地利用十分敏感的区域划分为敏感集水区;而对人类活动及土地利用相对抗干扰能力强的区域划分为不敏感集水区。

3. 生态敏感性等级划分

影响一个地区生态敏感性因素很多,通常选用影响开发建设较大的因子作为生态敏感性分析的生态因子,通过制定单因子生态敏感性标准及其权重对各单因子等级及其权重进行评估,通常用 5、3、1 或 9、7、5、3、1 表明其敏感性高低。然后用加权多因素分析公式进行单因子图加权叠加、聚类得出综合评价值,作为综合评价值分级标准,并由此判明不同区域的敏感性等级。

对城市生态敏感性地带分级,一般按三级标准划分:敏感地带($3.7 < A < 5$);一般敏感性地带($2.3 < B < 3.7$);基本不敏感地带($1 < C < 2.3$)。对生态敏感、景观独特的地带,适宜保持原貌而成为保护区;对于生态不敏感、不适合动植物生长的地带,可以进行工业区或商业区的开发。

8.3　生态功能区划

近年来,生态功能区划成为生态区划和宏观生态学研究的新领域。生态功能区划是我国继自然区划、农业区划之后,在生态环境保护与建设方面进行的又一重大基础性工作。生态功能是指自然生态系统支持人类社会和社会发展的功能。生态功能区划是指根据区域生态环境要素、生态环境敏感性与生态服务功能空间分异规律,将区域划分成不同生态功能区的过程。其目的是为制定区域生态环境保护与建设规划、维护区域生态安全以及资源合理利用与工农业生产布局、保育区域生态环境提供科学依据。并为环境管理部门和决策部门提供管理信息与管理手段。

8.3.1 生态功能区划的目标

生态功能区划的主要目标是：①明确区域生态系统类型的结构与过程及其空间分布特征；②明确区域主要生态环境问题、成因及其空间分布特征；③评价不同生态系统类型的生态服务功能及其对区域社会经济发展的作用；④明确区域生态环境敏感性的分布特点与生态环境高敏感区；⑤提出生态功能区划，明确各功能区的生态环境与社会经济功能。

8.3.2 生态功能区划的原则

根据生态功能区划的目的，区域生态服务功能与生态环境问题形成机制与区域分异规律，生态功能区划应遵循以下原则：

1. 可持续发展原则

生态功能区划的目的是促进资源的合理利用与开发，避免盲目的资源开发和生态环境破坏，增强区域社会经济发展的生态环境支撑能力，促进区域的可持续发展。

2. 发生学原则

根据区域生态环境问题、生态环境敏感性、生态服务功能与生态系统结构、过程、格局的关系，确定区划中的主导因子及区划依据。

3. 区域相关原则

在空间尺度上，任一类生态服务功能都与该区域，甚至更大范围的自然环境与社会经济因素相关，在评价与区划中，要从全省、流域、全国甚至全球尺度考虑。

4. 相似性原则

自然环境是生态系统形成和分异的物质基础，虽然在特定区域内生态环境状况趋于一致，但由于自然因素的差别和人类活动影响，使得区域内生态系统结构、过程和服务功能存在某些相似性和差异性。生态功能区划是根据区划指标的一致性与差异性进行分区的。但必须注意这种特征的一致性是相对一致性。不同等级的区划单位各有一致性标准。

5. 区域共轭性原则

区域所划分的对象必须是具有独特性、空间上完整的自然区域，即任何一个生态功能区必须是完整的个体，不存在彼此分离的部分。

8.3.3 生态功能区划的技术路线

根据国家制定的《生态功能分区暂行规程》和《生态功能保护区规划编制大纲》，同时结合研究区域的地理条件、生态环境要素、生态敏感性和生态服务功能等方面来进行生态功能分区。在生态功能分区过程中（图 8.2），通过对大量数据资料进行现状评价、生态敏感性分析和生态服务功能评价等深入分析研究的基础上，运用 3S 技术，通过图形叠置与分区处理，利用地形地貌等自然地理空间特征、行政边界和区域社会经济模式确定各级生态功能区的边界。

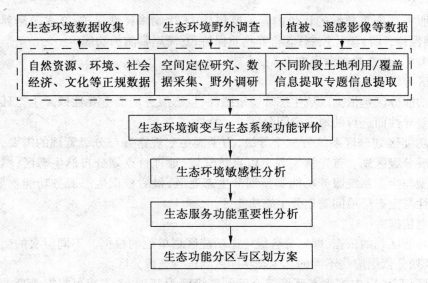

图 8.2 生态功能分区技术路线

8.3.4 生态功能区划的内容

8.3.4.1 生态环境现状评价

生态环境现状评价是在区域生态环境调查的基础上，针对区域的生态环境特点，分析区域生态环境特征与空间分异规律，评价主要生态环境问题的现状与趋势。生态环境现状评价应综合考虑自然环境要素（包括地质、地貌、气候、水文、土壤、植被等）、社会经济条件（包括人口、经济发展、产业布局等）以及人类活动及其影响（包括土地利用、城镇分布、污染物排放、环境质量状况等）。现状评价必须明确区域主要生态环境问题及其成因，要分析该地区生态环境的历史变迁，突出地区重点问题。

生态环境现状评价要针对目前主要生态环境问题的形成和演变过程，评价内容主要包括：①土壤侵蚀；②沙漠化、石漠化；③盐渍化；④水资源和水环境；⑤植被与森林资源；⑥生物多样性；⑦大气环境状况和酸雨问题；⑧滩涂与海岸带；⑨与生态环境保护有关的自然灾害，如泥石流、沙尘暴、洪水等；⑩其他环境问题，如土壤污染、河口污染、赤潮、农业面源污染和非工业点源污染等。

8.3.4.2 生态环境敏感性评价

生态敏感性评价应明确区域可能发生的主要生态环境问题类型与可能性大小，应根据主要生态环境问题的形成机制，分析生态环境敏感性的区域分异规律，明确特定生态环境问题可能发生的地区范围与可能程度；应针对特定生态环境问题进行评价，然后对多种生态环境问题的敏感性进行综合分析，明确区域生态环境敏感性的分布特征。

生态敏感性评价的内容包括：①土壤侵蚀敏感性；②沙漠化敏感性；③盐渍化敏感性；④石漠化敏感性；⑤酸雨敏感性。

8.3.4.3 生态服务功能重要性评价

生态服务功能重要性评价是针对区域典型生态系统，评价生态系统服务功能的综合特征，分析生态服务功能的区域分异规律，明确生态系统服务功能的重要区域。明确回答区域各类生态系统的服务功能及其对区域可持续发展的作用与重要性，并依据其重要性分级。

生态服务功能重要性的评价内容主要包括：①生物多样性保护；②水源涵养和水文调蓄；③土壤保持；④沙漠化控制；⑤营养物质保持；⑥海岸带防护功能。

8.3.4.4 生态功能分区方案

1. 分区等级

生态功能分区是依据区域生态环境敏感性、生态服务功能重要性以及生态环境特征的相似性和差异性而进行的地理空间分区。

生态功能区划分区系统分三个等级，为了满足宏观指导与分级管理的需要，必须对自然区域开展分级区划。首先从宏观上以自然气候、地理特点划分自然生态区；然后根据生态系统类型与生态系统服务功能类型划分生态亚区；最后根据生态服务功能重要性、生态环境敏感性与生态环境问题划分生态功能区。

2. 区划依据

生态功能区划的依据，即划分各级生态功能区划单位的根据。不同层次的生态功能区划单位，其划分依据应是不同的。生态功能区划进行三级分区。

一级区划分：以中国生态环境综合区划三级区为基础，各省市可根据管理的要求及生态环境特点，做适当调整。

二级区划分：以主要生态系统类型和生态服务功能类型为依据。

三级区划分：以生态服务功能的重要性、生态环境敏感性等指标为依据。

3. 分区方法

一般采用定性分区和定量分区相结合的方法进行分区划界。边界的确定应考虑利用山脉、河流等自然特征与行政边界。

（1）一级区划界时，应注意区内气候特征的相似性与地貌单元的完整性。

（2）二级区划界时，应注意区内生态系统类型与过程的完整性，以及生态服务功能类型的一致性。

（3）三级区划界时，应注意生态服务功能的重要性、生态环境敏感性等的一致性。

8.3.4.5 各生态功能区概述

生态功能分区概述应包括对每个分区的区域特征描述，包括以下内容：①自然地理条件和气候特征，典型的生态系统类型；②存在的或潜在的主要生态环境问题，引起生态环境问题的驱动力和成因；③生态功能区的生态环境敏感性及可能发生的主要生态环境问题；④生态功能区的生态服务功能类型和重要性；⑤生态功能区的生态环境保护目标、生态环境建设与发展方向。

8.3.5 生态功能区划的基本方法

生态功能区划按照工作程序特点可分为"顺序划分法"和"合并法"两种。其中前者又称"自上而下"的区划方法，是以空间异质性为基础，按照"区域内差异最小、区域间差异最大"的原则以及区域个性划分最高级区划单元，再一次逐级向下划分，一般大范围的区划和一级单元的划分多采用这一方法。后者又称"自下而上"的区划方法，它是以相似性为基础，按照相似相容性原则和整体性原则依次向上合并，多用于小范围区划和低级单元的划分。目前多采用自上而下、自下而上综合协调的方法。

下面简要介绍几种常用的生态区划方法：

1. 地理相关法

地理相关法是运用各种专业地图、文献资料和统计资料对区域各种生态要素之间的关系进行分析后进行分区。该方法要求将所选定的各种资料、图件等统一标注或绘制在具有坐标网格的工作底图上，然后进行相关分析，按相关紧密程度编制综合性的生态要素组合图，并在此基础上进行不同等级的区域划分与合并。

2. 图形叠置法

图形叠置是一种传统的区划方法，常在较大尺度的区划工作中使用，该方法在一定程度上克服专家集成在确定区划界限时的主观臆断性。其基本做法是将若干自然要素、社会经济要素和生态环境要素的分布图和区划图叠置在一起得出一定的网络，然后选择其中重叠最多的线条作为区划依据。

3. 主导分区法

该方法是主导因素原则在分区中的具体应用。在进行分区时，通过综合分析确定并选取反映生态环境功能的第一分异主导因素的标志或指标，作为划分区域界限的依据。同一等级的区域单位即按此标志或指标划分。当然，用主导标志或指标划分区界时，还需用其他生态要素和指标对区界进行必要的订正。

4. 景观制图法

该方法是应用景观生态学的原理和方法编制景观类型图，在此基础上，按照景观类型的空间分布及其组合，在不同尺度上划分景观区域。不同的景观区域的生态要素的组合、生态过程及人类干扰是有差别的，因而反映不同的环境特征。在土地生态分区中，景观既是一个类型，又是最小的分区单元，以景观图为基础，按一定的原则逐级合并即可形成不同等级的土地区划单元。

5. 定量分析法

针对传统定性分析中存在的一些主观性、模糊不确定性缺点，近年来数学分析的方法和手段逐步被引入到区划工作中，如主成分分析、聚类分析、相关分析、对应分析、逐步判别分析等一系列方法均在分区工作中得到广泛应用。

6. 生态融合法

在模糊聚类定性分析的基础上，根据当地的实际生态状况对聚类结果进行适当的调整。当区域边界与模糊聚类的生态边界存在一定尺度的差异时，可进行生态融合，使生态功能区域边界与行政边界尽量保持一致，同时对细碎的斑块按照主体生态组分的特征进行融合，使区划结果更符合生态系统的完整性和管理的要求。

上述分区方法各有特点，在实际工作中往往是相互配合使用的，特别是由于生态系统功能区划对象的复杂性，随着3S技术的快速发展及应用，在空间分析的基础上将定性与定量分析相结合的专家集成方法正日益成为区划工作的主要方法。

综上，生态功能区的划分和建设，充分体现生态系统是"生命与环境相互作用的区域"的生态学原理。正如黄秉维所指出的，现在"区域单位是作为环境和自然资源的整体来认识，在相当大的程度上它们是相互联系、相互交叉的。因此，需要将它们放在一起来研究，把地表的一部分作为人类之家来研究"。从资源角度分析自然条件、评价土地类型、探讨自然生产潜力、拟订土地利用规划，以期使自然资源得到持续保持和利用；从环境角度则根据生态系统中非生物成分和生物成分的变化,判断其目前是否恶化以及未来恶化的可能,预测环境变化趋势,为环境评价与整治、保护提供决策依据。

8.4 生态规划措施

8.4.1 合理选址选线

合理选址选线可以从以下三个方面考虑:一是选址选线避绕敏感的环境保护目标,不对敏感保护目标造成直接危害。这是"预防为主"的主要措施;二是选址选线符合地方环境保护规划和环境功能(含生态功能)区划的要求,或者说能够与规划相协调,即不使规划区的主要功能受到影响,且不存在潜在的环境风险;三是从区域角度或大空间长时间范围看,规划相关项目的选址选线不影响区域具有重要科学价值、美学价值、社会文化价值和潜在价值的地区或目标,即保障区域可持续发展的能力不受到损害或威胁。

8.4.2 规划方案分析与优化

1. 选择减少资源消耗的方案

最主要的资源是土地资源、水资源等。一切措施都需首先从减少土地占用尤其是减少永久占地进行分析,并给出土地资源损失最少、社会经济影响最小的替代方案建议。

2. 采用环境友好的方案

"环境友好"是指设计方案对环境的破坏和影响较少,或者虽有影响也容易恢复。

3. 采用循环经济理念,优化规划方案

循环经济包括"3R"(Reduce 减少,Recycle 循环,Reuse 再利用)概念,也包括生态工艺概念,还包括节约资源、减少环境影响等多种含义。利用循环经济理念优化规划方案,应结合具体情况,创造性地发展环保措施。尤其需要不断学习和了解新的技术与工艺进步,将其应用于规划实践中,推进环境保护的进步与深化。

4. 发展环境保护工程设计方案

环境保护的需求使得工程建设方案不仅应考虑满足工程既定功能和经济目标的要求,而且应满足环境保护需求。这方面的技术发展十分薄弱,需要在实践中逐步推进。例如,高速公路和铁路建设会对野生生物造成阻隔,有必要设计专门的生物通道;水坝阻隔了鱼类的洄游,需要设计专门的过鱼通道;古树名木受到选址选线的影响,不得不进行整体移植;文物的搬迁和异地重置,水生生物繁殖和放流等,都是新的问题,都需要发展专门的设计方案,而且都需要在实践中检验其是否真有效果。

8.4.3 生态影响的补偿与建设

补偿是一种重建生态系统以补偿因规划建设活动而损失的环境功能的措施。补偿由就地补偿和异地补偿两种形式。就地补偿类似于恢复,但建立的新生态系统与原生态系统没有一致性;异地补偿则是在规划建设活动发生地无法补偿损失的生态功能时,在发生地以外实施补偿措施,如在区域内或流域内的适宜地点或其他规划的生态建设工程中补偿,最常见的补偿是耕地和植被的补偿。植被补偿按生物物质生产等当量的原理确定具体的补偿量。补偿措施的确定应考虑流域或区域生态功能保护的要求和优先次序,考虑规划建设活动对区域生态功能的最大依赖和需求。补偿措施体现社会群体等使用和保护环境的权利,也体现生态保护的特殊性要求。

在生态已经相当恶劣的地区,为保证规划建设活动的可持续性和促进区域的可持续发展,规划方案不仅应该保护、恢复、补偿直接受影响的生态系统及其环境功能,而且需要采取改善区域生态,建设具有更高环境功能的生态系统的措施。例如,沙漠和绿洲边缘的规划建设活动,水土流失严重或地质灾害严重山区、受台风影响严重的滨海地带及其他生态脆弱地带实施的规划建设活动,都需要为解决当地最大的生态问题进行有关的生态建设。

第9章 区域环境规划

9.1 区域环境规划概述

区域环境是指具有独特结构和特征,占有特定地域空间的自然和社会环境。按照功能和性质,区域环境可分为:自然区域环境(森林、草原、荒漠、冰川、海洋、河流、湖泊、山地、平原等)、社会区域环境(城市、镇、村、商业、工业、开发区、经济区、文化区等)、农业区域环境(农田、畜牧业、水产养殖区等)、旅游区域环境(旅游区、疗养、度假等)等。区域环境规划是针对区域社会发展状况、环境特种机器环境发展趋势而对人类自身活动和环境建设所做的时间和空间上的合理安排。区域环境规划是区域规划的重要组成部分,是制定和指导环境计划的重要依据。

9.1.1 区域环境基本特征

9.1.1.1 自然环境的整体性与行政地域分割性

在区域划分中,一种是自然区划,一种是行政与经济区划。其中行政区划是政治(行政)管理单元,是区域重要的形式,是区域环境规划的主要对象。流域是自然区划的形式,流域环境规划也是区域环境规划的常规对象。区域环境规划具有很强的综合性和地区性,但存在行政管理地域的分割性与自然环境的整体性遭到破坏,主要体现在以下几个方面:

(1)跨行政区的江河因行政分割而使流域的整体性遭到破坏,增加了全流域统一环境规划、综合整治和合理利用的困难。

(2)跨行政区的自然保护区、森林或水源保护区、沙漠和草原区等,因行政地域分割,造成管理上的困难,或因邻区开发而相互影响,降低了综合治理的效果。

(3)大气流动性特征造成污染物跨行政区的迁移,影响大气质量,并成为行政区环境规划中较难控制的因素。

(4)行政区域是坚持按政治管理原则管理的具有边界的区域,可行使独立的行政管理权力,代表了地域内居民的共同利益,有利于环境规划的实施。

9.1.1.2 区域具有"社会-经济-环境复合系统"的特点

区域一般地域较广,自然条件相对复杂,自然资源、社会历史文化资源多样,经济结构丰富多彩,工业、商业、交通、建筑及农、林、牧、副、渔构成一定比例,区域环境规划应适应其社会、经济特点。

行政区域一般以大、中城市为中心,小城镇及广大自然地域为腹地,共同组成一个多样性、综合性的生态系统。这个生态系统通常由生物资源、非生物资源和社会资源构成。其中自然生态系统是根据物种、分布、数量及其比例关系,来衡量区域生态系统的稳定性。我国的行政区域大多数已形成一定的文化特征,成为具有一定的经济基础和自然条件多样性的"社会-经济-环境复合系统"。环境规划应保证区域内人工生态系统与自然生态系统的协调、平衡,并实现可持续发展。

9.1.1.3 环境污染集中于行业和城镇

我国目前的环境污染物,约70%以上是由工业生产排放的,各区域的排放虽有差异,但全国总趋势基本一致。区域污染控制主要集中于工业或行业的污染上。这种以工业污染为主的污染物排放结构将延续较长的阶段,因此,行业污染控制规划是区域环境规划的重要组成部分,占有特殊的位置。随着工业和城市现代化,污染物排放结构将逐步改变,工业污染物排放的比例逐渐减小,生活、农业的污染物的排放将逐渐增加。因此,区域污染物总量控制规划必须做出战略安排。

9.1.2 区域环境规划的基本要求

9.1.2.1 区域环境规划与社会经济协调发展

区域环境规划应谋求经济、社会和环境的协调发展,保护人民健康,促进社会生产力持续发展及资源和环境的持续利用,结合区域特点,还应特别注意:

(1)注重宏观规划的合理性,将宏观规划与微观规划相结合。区域是地域范围较大的经济 – 社会 – 环境复合系统,区域环境规划必须首先注重宏观的协调,如生产力布局的环境合理性、产业结构与资源优势的配置、污染物总量的地域分布等。因此,宏观规划应特别注重环境区划或环境功能区划分,在环境规划中,针对地域性特点,按照宏观包容微观、整体包容局部的原则,加强宏观环境规划,并协调多方面的关系。

(2)坚持点、线、面结合的城乡一体化环境规划的方针。区域内城、镇、村之间相互联系,河流、渠系、道路等形成网络,它们又在国土范围内成为有机整体,城镇人工生态、自然生态与工农业发展应得到均衡、协调、持续发展。

(3)因地制宜原则。区域环境规划必须符合区域情况,符合经济发展阶段,环境目标切实可行,措施具有可操作性,指标、工程项目具有可分解性,可落实到行政或行业的环境计划中去。

(4)在突出重点环境问题和城市环境综合整治的基础上,还应体现环保政策的延续性。区域环境规划必须坚持"全面规划、合理布局、突出重点、兼顾一般"的原则。在区域内抓好城市、工矿等主要污染源和人群密集区的环境规划,是区域环境规划的核心。

9.1.2.2 加强区域经济特征分析

进行经济特征分析是区域环境规划的必要基础。经济要素主要指那些影响环境质量,而与环境规划内容有直接关系或间接关系的经济活动状况。经济特征分析主要集中于资源配置、生产布局、产业结构及生产力发展水平等方面。

(1)资源是经济社会发展的基础,它决定区域生产力布局和产业结构,也决定环境的基本问题和环境规划的基本方向与内容。资源形势分析一般包括土地资源、水资源、生物资源、矿产资源、海洋资源及其他资源的形势分析。

(2)产业结构是指经济部门内部相互联系的各类产业的构成。在工业经济部门内部,各类工业占总产值的比重不同,构成不同工业产业结构。各类产业对环境污染的程度和特征是不同的,产业结构决定了区域环境污染特征。调整产业结构是区域环境规划的重要决策内容。

(3)生产力布局是人类生产活动存在和发展的空间形式,它对区域环境有直接而显著的影响。合理的生产布局能够最大限度地减轻区域环境的危害,并在有限的环境容量和环境资源的情况下,发挥当地最大的生产潜力;反之则会严重损害区域环境质量,不能有效地发挥生产潜力。生产力布局分析包括:投入产出损益分析;重大环境项目的环境影响分析;区域生产、再生产的各个环节、各生产部门、各生产要素的空间组合方式,及其对区域环境的影响;区域内城市、乡村、工业、农业及其他部门之间的协调程度及造成的环境影响与危害等。

(4)生产力发展水平分析。生产力发展水平反映了人类征服、改造、控制和适应环境的能力。从发展史看,随着生产力的发展历程,环境污染也经历着从无到有,由轻到重,再由重到轻的有规律的发展历程。同时,从现代生产力的发展上,也反映出人类对环境需求的提高和环境意识的增强。生产力水平高,资源消耗少,污染物排放也能达到减量化、无害化排放。因此,生产力水平是作用于经济和环境关系的动态影响因素。生产力发展水平包括:生产总值、收入;生产技术水平、设备、工艺的先进程度;能耗水平,万元产值的能耗、万元产值排放废水、固体废物量;由生产力发展水平分析污染出现的可能性和客观规律性及其损益,控制污染的有效途径等。

9.1.2.3 区域社会要素分析

对区域环境产生巨大影响的社会因素主要有人口和社会意识。人是社会的基本组成,又是社会生产和消费的主体。人通过生产和消费活动与环境间构成了相互联系、相互作用、相互制约的对立统一关系,因此,人口数量、分布、密度、结构、城乡人口分布、行业人口分布等都直接或间接影响环境。社会意识是指区域女人们的思想、道德、哲学、美学、文艺、宗教、风俗等社会意识形态,特别是人们的环境意识状况,以及这些意识对区域环境产生的影响。

9.1.2.4 区域环境要素分析

区域环境要素系指气象、水体、土壤、生物、生态等自然环境要素和化学污染物及噪声、电磁、辐射、震动、放射性等物理污染。环境要素的分析是区域环境规划的基础。环境要素的分析主要包括:

1. 气象要素分析

要考虑不同季节的风向、风速变化、气温、气压、降水、蒸发、日照等气象条件及分布规律;特别是对灾害性气候,如旱涝灾害、台风、霜冻等的分析。

2. 自然地理要素及生态状况分析

其内容主要包括:区域内各环境功能区的地理位置、地形、地质、地貌、土壤背景状况等;区内的自然保护区、森林、草原、矿产、荒漠、冰川、野生动植物,特别是珍稀濒危物种的分布、数量、构成现状及变化等;区域内其他自然资源及生态单元,如海洋、海岛、滩涂、港湾、沼泽、河流、湖泊、水库及地下水等自然情况,开发利用情况,污染与破坏及保护情况,环境容量和变化趋势等。

3. 污染形势分析

其内容包括:区域内的大气、水环境、农田土壤、固体废弃物、噪声、有毒有害化学品等情况,特别是结合产业结构与生产力布局,对主要污染源和主要污染物及其与环境的关系进行分析,是区域环境规划的重要工作。

9.1.3 区域环境规划的内容与编制程序

区域环境保护规划的编制过程,是为适应区域经济发展而对环境污染控制、环境综合整治做出时间和空间上的科学安排和规定,是一个正确认识社会、经济、环境相互关系、运动变化及发展的过程,是一个科学决策的过程。区域环境规划工作程序见图 9.1。

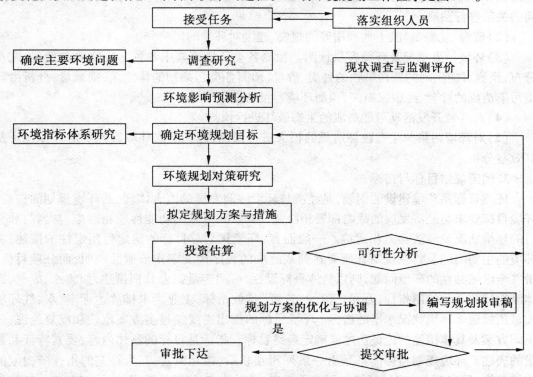

图 9.1 区域环境规划的编制程序图

各种区域环境保护规划的编制程序简单归纳有以下几个步骤:

1. 调查研究,弄清问题

环境问题的发生和解决是环境规划的出发点和归宿。所以环境规划首先要通过调查评价弄清环境问题,找出其主要环境问题和产生的原因,为确定目标、制定对策提供依据。调查研究突出如下几个方面:①收集和掌握相关资料与文件,包括区域经济社会现状及发展规划,已有的或全国一级环境规划纲要,前期环境规划和执行情况及总结分析等;②区域自然环境条件;③区域污染源状况,环境问题的发展趋势,主要污染行业及污染动态变化;④环境现状及评价;⑤有关环境科研成果等。调查评价工作要注意解决好指标体系、必要的信息来源、可行的评价方法三个重要环节。环境质量评价和污染源评价是环境评价的重点。

2. 环境预测

环境问题随着经济和社会的发展和环境保护活动的推进在不断地变化着,因而环境规划不仅要弄清当前的环境问题,而且要预测规划期内环境问题的发展趋势,在此基础上才可能确定合理的目标,制定有的放矢的对策。环境预测指在对环境质量过去和现状调查研究的基础上,运用相关科学手段和方法,推测社会经济活动对环境的影响及环境质量的变化情况。环境预测是环境决策和管理的基础,是制定环境规划目标和环境管理方案的重要依据。区域环境预测包括:

(1)社会经济发展预测。对规划期内人口、生产力发展水平、经济发展等带来的各种环境问题,环境质量的变化,区域污染物发生量与人口、生产布局和生产力发展水平等因素之间的关系进行预测。

(2)资源、能源消耗、土地利用等的规模、速度对环境的影响分析。

(3)环境污染状况及环境容量预测。预测各类环境要素中各种污染物的总量、浓度及分布;预测可能出现的新污染物的种类、数量,预测各类污染物的排放量、削减量;分析由环境污染造成的社会、经国家损失;预测环境容量的变化等。

(4)对区域开发活动可能造成的生态破坏进行预测。

(5)对环境污染与生态破坏造成的损失进行预测,达到不同环境目标所需环保投资及其效益分析。

3. 确定规划目标与指标

环境目标是环境建设的纲领,是经济与环境协调发展的综合体现,是环境规划的核心。环境目标要求与经济发展的战略部署相协调,与城市、区域的功能性质相适应,与当前和今后的环境状况及经济实力相适应。一般而言,环境规划总目标的确定可用定性的描述,将环境的主要问题及其在规划其所要达到或解决的程序用文字作节律性说明;而分项目标,带有全区域共性的环境问题,则以具体目标设栏,可用定量概念分别描述,如废水、废气、固体废物排放总量控制指标,万元产值的"三废"排放指标,工业废水排放达标率,水、气环境质量指标值等环境状况水平的指标。环境目标的提出需要经过多方案比较和反复论证,经不同方案及具体措施的论证后才能确定最终目标。指标是目标的具体内容、要素特征和数量的表述。环境规划指标体系是由一系列相互联系、相互独立、互为补充的指标所构成的有机整体,见表9.1。区域环境规划涉及面广,指标繁多,指标体系完整,体现环境与经济社会的协调发展。

表 9.1 区域环境规划指标体系

类型	指标
社会经济指标	人均 GDP(元)
	经济持续增长率(%)
	人口自然增长率(%)
	单位 GDP 能耗(t/万元)
	单位 GDP 水耗(t/万元)

续表 9.1

类型	指标	
环境质量指标	空气污染指数	
	大气 SO_2 年日均值(mg/m^3)	
	大气 NO_x 年日均值(mg/m^3)	
	大气 TSP 年日均值(mg/m^3)	
	饮用水源水质达标率(%)	
	水功能区水质达标率(%)	
	区域环境昼间噪声平均值[dB(A)]	
	交通干线昼间噪声平均值[dB(A)]	
污染物总量控制指标	大气污染物总量控制	SO_2 排放总量(t/年)
		烟尘排放总量(t/年)
		粉尘排放总量(t/年)
	水污染物总量控制	工业废水排放总量(t/年)
		生活污水排放总量(t/年)
		废水排放总量(t/年)
		畜禽废水排放总量(t/年)
		COD 排放总量(t/年)
		总磷排放量(t/年)
		总氮排放量(t/年)
	固体废弃物总量控制	工业固体废弃物发生总量(t/年)
		生活垃圾发生总量(t/年)
环境建设与环境管理指标	生态景观建设	市镇公园覆盖率(%)
		市镇绿化覆盖率(%)
		村镇绿化覆盖率(%)
		森林覆盖率(%)
		自然保护区覆盖率(%)
	水土流失量(t/年)	
	生态农业实施率(%)	
	工业污水处理率(%)	
	工业废水处理达标率(%)	
	畜禽废水资源化利用率(%)	
	生活垃圾处理率(%)	
	工业固体废弃物综合利用率(%)	
	水土流失综合治理率(%)	
	烟尘控制区覆盖率(%)	
	噪声达标区覆盖率(%)	
	市镇气化率(%)	
	新建项目三同时执行率(%)	
	公众满意率(%)	
环保投资指数	环保投资占 GDP 比例(%)	

在实际规划工作中,根据规划区域对象、规划层次、目的要求、范围、内容而选择适当的指标。选取的基本原则是:科学性原则、规范化原则、适应性原则、针对性原则、超前性原则和可操作性原则。指标类型主要包括环境质量指标、污染物总量控制指标、环境管理与环境建设指标、环境投入及相关的社会经济发展指标等。

4. 环境功能区划

环境功能区划是环境保护规划的重要内容,一般可以分为两个层次,即综合环境区划和单要素环境区划。综合环境区划主要以城市中人群的活动方式以及对环境的要求为分类准则,充分考虑土地利用现状和城市发展、旧城区改造的需要,服从城市总体规划,满足城市功能需求。综合环境区划一般划分为重点环境保护区、一般环境保护区、污染控制区和重点污染治理区等。单要素环境区划主要指大气环境区划、水环境区划和噪声环境区划。单要素环境区划要以综合环境区划为基础,结合每个要素自身的特点加以划分。

5. 拟订方案和优化方案

拟订方案是环境目标初步确定后,根据环境保护的技术政策和技术路线,拟定实现环境目标的具体途径和措施。编制规划方案是环境调查、筛选主要环境问题,贯穿于环境目标与指标的建立到环境预测与对策的全过程。一般区域环境规划方案可拟定多个(2~3个)可供选择的方案,然后进入投资估算和可行性分析,再根据技术政策、法规、标准进行评估,研究各类方案达到的后果、实现目标的可能性及方案本身的可行性,比较各方案,推荐较满意的方案供决策。

6. 投资估算与可行性分析

按照规划对策措施的内容,测算环境规划总投资需求,对具体的工程措施应包括治理投资与运转费。对照国民经济发展规划的环保投资安排,环保投资需求估算,分析财力对环保投资的承受能力,决定采取哪种规划方案,经过反复协调,不断反馈,直至基本达到规划目标而采取的一系列对策措施,以求投资效益基本最优,环境资源利用基本合理可行。环境规划问题是一个十分复杂的多层次、多因子、多目标的动态开发的大系统,有许多因素难以用数学模型来描述,在决策问题的分类中属于非确定型或半确定型问题。在筛选或优化出最佳方案以后,还要进行涉及面更广、层次更高的可行性分析。例如,进行方案的灵敏度分析、风险性分析及环境费用效益分析,对最佳方案的费用和效益(包括经济效益、社会效益和环境效益)进行比较和分析,以判断方案是否可行等。通过方案的可行性分析最终确定规划方案。

9.2 城市环境规划

9.2.1 城市环境规划概述

9.2.1.1 城市环境

城市是处在地表一定范围之内的开放性系统,是人口最集中、经济活动最活跃的地方,对自然环境的干预最为强烈。所谓城市环境,就是指与城市整体发生关系的各种人文现象、自然现象的总和。而且,城市环境从属于周围整个区域的自然环境之中。

为了维护城市人民生产和生活的需要,城市与周围的环境之间、城市内部各子系统之间不断地进行着物质和能量的传输与转化,并形成一定的结构和功能,因此,可以把城市看成是一个人工生态系统。近二三十年城市人口迅速增长,已使城市出现了环境污染、住宅短缺、交通拥挤等城市的通病,在特大城市表现尤为突出。为了综合整治城市环境问题,城市环境规划应运而生。城市环境规划的任务就是促进城市经济、社会、环境系统协调发展,维护系统良性循环,提出和实现城市环境目标,促进城市可持续发展。

9.2.1.2 城市环境规划

1. 城市环境规划概况

早在1982年以前,我国的一些城市就已陆续制定环境保护计划(规划),但其内容仅局限于环境质量评价和污染防治。1984年,我国正式将环境规划纳入城市总体规划体系,要求所有总体规划中必须包括环境规划的内容。1988年,我国拟定了"中小城市环境规划规范(讨论稿)",初步确立了城市环境规划的地位和作用。20世纪90年代以来,我国又进一步明确了城市环境规划的法律地位,及其与国民经济和社会发展计划的关系,使环境规划工作朝着科学化、规范化的方向迅速发展。1992年环境与发展大会后,可持续发展成为我国城市环境规划追求的战略目标。

城市环境规划的目的是调控城市人工生态系统的动态平衡。城市环境规划应以城市生态学的理论为指导,以实现环境目标为宗旨,主要由两部分组成:城市生态规划和污染控制规划。

城市环境规划是一个复杂的系统工程,其涉及范围广,数据需求量大,要使用多种模型方法。

2. 城市环境规划的特点

要成功地进行城市环境规划,必须充分考虑到研究对象的各种特征。对城市整体而言,环境规划的首要目标是为城市环境与经济的协调发展提供决策依据。因此,应将城市区域的环境系统和经济系统,作为一个有机整体来进行分析研究。城市环境经济系统的特征如下:

(1) 综合性

城市环境系统覆盖范围广,即包括工商业发达、人口集中的城区,也包括农业发达、人口疏散的郊区。该系统是个复杂的巨系统,它是由社会环境、经济环境和自然环境等众多子系统及其相互作用关系构成的统一体,从而实现整个系统的运转和功能。

(2) 多目标性

在所研究的城市环境系统内,各种环境、社会经济和资源目标并存。不同的决策者,不同的利益群体,根据自己利益的需要所希望获得的目标也不尽相同。这些目标之间相互作用,或者相互抑制或者相互促进。因此,问题的关键在于如何在各利益群体之间进行协调以达到整个城市系统效益的最优化。

(3) 动态性

在环境经济系统中,各种环境经济因素都不是一成不变的,而往往是随着时间的推移发生变化。尤其是对于具有一定发展水平的城市而言,城市自身的社会状况、经济结构、生态环境等都是随时间不断发展变化的。因此,在对城市环境进行长期的系统规划研究时,从模型构造、求解,到结果解译等过程中都必须将系统的时间变化特征表现出来。这样,才能产生现实有效的规划优化方案。

(4) 不确定性

对于一个城市的长期规划而言,随着社会经济的不断发展,城市自身的结构和规模必然会随着发生变化。这种动态性本身就带来了规划中各种环境经济要素的不确定性问题,这是宏观的不确定性。同时,系统各种具体行为的输入、输出往往也不是确定的数值,其被称之为微观的不确定性。

总之,城市环境系统具有上述四个典型特征。因此,在进行城市环境规划时,必须将这些特征充分反映在规划模型的构建之中,以得出更为现实可行的规划方案。

9.2.1.3 城市环境规划的编制过程

城市环境规划所涉及的内容广泛,尽管城市环境规划有着诸多的内容,但各项内容之间的联系绝非松散的,相反,其关系是紧密而富有层次的,且存在着诸多的反馈环。它实际上是由诸多环境要素规划(如水体、大气、固体废物和噪声等)组合在一起的综合体。这些要素规划间相互联系、相互作用和影响,构成了一个有机的整体。

一般来说,城市环境规划的编制过程可概括为:通过对拟规划城市的环境系统的现状调查与评价,确定该城市的主要环境问题和污染状态;通过对环境预测和环境功能区划等工作,确定该城市的环境规划目标以及污染物总量控制目标,并产生污染物的最大容许排放量和削减量;这也指导了城市环境污染综合整治规划和社会经济发展规划等的产生,一系列的规划势必影响到整个城市的环境质量、行业发展结构和投资状况;这使得从环境目标、投资能力等方面分别构成了系统的反馈环,促使规划制订者对已初步形成的规划内容进行修正调节,直到最终产生合理可行的城市环境规划。

9.2.2 城市污染控制规划

城市污染控制规划的内容包括:预测城市发展、经济发展给环境带来的影响;确定功能分区及各区的环境保护目标值;提出切实可行的、实现环境目标值的污染防治方案,其中包括污染源控制方案、环境保护投资方案、处理设施建设方案等。按环境要素划分,包括大气污染控制规划、水污染控制规划、固体废物管理规划和噪声污染控制规划。通常,城市污染控制规划的内容可分为两大部分,即环境现状调查评价和环境质量预测及规划。

首先,在明确规划的对象、目的以及范围的前提下,进行环境现状调查和评价。即对所要规划地区的自然、社会、经济基本状况,土地利用、水资源供给、生态环境、居民生活状况,以及对大气、水、土壤、噪声、固废等环境质量状况进行详尽的调查,收集相关数据进行统计分析,并适当地做出相应的环境质量评价,具体可参见表9.2。

表9.2 城市环境规划中的现状调查和评价内容

	项目		内容
1	城市自然概况	区域范围	规划区域范围、环境影响所及区域的确定
		自然条件 地圈	地形和地质状况
		自然条件 水圈	城市水系分布、水文状况。如河流、丰平枯水量等,水库或湖泊,水量、水位等海湾、潮流、潮汐、扩散系数等,地下水,地下水位、流向等
		自然条件 气象	平均气温、降水量、最大风速、风频、风向、日照时间等
		自然条件 其他	台风、地震等特殊自然现象、放射能
		社会条件 人口	人口数量、组成、分布、流动人口状况等
		社会条件 产业	三种产业构成、布局、产品、产量、从业人口
			农业:农业户数、农田面积、作物种类、产品产量、施肥状况等
			渔业:渔业人口、产品种类、产量等
			畜牧业:畜牧业人口、牲畜种类和存栏数、产品率、牧场面积等
2	土地和水系利用状况	陆地利用状况	土地利用状况,有关土地利用的规定
		水面利用状况	河流、湖泊、水库水面的利用,港湾、渔港区域状况
		水利状况	水利设施、供水、产业用水等状况
3	环境质量状况	大气 污染源状况	固定污染源、移动污染源、城市区域内主要大气污染物的发生量
		大气 质量现状	大气环境中SO_2、NO_x、CO、飘尘、HF、H_2S、HCl等的含量,飘尘中重金属、苯并[a]芘的含量
		大气 污染扩散状况	发生源、风向、风速等及其与污染浓度相关关系
		水体 污染状况	BOD、COD等的含量,河流、湖泊透明度等,特殊有机物污染、重金属污染状况
		水体 其他	发生源、水文状况水化学条件及其与污染物浓度相关关系
		固体废物概况	城市垃圾、工业废弃物、放射性固体废物、农业废弃物
		噪声现状	噪声源分布、噪声污染程度、振动污染等现状调查
		热污染等现状	余热利用、废热排放、热污染现状
		化学品登记	运入、使用、生产、排放的化学品种类、数量、毒性、处置及去向
		其他污染	交通、工业、建筑施工等恶臭,放射性、电磁波辐射状况,地面沉降等
4	生态环境特征调查与生态登记	区域生态概况	植物、动物概况、生态系统状况、植被覆盖面积等
		编制生态因子	选择编制环境规划所需的生态因子,如绿地覆盖率、气象因子、人口密度、经济密度、建筑密度、交通量、水资源等
		自然环境价值评价	自然环境对象的学术价值、风景价值、野外娱乐价值等
5	城郊环境质量现状	城郊环境污染状况	"三废"产生量、治理量、排放量,污灌水质、面积
		土壤现状调查	土壤种类、分布、K、N、P等营养元素和Cd、Pb、Hg等重金属含量,含水率等

续表9.2

6	居民生活状况	保健	总人口,死亡率,出生率,自然增长率,少、幼保健状况等
		食品	食品摄取状况,农产品和水产品中 Hg、Pb、Cd 等的检出水平与一般值比较,食品添加剂的状况等
7	与环境有关的市政设施状况		城市排水系统分布结构,公园及其他环境卫生设施分布情况等
8	环境污染效应调查		环境污染与人群健康状况(主要疾病发病率和死亡率)调查
			环境污染经济损失调查

然后,在现状调查和评价的基础上,进行环境影响预测和规划。即根据现有状况和发展趋势对规划年限内的环境质量进行科学预测,根据环境功能状态确定城市功能分区及相应的环境目标,进行水资源合理利用和优化配置设计,对城市大气、水体、噪声等进行污染综合整治规划、制定固体废物和工业污染源管理控制规划,以及对城市的交通运输、能源供给、土地利用、绿地建设等等进行科学的设计与规划,具体参见表9.3。

表9.3 城市环境规划中的环境影响预测和规划内容

	项目		内容
1	城市开发规划概要	工业规划	工程、投产时间、主要产品品种、年产量
		自然环境改变	挖掘、填筑、整理、采伐等引起的形状、面积和土方量变化
		人口变化	组成、分布等变化(年别、地区别)
2	城市环境功能分区	环境功能分区	环境区划,功能分区,如水环境功能分区、声学环境功能分区等
		指标体系	环境污染指标、社会经济环境指标及环境建设指标等
		环境目标及可达性分析	各功能区的环境目标和全市总目标,以及它们之间的关系(贡献大小)可达性分析
3	水资源利用及污染综合整治规划	用水规划	总体用水规划、水的收支、分配、主要取水源等
			工业用水:工业用水量增长预测、水资源的平衡、供水来源等
			生活用水:用水增长预测、供水量及来源
			农业用水:用水量、配水规划等
		水资源保护规划	发生源变化预测、水质污染预测、水文变化预测、发生源控制规划、地面水保护规划、地下水保护规划
		水面利用规划	渔业、其他水生生物的养殖等
		污染负荷预测	全市及各个功能水域污染物的最大允许排放量、负荷量及削减量
		污染综合整治规划	提出污染综合整治方案、措施及实施细节
4	大气污染综合防治规划	环境质量预测	气象条件,主要污染物的浓度分布,大气质量预测
		污染负荷预测	全市及各个功能区污染物的最大允许排放量、负荷量及削减量
		污染防治	大气污染综合防治措施(包括环境目标、工程及管理措施),污染综合整治方案

续表 9.3

5	固体废物管理规划	固体废物预测	增长预测及环境影响预测
		固体废物规划	制定综合管理及处置规划,提出综合整治对策
6	噪声整治规划及其他	噪声污染预测及防治	噪声环境影响预测,确定城市各个功能区噪声标准,制定综合整治规划
		化学品污染防治规划	化学品增长及环境影响预测及环境管理措施
7	工业污染源控制规划	工业污染源环境影响预测	骨干工业:生产工艺、生产技术水平、能源、资源消耗预测、单位产品或单位产值的排污量、污染增长趋势
			中、小工业:按行业调查分析其经济效果与环境效果,预测其对环境的影响和对经济发展的作用
		分区控制规划	工业结构优化、布局调整规划
8	土地利用规划	总体规划	城市总体布局,土地总体利用规划
		工业区划	各专门工业区、工业区和准工业区面积和人口
		居住区和商业区	各等级居住区、邻近商业和商业区的面积和人口
		农业、林业和畜牧业等区划	面积、位置、人口、户数、生产品种等规划概要
		其他	临河、海等城市的特殊区划,如港口、码头规划
9	城市能源规划	能源利用规划	能源消费预测、节能规划、能源构成
		能源环境影响预测	能源大气污染预测、热污染预测
		能源环境管理规划	能源政策、分配规划、控制能源产生污染的措施规划
10	城市交通规划	交通发展规划	城市道路、城市车辆类型、数量的发展规划及其环境影响,铁路、公路、航空、水运规划及其环境影响
		其他	改善环境的措施、交通环境设计
11	城郊环境规划		城郊生态环境特征及城乡关系分析
			乡镇企业发展及环境影响预测
			乡镇企业污染综合整治对策
			城郊农业环境保护及生态农业系统规划
12	绿化和生态调节区、特殊保护区规划		树种选择、郊区森林及城市各种绿地的规划
			绿地指标、城市周围建立自然保护区、生态调节区的规划
			特殊保护区(文物、古迹等)的规划
			旅游规划

9.2.3 城市生态规划

9.2.3.1 城市生态规划的概念

城市生态规划(urban ecological planning)是以生态学的理论为指导,对城市的社会、经济和生态环境进行全面的综合规划,以便充分有效和科学合理地利用各种资源条件,促进城市生态系统的良性循环,社会经济能够持续稳定地发展,为城市居民创造舒适、优美、清洁、安全的生产和生活环境。城市生态规划的目标是创建生态城市。

9.2.3.2 城市生态规划的基本原则

城市生态规划的对象是城市生态系统,而城市生态系统是一个自然－经济－社会复合生态系统,因此,城市生态规划既要遵循生态学原则,也要遵循经济学原则、社会学原则和复合生态系统原则。

1. 自然生态原则

虽然城市是一个人口高度密集、经济高度集约发展的空间地域,但是,任何城市都以一定的旗号背景、地形地貌背景、地质条件、水资源条件以及植被环境等作为其稳定发展的物质基础,这些条件是人类赖以生存和持续发展的自然基础,也往往成为城市发展的限制性因子,因此,在进行城市生态规划时,必须充分考虑自然环境特点,遵循自然生态法则。如在城市土地利用规划布局时,要尽量考虑城市重点地形地貌的保护、城市植被和生物多样性的保护、地质灾害的防治、城市湿地保护,尽量保持城市生态环境的自然特性,防止过多大面积连续的人工硬质景观建设,注重自然生态系统服务功能的维护,这也是生态城市建设所追求的目标。相反,如果不考虑自然生态运行的内在规律,势必造成城市水土流失、城市洪涝灾害、城市自然生态功能失调等严重的生态环境问题。

2. 经济生态原则

经济活动和经济发展是城市生态系统最重要的功能特征之一。因此,在城市生态规划时,在保护自然生态的同时,不能抑制经济生产活动。也就是说,城市生态规划一方面要体现经济发展的目标要求,另一方面要受到生态环境条件的制约。要在生态环境的承载力的允许范围内,优化城市产业结构和空间布局,最大限度地利用自然资源,保持物流、能流、信息流、人流、资金流的有序与高效运行,实现经济效益的最佳发挥。经济生态原则要求在进行城市生态规划时,必须大力发展循环经济和生态产业,加强城市和工业废弃物的无害化处理与资源化利用;必须处理好城市产业与产业之间的协调关系,处理好城市经济生产与消费市场之间的关系,处理好城市经济发展与城市外部的经济交流和资源供给等之间的关系,只有这样,才能保持城市经济的稳定、健康与持续发展。

3. 社会生态原则

城市不仅是一个经济集约生产的场所,而且也是人口高度聚集和生活的场所。城市社会经济是一个由人类主导的过程,人类不仅是城市建设和改造自然生态环境的主体,而且也是各种经济活动的主体。因此,在城市生态规划时,也必须同时考虑社会主体——人的价值需求、人对生态的需求、对人的生存权利,以及自我发展和自我价值实现的需求,充分体现"以人为本"的规划理念。在制订规划建设项目时,要符合公众的利益和需求,要加大公众参与的力度,要加大城市公共物品(交通设施、体育设施、娱乐设施、绿地系统等)的规划建设与提供,只有这样,规划建设的项目才具有社会可接受性和可操作性,规划建设出来的城市才能"适宜于生活"、"适宜于创业"和"适宜于发展"。

4. 复合生态原则

城市是自然生态因素、经济发展因素和社会因素相互交织、相互作用的复合生态系统，因此，在城市生态规划过程中，也必须遵循复合生态系统的原则，既要充分考虑生态平衡和生态经济平衡，更要注重生态－经济－社会平衡，例如，生态承载能力与经济发展规模的平衡、经济发展效率与社会需求之间的平衡、人口规模与社会就业之间的平衡、城市基础建设与人口对城市公共服务需求之间的平衡、经济发展与城市公共福利之间的平衡、人类生活和生存与生态系统服务功能提供之间的平衡、城市生态系统的各子系统之间的平衡、成熟生态系统与外部生态系统之间的协调与平衡等，对这些网状平衡的把握与应用是城市生态规划的最高境界，只有这样，制定出来的城市生态规划就是一个生态上合理、经济上可行、技术上可操作和社会可接受的生态规划。

9.2.3.3 城市生态规划的主要内容

由于城市生态规划的对象是城市自然－经济－社会复合生态系统，其规划建设的主导目标是建设生态城市，因此，城市生态规划也必然涉及城市生态系统的各个方面，具体而言，城市生态规划一般包括以下几个主要部分，如图9.2所示。

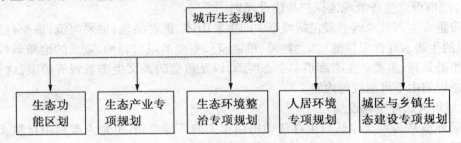

图9.2　城市生态规划的主要内容

1. 城市生态功能区划

生态功能分区规划是根据城市生态系统结构及其功能的特点，综合考虑地区生态要素的现状、问题、发展趋势及生态适宜度等，划分不同类型的单元，提出工业、生活居住、对外交通、仓储、公共建筑、园林绿化、游乐等功能区的划分以及大型生态工程布局的方案。充分发挥各地区生态要素的有利条件及其对功能分区的反馈作用，促使功能区生态要素朝着良性方向发展。

2. 城市生态产业发展规划

产业是城市经济发展的载体。根据生态城市和城市可持续发展的要求，生态产业发展是未来城市发展的必然方向。城市生态产业规划就是要根据循环经济理论和生态学理论，利用清洁生产技术和工艺对传统产业进行改造规划，制定新型生态产业发展项目，优化调整、组装于集成城市产业链，以及开展城市产业园的规划建设等。城市的未来产业发展定位主要是生态工业、生态服务业、环保产业、生态农业等方向。

3. 城市生态环境整治与生态建设规划

城市生态环境整治与生态建设是城市生态规划的重要内容之一。城市生态环境建设规划包括城市环境污染防治规划、城市绿地系统建设规划以及城市重点生态景观区保护与建设规划等内容。

(1) 城市环境污染防治规划

城市环境污染防治规划应从整体出发,实行主要污染物排放总量控制,根据各功能区不同的环境目标,实行分区生态环境质量管理,逐步达到生态规划目标的要求。环境污染防治规划的主要内容包括:大气污染控制、水污染控制、噪声污染控制、固体废物管理规划等。

(2) 城市绿地系统建设规划

城市绿地系统是指城市中具有一定数量和质量的各类绿化及其用地,相互联系并具有生态效益、社会效益和经济效益的有机整体。城市绿地系统为城市提供着重要的生态服务功能,包括改善生态环境质量、调节小气候、丰富与美化城市景观等各个方面。因此,是城市生态规划的重要内容之一。

城市绿地系统分布方式,一般要求均匀布置,结合各个城市的自然地形地貌特点,采取点(指均匀分布的小块绿地)、线(指道路绿地、城市组团之间、城市之间和城乡之间的绿带等)、面(指公园、风景区绿地)相结合的方式把绿地连接起来,形成有机整体。城市生态规划应制定城市各类绿地的用地指标,选定各项绿地的用地范围,合理安排整个城市园林绿地系统的结构和布局形式,合理设计群落结构、选配植物,并进行绿化效益的估算。

(3) 城市重点生态景观区保护与建设规划

城市重点生态景观区一般包括城市中的重要山体、重要湿地、重要河流、重要自然保护区、重要的生物多样性保留地(如动物园、植物园)、重要的城市林地、重要的地质景观、重要的农业生态景观、重要的生态廊道与生态屏障,以及重要的人文生态景观等类型,这些都是城市生态规划中不可忽视的内容。

4. 城市人居环境建设规划

人居环境是与人类生活与生存活动密切相关的环境空间,也是人类利用自然、改造自然的主要场所。"人居环境"就城市和建筑的领域来讲,可具体理解为人的居住生活环境,其核心是"人",因此,在人居环境建设规划中,必须以满足"人类居住"需要为目的,必须将人的居住、生活、休憩、交通、管理、公共服务、文化等各种复杂的要求在时间和空间上结合起来,要将人工建筑环境与自然环境融合起来,要将硬件建设(人居建筑及其附属设施)、软件建设(社区管理体制、社区文化)和心件(生理健康、心理健康)等结合起来,要将人居建筑的节能、节材、降耗、环保、安全、健康、循环、再生、和谐等作为规划目标,要充分体现人文关怀。

在城市人居环境建设规划中,应加强以下生态工程的设计与应用:

(1) 结构活化生态工程

将生态学原理应用于建筑结构设计中,赋予建筑以生命活力,使建筑具有当地文化特色,适应当地自然条件,充分体现自然、采光、隔热、制冷、绿化、美化及其他生态工程原理对建筑结构的要求。

(2) 能源优化生态工程

充分利用太阳能、风能、生物质能等可再生能源作为建筑能源,降低对化石能源的消耗。

(3) 生态建材利用工程

大力使用生态型建筑材料,生态建材利用工程主要是指建筑材料的可再生性、本土化、易得性;建筑材料生产及使用过程中对环境影响的最小化;以及对人体健康的无害化;建筑材料对建筑本身的安全性、节能性、经济性、对内外环境设计的适应性等。

(4) 生态智能系统工程

主要指按生态学原理及信息技术来设计的居住小区的通信系统、控制系统、安全系统及服务系统等智能化综合服务网络,可按不同消费水平设计不同档次的生态智能系统。

(5) 废弃物再生生态工程

可将干垃圾(生活垃圾)收集到小区外进行处理;湿垃圾采用庭院式小型发酵装置进行处理,发酵生产出来的肥料可用于小区绿化等方面。粪便可采用大、小便分离马桶系统(干式和沼气发酵式)进行处理,以达到"卫生、方便、节水、节能、经济"的目的。

(6) 活水净水生态工程

采用卫生净水供应系统,保障人饮用水卫生安全;设计雨水利用系统保证地下水的有效补充和水资源的充分利用;采用无动力厌氧和好氧结合的水处理集中水回用系统使水资源得到充分、合理的利用;"变静水为动水、死水为活水、污水为净水、废水为利水"。

(7) 景观生态工程

充分营造建筑的生态标识及生态空间,如绿色空间和建筑绿化、动植物生境和生物多样性的营造以及对水景观和其他人工景观的特异性、外观的易位户型、公共空间的绿化美化与香化、对当地自然环境的亲和性、适应性等生态目标的追求。充分体现地域特点,使当地自然生态景观、建筑风貌和本土历史文化融为一体,各具特色。

(8) 居室生态工程

实现居室内部的光、温、湿、气的生态调控,达到居室内部环境及设施的舒适性、无害性、方便性、经济性及生态合理性目标(包括居室内部的美化、绿化、生态美的体现、废弃物处理设施的优化设计等)。

(9) 土地恢复与再造生态工程

在生态居住小区合理或适当引进都市农业和庭院经济,在建筑的屋顶、中层及立面营造立体绿色空间,在一定程度上对建筑占用土地的原有生物生产或生态服务功能进行恢复,为居民生活提供一种接近自然的环境空间。

(10) 社区生态工程

以人体生态学、社会生态学、环境工程学、美学、心理学原理为基础,针对不同阶层和年龄人群的生态需求,进行社区人居环境的生态设计和管理,使人与环境、人与人得以和谐共生,使居民的生理、心理和文化需求均能得到满足,使建筑工程和自然生态及社会生态环境达到和谐与统一,如图9.3所示。

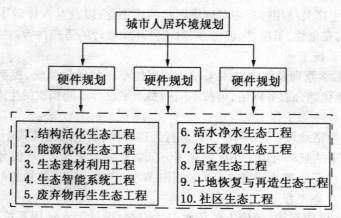

图 9.3　城市人居环境规划的基本思路与内容

5. 城乡一体化生态建设规划

城市与其周边乡村地区共同构成了城乡复合生态系统，二者之间相互作用、相互影响，它们之间不断地进行着物质、能量、信息和资金交流。一方面，乡村地区不断地为城区居民提供农产品、人力资源和各种生态服务，城区也不断为乡村地区提供市场、资金、信息和技术的支持。但另一方面，二者之间在生态环境污染上也会产生许多负面的影响，例如城市的"三废"物质排放直接影响其周边的乡村地区，同时，乡村地区农业的面源污染也会通过地表径流和地下径流影响城市地区，从而出现"城市辐射农村"以及"农村包围城市"的城乡复合污染与交叉污染的状态，最终周边乡村地区因环境污染而生产的污染农产品又被输送到城市市场，危害城市居民的健康。因此，在城市生态规划中，必须加强城乡一体化的生态环境建设规划，只有这样，才能实现城乡之间的社会经济协调发展和生态共融发展的目标。然而，在目前许多城市规划或城市生态规划中，往往只注重城区及其郊区的规划建设，而城市周边地区乡村地区的发展规划遭到忽视或弱化。

城乡一体化，简单地说，就是统筹城乡社会经济发展，推动城市和农村协调发展，农村居民和城市居民共享现代文明生活。城乡一体化不是城乡一样化，而是通过统一的城乡规划，打破城乡分割的体制和政策，加强城乡间的基础设施和社会事业建设，促进城乡间生产要素流动，逐步缩小城乡差别，实现城乡经济、社会环境的和谐发展。在城乡一体化生态建设规划时，应注意以下几个方面的问题：

①统筹城乡发展空间，实现城乡布局一体化；
②统筹城乡经济发展，实现产业构成一体化；
③统筹城乡基础设施建设，实现城乡服务功能一体化；
④统筹城乡生态建设，实现生态环境保护一体化；
⑤统筹城乡劳动就业，实现就业与社会保障一体化；
⑥统筹城乡生态文明建设，实现社会进步一体化（见图9.4）。

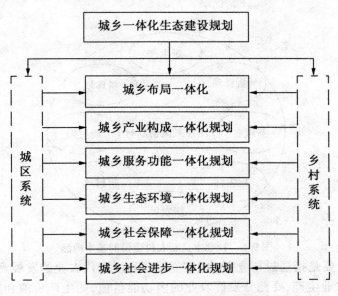

图9.4 城乡一体化生态建设规划的基本内容

9.3 新农村环境规划与生态村规划

9.3.1 新农村环境规划

1. 我国农村地区存在的主要问题

近20多年来,我国农村地区的居住条件得到较大改善,然而,大多数村庄建设缺少基本的建设规划,结果造成了诸多问题,如基础设施落后、土地资源浪费严重、地域文化传统丧失和住宅建设功能布局不合理等。

2. 新农村建设的主要任务

结合国家提出的建设社会主义新农村的历史任务,按照"生产发展、生活宽裕、乡风文明、村容整洁、管理民主"的要求,将"三农"问题统筹起来考虑,开展农村生态环境、农业经济、农村社会文化等多位一体的综合建设规划。

3. 新农村的内涵

社会主义新农村(new socialist countryside)建设不是一个新概念,20世纪50年代以来曾多次使用过类似提法,但在新的历史背景下,党的十六届五中全会提出的建设社会主义新农村具有更为深远的意义和更加全面的要求。新农村建设是在我国总体上进入"以工促农、以城带乡"的发展新阶段后而面临的崭新课题,是时代发展和构建和谐社会的必然要求。

党的十六届五中全会对新农村建设提出了"生产发展、生活宽裕、乡风文明、村容整洁、管理民主"的目标要求。这20个字的要求是一个有机整体,它涉及农村经济、社会、文化、政治和自然等各个层面。根据上述的目标要求,社会主义新农村主要体现在"新生产"、"新环境"、"新村貌"、"新生活"、"新村风"、"新管理"、"新服务"和"新农民"八个方面(见图

9.5)。

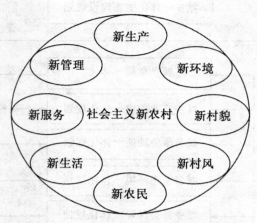

图9.5 社会主义新农村建设的基本内涵

"新生产"主要是指通过树立新的生产观,即运用现代农业的发展观点,发展高效、优质、健康的生态农业生产,要充分发挥农业的多功能价值,如生产价值和旅游观光价值;加强农业基础设施建设,大力推进农业的标准化和产业化生产,优化调整农业结构,摒弃和改造原有低效低质,以及"自给自足"的小农生产方式。

"新环境"是指要建设生态良好、卫生整洁的农村环境。尤其是要加强农村环境综合整治,包括道路硬化、区域水塘整治、垃圾收集与处理、停业整治以及绿化美化等工作,改变原有的"脏、乱、差"状况,创造环境优美的人居环境。

"新村貌"是指加强农村的整体功能区划,要合理布局,要体现生态美学特征。同时,在村民住宅建设设计方面,一要美观,体现出地方特色和地域风情的建筑风格;二要实用,房舍大小高低、内部结构、光照、保暖、通风等方面都要实用;三是要节约,包括节约土地、材料和能源。

"新生活"是指农民具有宽裕的经济收入,生活舒适,并可享受现代化服务(如交通、通讯、电视、网络等)和公共社会服务(如医疗、教育、科技、金融、娱乐休闲、各种保险等),在此基础上,建立健康的生活方式。

"新村风"主要是指要树立正确的价值观和人生观,树立社会主义的新风尚;加强村风民风建设;要移风易俗,破除陋习;建立团结互助、和睦友爱、诚信合作的村民关系;加强农村精神文明和生态文明建设,建立和谐的人地关系和人际关系。

"新管理"主要是指加强农村体制改革,加强农村的民主与法制建设,建立高效和谐的农村管理体系,以保障农村社会的有序运转与长治久安。

"新服务"主要是指要加大投入,加快农村公共服务体系的建设,增强农村全方位的社会服务功能,提高村民的生活质量,让广大村民充分享受改革开放的成果。

"新农民"主要是加强农民的基础教育、素质教育和职业培训工作,培养和造就"有文化、有理想、懂技术、会经营、守法纪、讲文明"的新型农民。

4. 新农村环境规划的内容

社会主义新农村建设规划的内容与生态村的规划内容有所不同,它不仅关注农业产业的发展规划和村庄建设规划,而且还注重农村社会文化建设、管理体制建设以及农村上层建筑建设等方面的发展规划,其涉及的面更宽。新农村建设规划的具体内容主要包括六个方面：①农村生态产业建设规划；②农村人居环境建设规划；③农村社会公共服务体系建设规划；④农村文化建设规划；⑤农村管理体制建设规划；⑥农业与农村生态环境综合整治规划（见图9.6）。

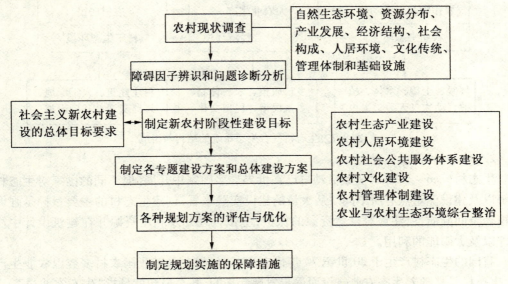

图9.6 社会主义新农村建设规划的基本程序与内容

9.3.2 生态村规划

9.3.2.1 生态村的概念与发展概况

近年来，随着农村社会经济的发展，农村产业结构和就业结构已发生了巨大改变，农业和整个农村的多元化功能也日益凸显，城乡统筹协调发展问题已经提到了议事日程，生态村的内涵也发生了变化。

1. 生态村的概念

生态村（或生态农村）也是一类重要的自然-经济-社会复合生态系统。它由自然生态子系统、经济生产子系统和社会生活子系统组成。其中人、农作物、家养动物是农村复合生态系统中最主要的生物组分。农村地区的气候、土壤、水体、自然植被、野生动物等是该复合生态系统中的自然环境步伐；村庄建筑、道路等基础设施是该复合生态系统中的人工环境组分；农村政策、农村体制、乡规民约、民俗文化等是该复合生态系统中的社会环境组分；农、林、牧、副、渔以及农产品加工、农业旅游业等构成劳改符号生态系统中的经济生产环境组分（见图9.7）。

与城市复合生态系统相比，农村复合生态系统拥有绝大比重的农作物触及生产者和畜禽次级生产者，因此，其重要的功能之一就是第一性和第二性生产功能。同时，农村生态系统拥有大面积的自然生态环境和生物组分，因此，该复合生态系统还可为人类提供重要的生态服务功能。在我国农村，生活着半数以上的人口，也是人口聚集的生态系统单元，因此，农村生态系统也担负着重要的生活功能。

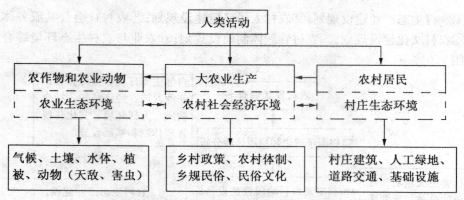

图9.7 生态村复合生态系统的结构与组成

2. 生态村的发展概况

生态村(eco-village)实践活动早已在世界许多国家中开展,但不同的国家对生态村的理解以及建设侧重点有所不同。从大量的建设实践来看,创建生态村的主要目标是强调土地覆盖空间异质性,注重对自然资源的保护,主张合理开发利用资源并在建筑设计中注重节能以及太阳能的利用。

我国的生态村产生于20世纪70年代末80年代初。由于我国农村多数以农业生产为主,生态村是伴随着生态农业建设而逐步发展起来的,甚至最初就是指"生态农业村"。"生态村是一个在自然村落或行政范围内充分利用自然资源,加强物质循环和能量转化,以取得生态效益、经济效益和社会效益同步发展的农业生态系统"是我国学者普遍认可的观点。如北京大兴区的留民营村,由于生态村试点成绩突出,1986年被联合国环境规划署评为"全球环保500佳",授予"中国生态农业第一村"的称号。我国早期生态村的建设,主要侧重在生态农业建设、生态工程建设(含种植工程、养殖工程、物质能量循环转化工程)以及农业生态系统的诊断等方面,生态村规划也只是围绕生态农业建设,较少涉及村庄的建设规划、空间布局、土地资源保护以及生态住宅设计等。

9.3.2.2 生态村规划基本原则与目标

生态村规划遵循三个原则:一是新农村建设与城市化相互协调;二是要保证粮食生产安全;三是要加强农村体制改革,还要更加重视农民的精神文化生活。

生态村设计的目标是可持续的农业和农村发展(Sustainable Agriculture and Rural Development, SARD)。其基本内涵包括:①"三个生"(生产、生活、生态)是SARD的永恒主题;②"三个农"(农民、农业、农村)是SARD的中心内容;③"三个原则"(公平性、持续性、共同性)是SARD的主张;④"三个持续性"(经济、社会、生态)是SARD的特征;⑤"三个良性循环"(经济良性循环、社会良性循环、自然良性循环)是SARD的运行机制;⑥"三个效益"(经济效益、社会效益、生态效益)是SARD的综合目的。

9.3.2.3 生态村规划的编制依据

生态村规划的编制依据是国家环境保护总局、地方环境保护局的相关规定和规划。具体来说,可以依据:国家环境保护总局制定的《关于开展全国生态示范区建设试点工作的通知》、《生态示范区建设规划编制导则》、《社会主义新农村建设试点达标参考指标》以及地方政府颁布的相关规划。

9.3.2.4 生态村规划的基本内容

根据生态村的内涵要求,以 SARD 为目标,充分发挥农村的"三生"功能,即所谓的生产－生活－生态功能。生态村的建设规划通常包括以下三个方面的内容,即农村生态产业规划、农村人居环境规划和农业与农村生态环境保护与生态建设规划(见图9.8)。

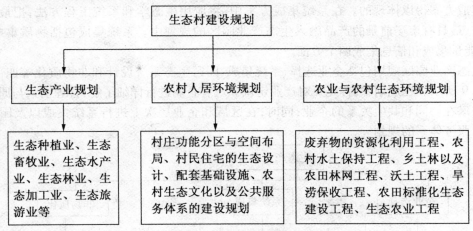

图 9.8　生态村建设规划的主要内容

生态产业规划的主要目标是发展现代高效生态农业,生产健康绿色产品。具体内容包括生态种植业、生态畜牧业、生态水产业、生态林业、生态加工业、生态旅游业的发展模式、技术支持及其空间布局与用地规划,以及规划村域内各产业之间的协调、对接与集成等内容的建设规划。

农村人居环境建设规划包括农村居民人口规模、居民点的选址与新村建设、旧村改造、村庄功能分区域空间布局、村民住宅的生态设计、村庄绿地、道路、通信与水电等配套基础设施的规划设计,以及农村生态文化与公共服务体系的建设规划等内容。

农业与农村生态环境保护与生态建设规划主要包括农业废弃物的资源化利用工程、农村水土保持工程、乡土林以及农田林网建设工程、沃土工程、旱涝保收工程、农田标准化生态建设工程、绿色食品或有机食品生产基地建设工程、生态农业工程(减少化肥农药使用)等的建设规划与设计。

9.4　生态产业园规划

9.4.1　生态产业园概念

生态产业园是在生态学、生态经济学、产业生态学和系统工程理论指导下,将在一定地理区域内的多种不同产业,按照物质循环、产业共生原理组织起来,构成一个资源利用具有完整生命周期的产业链和产业网,以最大限度地降低对生态环境的负面影响,求得多产业综合发展的资源循环利用体系。

9.4.2 生态产业园规划的内容

1. 系统集成

系统集成主要是在区域和企业层次上进行。物质、能量、信息的循环与共享是通过具体的集成方案得以体现的。在系统集成方案中,将应用生态学和系统工程方法,把最先进的工艺、最具有市场前景的产品融入生态产业园区的规划中。系统集成包括物质集成、水集成、能量集成和信息集成四个方面。

生态产业园区规划包括企业选择、系统集成、园区生态系统设计和非物质化等四部分,如图9.9所示。在规划中,首先要对产业定位和现有企业进行详细了解,合理引入与原有企业存在潜在协同和共生关系的企业;同时,在区域和企业层次上进行系统集成以及园区的管理与服务体系的规划。

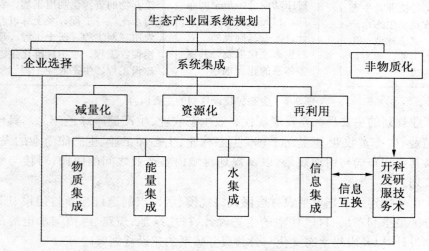

图9.9 生态产业园系统规划与设计框架图

(1) 物质集成

根据园区产业规划,确定企业间的上下游关系,并根据物质供需方的要求,运用过程集成技术,调整物质流动的方向、数量和质量,完成生态产业链网的构建。

(2) 能量集成

生态产业园区内,在各企业寻求各自的能源使用效率最大化的同时,实现园区内总能源的优化利用。另外,最大限度地使用可再生能源,如风能和太阳能等。减少能源消耗的主要途径:一是能源的梯级利用,另一种是热电联产。

(3) 水系统集成

水系统集成主要采用节水工艺、直接回用、再生回用、再生循环方式进行集成。由于下游企业使用的水质要求较低,因而可以采用上游企业的出水。在生态产业园设计时还应考虑建立具有收集和使用雨水的设施。

(4) 信息集成

信息集成是利用先进的信息技术对生态产业园区的各种信息进行系统整理,建立完善的信息库、计算机网络和电子商务系统,并进行有效的集成,充分发挥信息在园区内部、与外界交流以及对园区管理和长远发展规划中的作用。信息集成促进生态产业园内各企业之间有效的物质循环、能量利用、环境与生态协调,使其向成熟的产业生态系统发展。这些信息包括园区有害及无害废物的组成、废物的流向信息、相关生态链上产业(包括其辐射产业)的生产信息、市场发展信息、技术信息、法律法规信息、人才信息及其他相关领域信息等。

2. 管理与服务

生态产业园区需要政府、园区、企业三个层次进行生态化管理。政府着眼于宏观方面进行战略管理、政策导向、法规建设和建立激励机制;园区管理则侧重协调生产企业和技术、产品、环境、经济等多个部门的关系,保证物质、能量和信息在区域范围内的最优流动,达到园区能源和原材料使用最小、废物产生量最小的目的;企业管理主要推行清洁生产,节能降耗,按照废物交换关系优化原料－产品－废物的关系,保证高效、稳定的正常生产活动。

9.4.3　生态产业链的结构及构建

9.4.3.1　生态产业链的成员组成

根据各企业的特点和其在生态产业链中所处的位置,可将区内企业划分为物质生产者和技术生产者(生产者)、加工生产者(消费者)和还原生产者(分解者),由它们共同组成生态产业链和产业共生网络系统。

物质生产企业承担着不可再生资源和可再生资源的开发与利用,为工业生产提供初级原料和能源;技术生产者通过对园区各企业提供无形的技术支持,使各个企业以及整个生态链条都朝着更加丰富和完善的方向发展;加工生产企业将物质生产企业提供的初级原料或可作为原料的其他企业的副产物、废弃物,加工成满足人类生产生活所需的最终产品或中间产品;还原生产企业将生产过程中的各种副产物和废弃物进行资源化,或从中进行无害化处理,或提供给其他企业作为原料。为了构成高效的生态产业链,在园区内构建一些补链的辅助设施,以促进物质循环和能量的有效利用,使多个生产过程形成更高度交叉的生态链和产业网。

9.4.3.2　"关键种企业"的选定

在生态产业链设计时,应用生态学的关键种理论,选定"关键种企业"作为生态产业园的主要种群,构筑企业共生体。"关键种企业"是那些使用和传输的物质最多、能量流动的规模最为庞大;带动和牵制着其他企业、行业的发展,居于中心地位,也是生态产业链的链核,对构筑企业共生体和生态产业园的稳定起着重要作用的企业。因此,选定"关键种企业"构筑企业共生体,是发展生态产业的关键。如著名的卡伦堡生态产业园的 Asnaes 发电厂、日本太平洋水泥生态产业园的水泥厂和广西贵港生态产业园的糖厂,这些"关键种企业"是园区内产业链的链核。根据我国工业发展的特点,选定煤炭、火电厂、石油、石化、钢铁、水泥、电子行业、农副产品加工业作为"关键种企业"。

9.4.3.3　生态产业链的构建

生态产业链的构建是在企业内部、企业之间建立产业链乃至在更大范围建立生态工业网络以实现对物料和能量的更有效利用。

1. 物质循环生态产业链

生态产业园、生态产业网络中的各成员之间的进行物质传递、供应、副产品交换建立物质循环生态产业链。如山东鲁北生态产业系统的磷铵－水泥－硫酸联产(PSC)产业链,磷矿粉与硫酸制取得到的磷酸与合成氨反应制得磷铵;副产品磷石膏送往水泥厂生产水泥;富含 SO_2 的水泥窑气送往硫酸厂生产硫酸和液体 SO_2;硫酸送往磷铵厂完成 PSC 工艺的硫循环,液体 SO_2 作制溴原料。

2. 能量梯级利用生态产业链

生态产业园、生态产业网络成员依据能量的品质差异,进行"能量层叠"梯级利用,如热电联产、热电冷三联供。如河南商电铝业集团公司构筑的铝—电—热—化生态工业链,热电厂将生产的电力供给铝厂进行电解铝生产,剩余蒸汽供给化肥厂用于化肥生产,同时向市区居民供暖。

3. 水循环利用生态产业链

生态产业园构筑水循环利用生态产业链,循环利用、分级使用水资源,既可节约水资源,又可提高水的利用率。如朔州火电厂生态产业园水循环利用生态产业链,充分利用神头泉的天然泉水生产纯水;所有企业产生的废水进入废水处理厂,处理后的水用于清洁、灌溉和工业循环。

9.4.4 生态产业系统分析

生态产业系统分析是对一个已有的生态产业系统进行科学的分析和评价,定量地衡量其在各方面的主要特性,判断系统的发育状况,用以指导系统的进一步发展。一般的,对一个生态产业系统的分析包括代谢分析和资源分析。

1. 代谢分析

代谢分析是针对所有进出生产系统的物流和能流的输入和输出的平衡分析。该方法依据质量守恒定律,通过建立物质结算表,估算物质流动与储存数量,描述其行动的路线和复杂的动力学机制,同时指出它们的物理的和化学的状态。通过这种分析,可以为公众或是企业的决策者提供一幅详细的物流图,并从中可以看出某一地区或企业所具有的可持续发展的潜力。

利用代谢分析方法,通过绘制元素代谢网络,建立物质结算表,计算元素利用率(RU)及元素进入相关有用产品的比率和产品转入率(RT)即元素进入所有产品的比率,对鲁北生态产业系统中的磷、氟、氯、钙等元素的利用情况进行分析,结果表明磷元素、氟元素、氯元素、钙元素的 RU 值分别为 0.923、0.558、0.587 和 0.984;RT 值分别为 0.973、0.999、0.587 和 0.984。由此可以看出鲁北生态产业系统的物质利用情况已经达到了较高的水平,在系统中部分元素得到了循环利用,主要元素得到了充分利用,较好地体现了生态产业系统的物质利用原则。

2. 资源分析

资源分析是针对某种具体物质在一个储库内或几个储库间流动开展的分析。资源分析根据物质的化学形态开展不同层次的分析,即元素分析、分子分析、物质分析、材料分析。其中元素分析是一种比较常用且简单的资源分析方法,元素分析是研究某种元素从一个储库到另一个储库的迁移速率。资源分析的结果可以为提高资源循环利用率、评估现存的和潜在的各种环境危害和相关政策的实施提供依据。

采用了投入产出分析方法对鲁北生态产业系统的磷铵－水泥－硫酸联产产业链和海

水"一水多用"两条产业链中 S 元素的转化速率进行分析,得到 S 元素的系统平均路径长度 PL(即一股物流从进入系统到流出系统所经历的节点数)为 10.44,系统循环指数 CI(即元素在系统中的循环利用率)为 0.710。由此可知,在鲁北生态产业系统中,PSC 产业链的关键在于突破了磷石膏分解制水泥的技术难点,实现了 S 元素的循环;液态 SO_2 和磷石膏在园区的 S 代谢网络中将 PSC 和海水"一水多用"产业链关联起来,是两条链间主要的物质交换。

第10章 环境管理基础

10.1 环境管理的含义与特点

10.1.1 环境管理的含义

环境管理学是20世纪70年代初逐步形成的一门新兴学科,环境管理的思想来源于人类对环境问题的认识和实践。目前,环境管理还没有一个统一的定义。

1974年,休埃尔编写的《环境管理》中对环境管理的含义作了专门论述,指出"环境管理是对损害自然环境的质量的人的活动(特别是损害大气、水和陆地外貌的质量的人的活动)施加影响"。并说明,"施加影响"系指"多人协同活动,以求创造一种美学上令人愉快,经济上可以生存发展,身体上有益于健康的环境所作出的自觉的、系统的努力。"

1987年,刘天齐主编的《环境技术与管理工程概论》中对环境管理的含义做出了如下论述:"通过全面规划,协调发展与环境的关系;运用经济、法律、技术、行政、教育等手段,限制人类损害环境质量的活动,达到既要满足发展经济满足人类的基本需要,又不超出环境的容许极限。"

2000年,叶文虎主编的《环境管理学》中对环境管理的含义进行了归纳:"环境管理是通过对人们思想观念和行为进行调整,以求达到人类社会发展与自然环境的承载能力相协调。也就是说,环境管理是人类有意识地自我约束,这种约束通过行政的、经济的、法律的、教育的、科技的等手段来进行,它是人类社会发展的根本保障和基本内容。"

2000年,朱庚申主编的《环境管理学》认为:"环境管理是指依据国家的环境政策、环境法律、法规和标准,坚持宏观综合决策和微观执行监督相结合,从环境与发展综合决策入手,运用各种有效管理手段,调控人类的各种行为,协调经济、社会发展同环境保护之间的关系,限制任何损害环境质量的活动以维护区域正常的环境秩序和环境安全,实现区域社会可持续发展的行为总体。"

随着全球环境问题日趋严重,国内外学者对环境管理的认识也在不断深化。根据国内外学者的研究成果,要比较全面地理解环境管理的含义,必须注意以下几个基本问题:

(1)协调发展与环境的关系。建立可持续发展的经济体系、社会体系和保持与之相适应的可持续利用的资源和环境基础,这是环境管理的根本目标。

(2)动用各种手段限制人类损害环境质量的行为。人在管理活动中扮演着管理者和被管理者的双重角色,具有决定性的作用。因此,环境管理实质上是要限制人类损害环境质量的行为。

(3)环境管理和任何管理活动一样,也是一个动态过程。环境管理要适应科学技术经济规模的迅猛发展,及时调整管理对策和方法,使人类的经济活动不超过环境的承载能力和自净能力。

（4）环境保护是国际社会共同关注的问题，环境管理需要各国超越文化和意识形态等方面的差异，采取协调合作的行动。

10.1.2 环境管理的特点

环境管理具有五个显著特点，即二重性、综合性、区域性、广泛性和自适应性。

1. 二重性

管理作为一种社会活动，其本质具有二重性，即自然属性和社会属性。

管理的自然属性表明，管理是由劳动的社会化和生产力发展水平所决定的。管理是分工协作的共同劳动得以顺利进行的必要条件。共同劳动规模越大，劳动的社会化程度越高，管理也就越重要。而且，管理在社会劳动中还具有特殊的作用，只有通过管理才能把实现劳动过程所必需的各种要素结合成有机体，使各种生产要素发挥各自的作用。这些管理功能与社会制度、生产关系没有直接联系，由管理的自然属性决定。

管理的社会属性是与生产关系、社会制度的性质紧密相关的。因为管理是一种社会活动，管理必须且只能在一定的社会历史条件下和一定的社会关系中进行，因而也必须采取一定的社会组织形式来执行管理的职能。

管理的二重性是相互联系，相互制约的。一方面，管理的自然属性不可能孤立存在，总是在一定的社会制度和生产关系条件下发挥作用。而管理的社会属性也不可能脱离管理的自然属性而存在，否则管理的社会属性就会成为没有内容的形式；另一方面，两者又是相互制约的。管理的自然属性要求具有一定的"社会属性"的组织形式和生产关系与其适应。同样，管理的社会属性也必然对管理的科学技术等方面发生影响或制约作用。

2. 综合性

现代环境管理系统是大型复杂巨系统，其管理对象、管理内容、管理方法和手段具有高度的综合性。

环境管理的对象包括社会环境（人口控制、消费模式、公共服务、卫生健康、工业环境、能源利用等）、经济环境（经济政策、农业环境、工业环境、能源利用等）、自然环境（自然资源、生物多样性、荒漠化防治、固体废物无害化等）。而且，环境管理内容还要涉及战略、政策、规划、法规等上层建筑领域的内容。因此，必然形成包含自然科学、社会科学和管理科学等多门科学技术高度综合的学科体系。

环境管理的对象和内容必然涉及社会的、经济的、政治的因素，决定了环境管理必须采取经济、法律、规划、技术、行政、教育等综合手段和方法，才可能实施有效管理，达到管理目标。

3. 区域性

环境问题由于受自然条件、人类活动方式、经济发展水平和环境容量差异的影响，存在着明显的区域性特点。因此，按不同环境功能区划，实施区域性环境管理，是科学管理的重要特征。

我国幅员辽阔，地貌、地质、气候、生态情况复杂，东临高原，南方多雨，北方干旱，各省、市、自治区、经济区、特区、中心城市之间，自然环境、人口密度、资源分布、经济结构、产业布局各不相同，这就决定了环境管理必须根据区域环境特征，因地制宜采取不同对策，实行分区管理。

4. 广泛性

环境管理的实质是影响人的行为。人类都在一定的环境空间中生存,而人类活动又影响和损害着人类赖以生存的地球环境。因此,环境管理具有广泛性和群众性的特点。

保护和改善环境质量,必须依靠公众及社会团体的支持和参与。公众、团体和组织的参与方式和参与程度,将决定环境管理目标实现的进程。《环境保护法》中已经对公众参与环境管理作出明确的规定:"依靠群众,大家动手,保护环境,造福人民"。

团体及公众参与环境管理,急需要参与有关决策过程,特别是参与可能影响到他们生活和工作的社区决策,也需要参与对决策执行的监督。要积极促进青少年、妇女、工人和科技人员参与环境管理,这是实现环境管理目标的根本保证。

5. 自适应性

环境管理的自适应性是控制论中自适应系统概念在环境资源保护领域的具体应用。环境适应外界变化的能力,其本身就是一种宝贵的资源。例如,不可耗竭资源的再生能力,区域环境容量水平,大气、水体自净能力,以及自然界生物防治作物虫害的能力等。因此,了解和掌握环境自适应性特点,对于保护环境、资源,对于实施经济合理的环境对策,都具有实际意义。

10.2 环境管理的对象和内容

10.2.1 环境管理的对象

随着现代管理的发展,管理思想空前活跃,管理学派林立。但从研究管理对象出发,基本上可分为两大流派:管理科学和行为科学。

所谓管理科学也可称之为"管物说",它认为"管理是为实现预定目标而组织和使用各种物资资源的过程","组织是由作为操作者的人同物质技术设备所组成的人-机系统,在这个人-机系统中,对各种投入的资源进行加工,转变为产品或劳务输出"。"管物说"着重于数量研究,使管理精确化,其特点是以数学分析为基本方法,以电子计算机处理为基本手段,以最优化设计与选择为基本前提,保证人力资源和其他物力资源的合理使用,从而保证管理目标的实现。管理科学学派对管理学的发展作出了重大贡献,但是,该学派把人仅作为被动的资源,而人的作用及管理者的活动又往往不能计量,不能模式化,所以,在综合有效的管理中,该学派理论的应用只能是一个方面,不能代替其他的管理理论与方法。

所谓行为科学是以人的行为作为研究对象,也可以称之为"管人说",它研究了人们各种行为产生的原因及其规律性,分析各种因素对行为的影响,控制与改变人们的行为,为实现管理目标服务。行为科学是现代管理学的一个重要学派,它是相对于"管物说"——忽视人的因素而产生的。由美国哈佛大学教授梅奥创立的"人际关系学说"为后来的行为科学研究奠定了基础,对现在管理学的发展有着重要影响,促使管理发生了重大转变,即由原来的以"事"为中心的管理,发展到以"人"为中心的管理;由原来的对"纪律"的研究,发展到研究"行为";由原来的"监督管理",发展到"人性激发管理";由原来"独裁式管理",发展到"参与管理"。

进入20世纪70年代后,经济发达国家又提出了一种"最新管理"理论,即用系统理论把管理科学与行为科学加以综合而形成,所以又称为"系统管理理论"。经过20多年的发展,最新管理理论大体经历了三个阶段:①"两因素论";②"三因素论";③"多因素论"。所谓两因素论,就是认为管理系统是由人与物共同组成的系统,人的因素是"主体",物的因素是"被动的",使管理由重视物转变到重视人。所谓三因素论,就是在人和物两因素的基础上,又提出了"环境"因素。并强调必须对人和物以及环境三因素综合起来进行全面系统分析,促使管理理论又有了新的突破,即从"封闭系统"发展到"开放系统"。所谓多因素论,是把环境因素进一步细划为资金、信息和时空等因素,使管理的研究对象包括人、物、资金、信息、时空等5个方面。即应用系统论、信息论、控制论的观点,进一步促进了管理现代化的发展进程。

管理学由"现代管理"发展到"最新管理",在研究对象上,由重视物的因素发展到重视人的因素,又发展到重视资金、信息和时间等环境因素。对于环境管理,其研究对象也应包括人、物、资金、信息和时空等5个方面。

人是管理的一个主要对象,对于以限制人类损害环境质量的行为作为主要任务的环境管理来说尤其重要。管理包括对人的管理和对其他对象的管理,而对其他对象的管理又是靠人去推动和执行的。管理过程是一种社会行为,是人们相互之间发生复杂作用的过程。管理过程各个环节的主体是人,人与人的行为是管理过程的核心。1994年4月在北京举行的"21世纪中国的环境与发展研讨会"上,与会专家一致认为环境与发展问题"最关键的是人的悟性、人的素质,既包括所有社会成员,更重要的是领导层、决策层成员。几十年的历史已反复证明,一切环境的破坏,首先发端于各层各级的决策思想、决策方向,发端于各层各级干部们的行为准则。没有这个以干部为重点,以改变思想、改变观念、改变行为方式为目的的'一百年不变'的教育,没有科学思想、科学规律对干部、官员贯彻始终的理性约束,科学家们再多的忧心,再多的努力,再好的'蓝图',再多的工程技术系统体系,终将付诸东流"。这段论述充分说明了人与人的行为是管理过程的核心,也说明提高全社会的环境意识和可持续发展意识是当前和长远的重要任务,而且作为规范人们行为的法规、政策和制度的研究必然是管理的重要内容。

物也是管理的重要研究对象。按前述"管物说"的基本理论,环境管理也可认为是为实现预定环境目标而组织和使用各种物质资源的过程,即资源的开发利用和流动全过程的管理。物质资源是可持续发展的基础,没有合理的开发和使用,社会不可能持续发展。环境管理的根本目标是协调发展与环境的关系,这一目标要通过改变传统的发展模式和消费模式去实现,要管理好资源的合理开发利用,管理好物质生产、能量交换、消费方式和废物处理各个领域。科学技术是生产力,环境保护依靠科技进步。从这个角度出发,大力发展环境科学技术,促进科技成果的推广和应用,无疑也是环境管理的重要内容。

资金是管理系统赖以实现其目标的重要物质基础,也是管理的研究对象。经济发展消耗了环境资源,降低了环境质量,但又为社会创造了新增资本。如果说,物的管理侧重于研究合理开发利用资源,保护环境资源,维护环境资源的持续利用,避免造成难于恢复的严重破坏,那么,资金管理则应研究如何运用新增资本和拿出多少新增资本去补偿环境资源的损失。为了增强综合国力和提高人民生活水平,我国必须实现持续快速健康的经济增长,但不能破坏经济发展所依赖的资源和环境基础。因此,资源、环境与经济政策必须相辅相成。随着我国社会主义市场经济体制的发展,在政府的宏观调控下,市场价格机制应该在规范对环境的态度和行为方面发挥越来越重要的作用,这也应成为环境资金管理的重要内容。

信息系统是管理过程的"神经系统",信息也是管理的重要对象。管理中的物质流、能量流,都要通过信息来反映和控制。只有通过信息的不断交换和传递,把各个要素有机结合起来,才能实现科学的管理。在环境管理信息系统中,不仅需要考虑信息的数量和完备性,也需要充分考虑信息的质量和一致性。发展和采用现代化的信息采集、传输、管理、分析和处理手段,将地理信息系统、遥感、卫星通讯和计算机网络等高新技术应用于环境质量的监测、调查及评价中,建立环境管理信息系统和统计监测系统,将成为环境管理现代化的重要内容。

任何管理活动都是在一定的时空条件下进行的,环境管理的时空特性日益突出,则使时空条件成为其管理的研究对象。管理活动处在不同的时空区域,就会产生不同的管理效果。管理的效果在很多情况下也表现为时间节约。各种管理要素的组合和安排,也都存在一个时序性问题。按照一定的时序,管理和分配各种管理要素,则是现代管理中的一个重要问题。因此,时间是管理的坐标。管理学家德鲁克曾指出,时间是管理的最稀有和最特殊的资源。因为时间具有不可逆性,抓住时机、把握机遇是成功管理的关键。同时,空间区域的差别往往是环境容量和功能区划的基础,而这些时空条件又构成了成功管理的要旨。因此,对环境时空条件的研究,已成为现代环境管理的重要对象。

10.2.2 环境管理的内容

管理的内容是由管理目标和管理对象所决定的。环境管理的根本目标是协调发展与环境的关系,涉及人口、经济、社会、资源和环境等重大问题,关系到国民经济的各个方面,因此其管理内容必然是广泛的、复杂的。从总体上说,可以按照管理的范围和管理的性质进行分类。

10.2.2.1 按管理范围分类

1. 资源环境管理

自然资源是国民经济与社会发展的重要物质基础,分为可耗竭或不可再生资源(如矿产资源)和不可耗竭或可再生资源(如森林和草原)两大类。随着工业化及人口发展,人类对自然资源的巨大需求和大规模的开采及使用已导致资源基础的削弱、退化、枯竭。如何提高以最低的环境成本确保自然资源可持续利用,已成为现在环境管理的重要内容。其管理主要内容包括:水资源的保护与开发利用;土地资源的管理和可持续开发与保护;矿产资源的合理开发利用与保护;草地资源的开发利用与保护;生物多样性保护;能源的合理开发利用与保护等。

2. 流域环境管理

这是以特定流域为管理对象,以解决流域环境问题为内容的一种环境管理。根据流域的大小不同,流域环境管理可分为跨省域、跨市域、跨县域、跨乡域的流域环境管理。例如,中国针对淮河流域、太湖流域、辽河流域、黄河流域、珠江流域和松花江流域开展的环境管理就是典型的跨省域的流域环境管理,而滇池流域和巢湖流域的环境管理就是省域内的跨市域、跨县域的流域环境管理。

3. 区域环境管理

环境问题与自然环境及经济状况有关,存在着明显的区域性特征,因地制宜地加强区域环境管理是管理的基本原则。如何根据区域自然资源、社会、经济的具体情况,选择有利于环境的发展模式,建立新的社会、经济、生态环境系统,是区域环境管理的主要任务。其主要内容包括城市环境管理、地区环境管理、海洋环境管理、自然保护区建设和管理、风沙区生态建设和管理等。

4. 专业环境管理

环境问题与行业性质及污染因子有关,存在着明显的专业性特征。不同的经济领域会产生不同的环境问题。不同的环境要素往往涉及不同的专业领域。有针对性地加强专业化管理,是现代科学管理的基本原则。如何根据行业和污染因子(或环境要素)的特点,调整经济结构的布局,开展清洁生产和生产环境标志产品,推广有利于环境的实用技术,提高污染防治和生态恢复工程及设施的技术水平,加强和改善专业管理,是环境管理的重要内容。按照行业划分,专业管理包括工业、农业、交通运输业、商业、建筑业等国民经济各部门的管理,以及各行业、各企业的环境管理。按照环境要素划分,专业管理包括大气、水、固体废弃物、噪声以及造林绿化、防沙治沙、生物多样性、草地湿地及沿海滩涂、地质等环境管理。

10.2.2.2 按管理性质分类

1. 环境计划管理

计划是为实现一定目标而拟定的科学预计和判断未来的行动方案。计划主要包括两项基本活动:一是确定目标;二是决定实现这些目标的实施方案。计划能促进和保证管理人员在管理活动中进行有效的管理;计划是管理的首要职能。其主要任务是制定、执行、检查和调整各部门、各行业、各区域的环境规划,使之成为整个社会经济发展规划的重要组成部分。

2. 环境质量管理

保护和改善环境质量是环境管理的中心任务,环境质量管理是环境管理的核心内容。质量管理是指组织必要的人力和其他资源去执行既定的计划,并将计划完成情况和计划目标相对照,采取措施纠正计划执行中的偏差,以确保计划目标的实现。它是环境管理的组织职能和控制职能的重要体现,为落实环境规划,保护和改善环境质量而进行的各项活动,如调查、监测、评价、检查、交流、研究和污染防治等属于环境质量管理的重要内容。

3. 环境技术管理

环境管理需要综合运用规划、法治、行政、经济等手段,培养高素质的管理人才,采用先进的管理手段,建立和不断完善组织机构,形成协调管理的机制。要实现这一目标,必须不断健全环境法规、标准体系,建立现代管理体系,建立环境管理信息系统,加强环境教育和宣传,加强科学技术支持能力建设,加强国际科技合作和交流。而这些活动就构成了环境技术管理的主要内容。一句话,加强技术管理就是加强技术支持能力建设,依靠科技进步,实现规范、有效、科学的管理。

4. 环境监督管理

环境监督管理是指运用法律、行政、技术等手段,根据环境保护的政策、法律法规、环境标准、环境规划的要求,对各地区、各部门、各行业的环境保护工作进行监察督促,以保证各项环保政策、法律法规、标准、规划的实施。环境监督管理重点包括工业和城市布局的监督；新增污染源的控制监督；老污染源的控制监督；重点流域环境问题的监督；城市"四害"整治监督；乡镇企业污染防治的监督；自然保护区的监督；有毒化学品的监督等。

应该指出，以上按管理范围和管理性质所进行的管理内容分类，只是为了便于研究问题，事实上各类环境管理的内容是相互交叉渗透的关系，如图10.1 所示。如资源环境管理当中又包括计划管理、质量管理、技术管理和监督管理的内容。所以说，现代环境管理是一个涉及多种因素的综合管理系统。

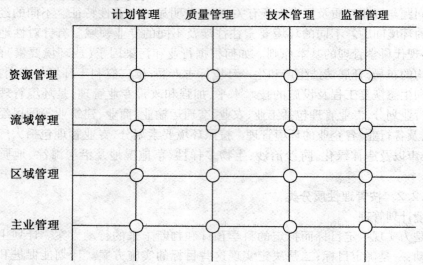

图 10.1 各类环境管理相互交叉渗透关系示意图

10.3 环境管理的方法和手段

10.3.1 环境管理方法

目前解决环境问题有两个途径：一是通过环境规划防止环境问题的发生；二是在有环境问题发生后及时采取相应的措施加以解决。无论是哪一种途径，都需要运用科学方法，寻求最佳途径。环境管理方法一般可分为相互联系的五个阶段，各个阶段可采用不同的方法，主要方法包括环境预测、环境评价和环境决策方法。当然，还有如系统工程方法、技术经济分析方法、运筹学方法等一些方法，但一般情况下不将这些方法视为环境管理方法。环境管理一般程序如图10.2 所示。

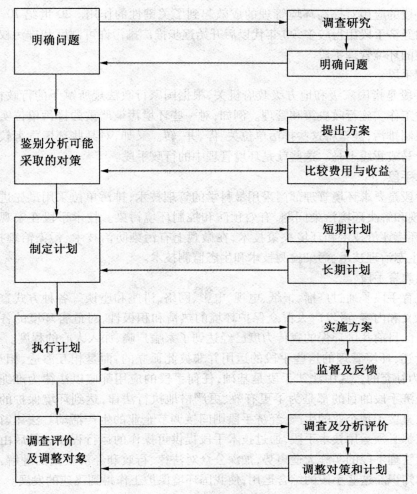

图 10.2　环境管理一般程序

10.3.2　环境管理手段

1. 法律手段

法律手段是指管理者代表国家和政府，依据国家环境法律、法规所赋予的，并受国家强制力保证实施的、对人们的行为进行管理以保护环境的手段。法律手段是环境管理的一个基本的手段，是其他手段的保障和支撑。环境管理一方面要靠立法，即把国家对环境保护的要求以法律的形式固定下来，强制执行；另一方面要靠执法，管理部门和司法部门要以法律的手段来制止破坏环境的违法行为，追究违反环境法律者的责任。我国自 20 世纪 80 年代开始，制定了一系列保护环境的法律、法规，形成了比较完善的环保法律框架，为其他环境管理手段的实施奠定了基础。

2. 经济手段

经济手段是利用价值规律的作用，通过采取鼓励性限制措施，促使排污单位减少，消除污染，来达到改善和保护环境的目的。通常采用的传统方式是税收调节、信贷调节、征收排污费、污染赔偿、污染罚款、奖励治污等措施。新兴的方式是排污许可制度和排污权交易制度。这些手段的应用对提高环境管理的成效起到了关键性的作用。20世纪70年代至80年代传统的经济手段用得较多,90年代以后开始逐步推广排污许可制度和排污权交易制度这两种新型的环境管理手段。

3. 行政手段

行政手段是指国家级和地方级政府机关,根据国家行政法规所赋予的行政权限,对环境资源保护工作实施行政决策和管理。例如,对一些环境污染严重的排污单位实施禁止排污或严格限制排污,甚至将这些排污单位关、停、并、转。又如,对某些环境危害较大的项目不予审批上马或暂缓上马。这些就是环境管理中的行政手段。

4. 技术手段

技术手段是要求环境管理部门采用最科学的管理技术,排污单位采用最先进的治理技术,不断发现和解决环境污染问题,有效预防和控制环境污染。技术手段在宏观上有环境预测技术、环境评价技术和环境决策技术,在微观上有污染防治技术、污染治理技术、生态建设技术、生态治理技术、污染检测技术和生态监测技术。

5. 宣传教育手段

宣传教育手段是通过广播、报纸、电视、电影、网络、讲座和座谈等各种方式宣传环境保护的重要意义和内容,激发广大群众保护环境的热情和积极性,对危害环境的各种行为实行舆论监督。目前我国环保的宣传力度已经达到了家喻户晓、深入人心的程度。

综上所述,环境管理的这些手段的运用并非彼此孤立的,而是相互渗透、相互交叉、相互依存、互为补充的。其中法律手段是基础,任何手段的应用都应以法律为准绳。运用行政手段和经济手段的目的都是为了更有效、更严格地执行法律,达到环境保护的目的。行政手段往往直接干预企业的生产,经济手段则间接调节企业的生产活动。法律、行政、经济手段的实施都必须运用技术手段,通过技术手段提供可操作的运行程序。最后由宣传手段为其他环境管理手段的实施大造声势,加深公众对法律、行政和经济政策的理解,普及环境保护的技术知识。这些手段的综合运用,使我国环境保护工作得到飞速的发展。

第 11 章　环境管理与可持续发展

11.1　环境管理思想和理论学派

环境管理的思想和实践有着悠久的历史。中国春秋战国时代就有保护正在怀孕或产卵期的鸟兽鱼鳖的"永续利用"思想和定期封山育林的法令。英国伦敦在 13 世纪 70 年代就有人曾颁布了一项禁止使用烟煤的法令,到 14 世纪就有人因燃烟煤污染环境引起公愤,而被吊死。但是,人类真正开始认识环境问题还是在 20 世纪 60 年代之后。震惊世界的"八大公害"事件所造成的危害,引起了西方工业国家的人民对公害的强烈不满,促使一批科学家积极参与环境问题的研究,发表了许多报告和著作,形成了有代表性的观点和学派,并对环境管理思想和理论的发展产生了重要的影响。

11.1.1　R·卡逊和《寂静的春天》

《寂静的春天》这本书于 1962 年在美国波士顿出版,已被译成多种文字。作者 R·卡逊(Rachel Carson)是美国海洋生物学家。在 20 世纪 50 年代末,美国的环境问题开始突出时,她花了 4 年时间遍阅美国官方和民间关于使用杀虫剂造成危害情况的报告,在此基础上写成了该书。

《寂静的春天》描述了杀虫剂污染带来严重危害的景象。杀虫剂污染使许多鸟类绝迹,从南极的企鹅到北极的白熊,甚至在爱斯基摩人身上都发现了 DDT 成分。通过污染物迁移、转化的描写,阐明了人类同自然界的密切关系,初步揭示了污染对生态系统的影响,提出了现代生态学研究所面临的生态污染问题。

这本书在美国出版后引起了巨大轰动,直接导致了美国本土的杀虫剂禁用,同时还促使联邦政府制定了一系列的环境立法,将环境保护纳入国家公共政策。最重要的是,它唤醒了人们沉睡的生态保护意识,在世界范围内掀起了一场声势浩大并延续至今的环保运动。正因如此,卡逊被称为"现代环保之母",而《寂静的春天》也被看做是现代环境运动的滥觞。

11.1.2　罗马俱乐部和《增长的极限》

罗马俱乐部是一个跨国学术团体,该俱乐部组织了一个由多国科学家、学者组成的专家小组,进行了为期一年多的研究,于 1972 年发表了著名的《增长的极限》研究报告。

《增长的极限》的主要论点是:人类社会的增长是由五种相互影响、相互制约的发展趋势所构成的,即加速发展的工业化,人口剧增,粮食短缺和普遍营养不良,不可再生资源枯竭,以及生态环境日益恶化。这五种增长都呈现指数增长特征。人口增长和人均生活水平的提高,需要更多的粮食和工业产品,从而使耕地需要量和工业生产量也呈指数增长。工业的发展,不可再生资源消耗的增长,使排入环境的污染物增长,使生态环境日益恶化。环境破坏是受上述多种趋势综合作用的产物,其增长速度将超过人口增长和工业增长。由于地球的有限性,这五种趋势的增长是有限的。如果超越这一极限,后果很可能是人类社会突然地无可挽救地瓦解。

《增长的极限》指出人们为了追求经济增长,开始着手对付并采取各种措施来削弱限制因素,以保持继续增长的势头,如以发展科学技术来解决环境问题。科学技术能够解决某些当前问题,但不可能从根本上解决发展的无限性与地球的有限性这一基本矛盾。科学技术只能推迟"危机点"的出现,延长增长的时间,但它无法消除"危机点"。因此,人口和经济的增长是有限度的,一旦达到这个限度,增长就会被迫停止。

《增长的极限》得出的结论是,人类社会经济的无限增长是不现实的,而等待自然极限来迫使增长停止又是难以接受的。人类社会应走最可取的道路——人类自我限制增长。"自我限制"方案要点如下:

(1)保持人口的动态平衡。让每年出生的人口等于每年死亡的人数,使总人口数保持相对不变。

(2)保持资本拥有量的动态平衡。让每年新增投资额等于每年的资本折旧额,使总资本保持不变。

(3)大力发展科学技术。尽可能地提高土地的生产率,尽可能地减少生产每一单位产品所消耗的资源数量和排放的污染物量。

《增长的极限》所提出的思想和理论,被后人称为"零增长"学派。

《增长的极限》出版后,引起了世界上广泛的、激烈的辩论。它所提出的五种发展趋势被人们归纳为"人口、资源、发展、环境",成为世人关注的"四大"爆炸性全球问题。被后人称为环境保护的先知先觉的罗马俱乐部的各国学者,在唤醒世人的环境意识方面具有功不可没的历史地位。他们的研究,引发了第一次环境管理思想的革命,促使人们认真地考虑未来社会的发展模式,促进了可持续发展战略的提出。当然,由于历史的局限性和思想的局限性,"零增长"学派对人类发展的认识存在明显缺陷。诚然,发达的资本主义国家,实行高生产、高消费政策,过多地浪费资源,应该适当限制,但发展中国家的环境问题,却主要是由于贫困落后、发展不足和发展中缺少妥善管理环境所造成的。因此,要在发展中解决环境问题,也只有处理好发展与环境的关系,才能从根本上解决环境问题。

11.1.3 "宇宙飞船经济"理论

1960年,美国学者鲍丁提出的"宇宙飞船经济"理论,指出我们的地球只是茫茫太空中一艘小小的宇宙飞船,人口和经济的无序增长迟早会使船内有限的资源耗尽,而生产和消费过程中排出的废料将使飞船污染,毒害船内的乘客,此时飞船会坠落,社会随之崩溃。为了避免这种悲剧,必须改变这种经济增长方式,要从"消耗型"改为"生态型",从"开环式"转为"闭环式"。经济发展目标应以福利和实惠为主,而并非单纯地追求产量。

"宇宙飞船经济"理论明确地对传统发展战略提出挑战,对现代可持续发展战略的形成起到了积极的促进作用。该理论在现代环境管理思想和理论的发展过程中占有重要的一页。

11.1.4 《只有一个地球》

《只有一个地球》的副标题是"对一个小小行星的关怀和维护",是一本讨论全球环境问题的著作。该书是英国经济学家 B·沃德(B. Ward)和美国微生物学家 R·杜博斯(R. Dubos)受联合国人类环境会议秘书长 M·斯特朗(M. Strong)委托,为 1972 年在斯德哥尔摩召开的联合国人类环境会议提供的背景材料,材料由 40 个国家提供,并在 58 个国家 152 名专家组成的通信顾问委员会协助下完成的。全书从整个地球的发展前景出发,从社会、经济和政治的不同角度,评述经济发展和环境污染对不同国家产生的影响,呼吁各国人民重视维护人类赖以生存的地球。该书已译成多种文字出版,所阐述的许多观点对现代环境管理思想和理论的形成与发展产生了重要影响。

综上所述,在 20 世纪 60 年代末到 70 年代初,一大批科学家、学者投身环境保护的行列,各学派的思想、理论及著作,对推动各国的环境管理产生了广泛的影响,提高了世人对环境问题的认识,引发了第一次环境管理思想的革命。尽管这些被后人称为环境保护的先驱人物与学派的思想和理论因受历史条件和专业角度的局限,难免带有片面性,但是,它们对于同代环境管理思想的产生和发展所起到的推动作用是巨大的。

11.2 环境管理发展史上的第一座里程碑

11.2.1 联合国人类环境会议

人们在总结上述环境保护先驱人物和学派的思想及理论的基础上,对环境管理的认识上升到了一个新的高度,考虑到需要取得共同的看法和制定共同的原则,联合国于 1972 年 6 月 5 日~6 日在瑞典的斯德哥尔摩主持召开了人类环境会议。这是世界各国政府共同讨论当代环境问题,探讨保护全球环境战略的第一次国际会议。1972 年 6 月 16 日第 21 全体会议通过了《联合国人类环境会议宣言》(简称《宣言》),呼吁各国政府和人民为维护和改善人类环境,造福全体人民,造福子孙后代而共同努力。

为了鼓舞和指导世界各国人民保持和改善人类环境,《宣言》将会议形成的共同看法和制定的共同原则加以总结,提出了 7 个共同观点和 26 项共同原则。

1. 共同观点

(1)人是环境的产物,也是环境的塑造者。当代科学技术发展迅速,使人类已具有以空前的规模改变环境的能力。自然环境和人为环境对于人的福利和基本人权,都是必不可少的。

(2)保护和改善人类环境关系到各国人民的福利和经济发展,是人民的迫切愿望,是各国政府应尽的责任。

(3)人类总是要不断地总结经验,有所发现,有所发明,有所创造,有所前进。人类改变环境的能力,如妥善地加以运用,可为人民带来福利;如运用不当,则对人民和环境造成不可估量的损害。现在地球上许多地区出现日益加剧危害环境的迹象,在人为环境,特别是生活和工作环境中也已经出现了有害人体身心健康的重大缺陷。

(4)在发展中国家,多数环境问题是发展迟缓引起的。因此,他们首先要致力于发展,同时也要照顾到保护和改善环境。在工业发达国家,环境问题一般是由工业和技术发展产生的。

(5)人口的自然增长不断引起环境问题,因此要采取适当的方针和措施,解决这些问题。

(6)当今的历史阶段要求世界各国人民在计划行动时更加谨慎地考虑到将给环境带来的后果。为当代和子孙后代保护好环境已成为人类的追求目标,这同和平、经济和社会的发展目标完全一致。

(7)为达到这个环境目标,要求每个公民、团体、机关、企业都负起责任,共同创造未来的世界环境。各国中央和地方对大规模的环境政策和行动负有特别重大的责任。对于区域性和全球性的环境问题,在共同利益的前提下,由各国进行广泛合作,由国际组织采取行动。

2. 共同原则

在上述共同观点的指导下,《宣言》提出了 26 项共同原则,归纳起来,可分为 8 个方面。

(1)人人都有在良好的环境里享受自由、平等和适当生活条件的基本权利,同时也有为当今和后代保护和改善环境的神圣职责。要支持各国人民进行反环境污染的正当斗争,要谴责种族隔离和歧视、殖民及其他形式的压迫和外国统治的政策。要求全部销毁核武器和其他一切大规模毁灭性武器,使人类及其环境免遭这些武器的危害。

(2)保护地球上的自然资源,包括空气、水、土地和动植物,特别是自然生态系统的代表样品以及濒于灭绝的野生生物,保护大自然,保护海洋。对于可更新资源和不可更新资源的开发和利用在规划时要妥善安排,以防将来资源枯竭。有毒物质排入环境应以不超出环境自净能力为限度。

(3)经济和社会的发展是人类谋求良好的生活和工作环境、改善生活素质的必要条件。一切国家的环境政策都应增进发展中国家现在和将来的发展潜能。鼓励各国向发展中国家提供财政和技术援助。推进发展工作,要针对发展中国家的情况和特殊需要,提供援助以保护和改善环境。

(4)各国在从事发展设计时要统筹兼顾,使发展经济和保护环境相互协调。在从事人类居住地和城市规划设计时要避免对环境产生不利影响,以谋求最大的社会经济效益和环境效益。必须指定适当的国家机关负责环境管理,提高环境素质。

(5)因人口自然增长过快或人口过分集中而对环境产生不利影响的区域,或因人口密度过低而妨碍发展的区域,有关政府应采取适当的人口政策。

(6)一切国家,特别是发展中国家应倡导环境科学的研究和推广,相互交流经验和最新科学资料。鼓励向发展中国家提供不造成经济负担的环境技术。

(7)依照联合国宪章和国际法原则,各国具有按其环境政策开发其资源的主权权利,同时也负有义务,不致对其他国家和地区的环境造成损害。对他国和他地造成污染和其他环境损害,应规定出损害赔偿责任的国际法准则。

(8)关于保护和改善环境的国际问题,国家不论大小,以平等地位,本着合作精神,通过多边和双边合作,对所产生的不良环境影响加以有效控制或消除,妥善顾及有关国家的主权和利益。各国应确保各国际组织在环境保护方面的有效和有力的协调作用。

在人类环境会议上,首次明确提出了"必须委托适当的国家机关对国家的环境资源进行规划、管理或监督,以期提高环境质量。"《宣言》所提出的7个共同观点和26项共同原则,初步构筑起环境管理思想和理论的总体框架。明确提出自然资源保护原则、经济和社会发展原则、人口政策原则、国际合作原则,以及通过制订发展规划、设置环境管理机构、开展环境科学技术研究等多种途径加强环境管理。

11.2.2 联合国资源利用、环境与发展战略方针专题讨论会

1974年,在墨西哥由联合国环境规划署(UNEP)和联合国贸易与发展会议(UNCTAD)联合召开了资源利用、环境与发展战略方针专题讨论会。会议进一步讨论了《宣言》所提出的共同观点和共同原则,并在以下几方面取得了一致的看法。

(1) 经济和社会因素,例如,财富和收入分配方式,国内和国家间谋求发展而引起的问题及偏私的经济行为,常常是环境退化的根本原因。

(2) 满足人类的基本需要是国际社会和各国的主要目标,尤其重要的是满足其中最穷阶层的需要。但是必须不侵害生物圈的承载能力的外部极限。

(3) 不同国家中不同的团体,对生物圈提出明显不同的要求。富国先占有了许多廉价的自然资源,且不合理地使用自然资源,造成挥霍浪费,因而穷国往往没有任何选择的余地,只有去破坏生死攸关的自然资源。

(4) 发展中国家不要步入工业化国家的后尘,而应走自力更生的发展道路。

(5) 发达国家与发展中国家,两者为选择发展方式和新的生活方式所做的探索,是协调环境与发展目标的手段。

(6) 我们这一代应具有远见,应考虑后代的需要,而不要只想尽先占有地球的有限资源,污染它的生命维持系统,危害未来人类的幸福,甚至使其生存也受到威胁。

这次会议就上述内容概括出了三点带有启发性的见解:

第一,全人类的一切基本需要应得到满足;

第二,既要发展以满足需要,但又不能超过生物圈的容许极限;

第三,协调两个目标的方法就是加强环境管理。

墨西哥会议是人类环境会议的继续和发展。更进一步明确了环境管理的任务就是协调发展与环境的关系,促使现代环境管理步入了迅速发展的道路。

人类环境会议和墨西哥会议所提出的观点、原则和见解,是人类对环境问题认识的重大转变,是环境管理思想的一次革命,是环境管理发展史上的第一座里程碑。

11.3 环境管理发展史上的第二座里程碑

11.3.1 《我们共同的未来》——可持续发展战略的提出

进入20世纪80年代之后,尽管人类对环境与发展的认识和实践都有飞跃,一些发达国家的环境质量有所改善,但就全球而言,环境与生态的危机仍然日趋严重。针对人类面临的南北问题、裁军和安全、环境与发展问题,联合国成立了由当时的西德总理勃兰特、瑞典

首相帕尔梅和挪威首相布伦特兰为首的三个高级专家委员会,经过几年的努力,三个委员会分别发表了《共同的危机》、《共同的安全》、《共同的未来》三个著名的纲领性文件。这三个文件都不约而同地得出了"世界各国必须组织实施新的持续发展战略"的同样结论,并且一再强调持续发展不仅是20世纪末,也是21世纪发达国家、发展中国家的共同发展战略,是整个人类求得生存与发展的唯一可供选择的途径。

挪威首相布伦特兰夫人领导的联合国世界环境与发展委员会,集中世界最优秀的环境、发展等方面的著名专家学者用了900天时间,到世界各地实地考察,写成了《我们共同的未来》这份报告。1987年2月,委员会在日本东京召开的第八次委员会上通过了这项报告,后来又经第42届联大辩论通过。

《我们共同的未来》是关于人类未来的纲领性文献。它以丰富的资料论述当今世界环境与发展方面存在的问题,提出了处理这些问题的具体的和现实的行动建议。

该报告阐明了世界环境与发展委员会的总观点:"从一个地球到一个世界"。地球是人类赖以生存的家园,只有一个地球。当今世界面临着共同的行动,即"对未来的希望取决于现在就开始管理环境资源,以保证持续的人类进步和人类生存的决定性的政治行动。"并向全人类严肃地发布警告——"一个立足于最新和最好科学证据的紧急警告:现在是采取保证使今世和后代得以持续生存的决策的时候了。我们没有提出一些行动的详细蓝图,而是指出一条道路,根据这条道路,世界人民可以扩大他们合作的领域。"这条道路就是持续发展的道路。

该报告首先在总结人类的成功与失败的经验教训中,将人类的失败,概括为"发展"的失败和"人类环境管理"的失败。这是人类面临的共同问题。发展的失败反映在"世界上挨饿的人比任何时候都要多,而人数仍在继续增加。同样,文盲的数量、无安全饮用水的人、无安全像样住房的人,以及没有足够柴火用于做饭和取暖的人的数目也在增加。富国和穷国之间的鸿沟正在扩大,而不是缩小。"环境管理的失败表现在世界上"存在着急剧改变地球和威胁地球上许多物种,包括人类生命的趋势。"如"酸雨"破坏了森林、湖泊和各国艺术、建筑遗产;"温室效应"使全球气候逐渐变暖,并到21世纪初可能将全球平均气温提高到足以改变农业生产区域、提高海平面使沿海城市被淹;"臭氧层破坏"将使癌症发病率急剧提高,并使海洋食物链遭到破坏,有毒物质进入人的食物链和地下水层,且达到无法清除的地步。

这些失败的教训告诉人们:"经济发展问题和环境问题是不可分割的;许多发展形式损害了它们所立足的环境资源,环境恶化可以破坏经济发展。贫穷是全球环境问题的主要原因和后果。因此,没有一个对造成世界贫困和国际不平等的因素的更广泛的认识,处理环境问题是徒劳的。"

报告通过对环境现状的分析进一步对未来的危机进行预测,指出"这些不是孤立的危机:环境危机、发展危机、能源危机",它们是"互相关联的危机","是一个危机"。这种危机感的产生,"这些相关的变化将全球的经济和全球的生态以新的形式联结在一起"。标志着人类对环境问题的认识达到了新的高度。

由罗马俱乐部《增长的极限》和人类环境会议所引发的"第一次环境管理思想的革命",以及人们对经济发展给环境带来的影响的关注,认识到,不考虑环境的经济运行不经济的后果。《我们共同的未来》则强调了"生态压力——土壤、水域、大气和森林的退化对经济前景产生的影响予以关注。"人们的认识转到怎样达到有利于环境的经济发展方式上。并且强调需要形成一个"更加广阔的观点"。这也可以认为是环境管理思想的又一次重大变革。

这个变革的核心仍是环境与发展的关系,这个"更加广阔的观点"就是"持续发展"。由于世界各国存在的国情差异,实施持续发展的具体方法必然存在差别。又因为各国面临共同的问题和挑战,实施持续发展必然有其共同的规律和任务。报告就此问题,提出了"抓住根本"实施政策和机构的改革。

报告明确指出,在20世纪80年代发展与环境危机的具体条件下,寻求持续发展的要求是建立新的政治体系、经济体系、社会体系、生产体系、国际体系和管理体系,促进人类之间及人类与自然之间的和谐。

该报告以丰富的实地考察调研所获得的资料和数据,深刻地揭示了当今世界环境与发展之间所存在的问题的根源,提出了持续发展战略和实施持续发展的政策导向和现实行动方案,初步形成了新形势下环境管理思想和理论的改革思路,引发了现代环境管理思想的第二次革命。

11.3.2 联合国环境与发展大会

1992年6月3日~14日,联合国环境与发展会议在巴西里约热内卢召开,183个国家代表团、102位政府首脑或国家元首参加了会议。这次大会讨论了人类生存面临的环境与发展问题,通过《里约环境与发展宣言》、《21世纪议程》、《气候变化框架公约》、《生物多样性公约》和《关于森林问题的原则声明》等重要文件和公约。这次会议被认为是人类迈入21世纪的意义最为深远的一次世界性会议。

《里约环境与发展宣言》重申了1972年6月16日在斯德哥尔摩通过的联合国《人类环境宣言》的观点和原则,并在认识到地球的整体性和相互依存性的基础上,对加强国际合作,实行可持续发展,解决全球性环境与发展问题,提出了27项原则。

该宣言首先明确提出可持续发展的定义原则:"人类应享有以与自然相和谐的方式过健康而富有生产成果的生活的权利,"并"公平地满足今世、后代在发展与环境方面的需要"。

其次,该宣言进一步明确了实现可持续发展的国际合作原则,即包括所有国家和所有人都应在根除贫穷这一基本任务上进行合作的原则;优先考虑不发达国家和发展中国家利益的原则;发达国家在追求可持续发展的国际合作中负有主要责任的原则;减少和消除不能持续的生产和消费方式并推行适当人口政策的原则;在环境立法、环境标准制定中不得要求发展中国家承担与其经济发展水平不相适应的义务的原则;不得以环境为借口设置贸易壁垒的原则;和平、发展和保护环境不可分割的原则;解决国际环境争端的原则等。

再次,该宣言进一步重申了公众参与可持续发展的原则,即包括公众参与各项决策进程、获得环境资料、使用司法和行政程序,以及充分发挥妇女、青年参与实现持续发展,保护土著居民及其社区等原则。

最后,该宣言还进一步强调了可持续发展进程中环境管理的实施原则,即包括预防为主的原则;污染者承担污染费用的原则;环境影响评价原则;防止污染转嫁的原则和公共资源管理原则等。

《里约宣言》所确立的基本原则,是国际环境与发展合作的基础。

在联合国环境与发展大会首脑会议上一致通过的《21世纪议程》是一个广泛的行动计划。该议程共分五个部分:引言;第一部分,社会和经济方面;第二部分,发展的资源保护和管理;第三部分,加强主要团体的作用;第四部分,实施的方法。该议程提供了一个从20世纪末至21世纪的行动蓝图,涉及了与地球持续发展有关的所有领域,其内容综合考虑到政治、社会、经济、人口、资源、环境,提出了公平兼顾当代和后代福利的持续发展实施方案,是关于可持续发展观念付诸实施的行动纲领,也为构筑可持续发展的环境管理的思想和理论框架起到了重要的指导作用。

联合国环境与发展大会的召开,标志着人类对环境问题的认识上升到了一个新的高度,是环境管理思想的又一次革命,是环境管理发展史上的第二座里程碑。以这次大会为标志,人类对环境与发展的认识提高到了一个崭新的阶段。大会为人类高举可持续发展旗帜,走可持续发展之路发出了总动员,使人类迈出了跨向新的文明时代的关键性一步。

11.4 可持续发展战略的内涵

可持续发展战略作为一个全新的理论体系,正在逐步形成和完善,其内涵与特征引起了全球范围的广泛关注和探讨。各个学科从各自的角度对可持续发展进行了不同的阐述,至今尚未形成比较一致的定义和公认的理论模式。尽管如此,其基本含义和思想内涵却是相一致的。

11.4.1 可持续发展的定义

1. 布伦特兰的可持续发展定义

《我们共同的未来》对可持续发展的定义:"既满足当代人的需求,又不对后代人满足其自身需求的能力构成危害的发展"。这一概念在1992年联合国环境与发展大会上取得共识。即可持续发展是"不断提高人类生活质量和环境承载能力的、满足当代人需求又不损害子孙后代满足其需求能力的、满足一个地区或一个国家的需求又不损害别的地区或国家人民满足其需求能力的发展。"可持续发展意味着维护、合理使用并且加强自然资源基础,这种基础支撑着生态环境的良性循环及经济增长。可持续发展意味着国家内和国际的公平,涉及国内合作和跨越国界的合作。还意味着要有一种支援性的国际经济环境,从而实现各国持续的经济增长与发展,这对于环境的良好管理也具有很重要的意义。此外,可持续发展表明在发展计划和政策中纳入对环境的关注与考虑,而不代表在援助或发展资助方面的一种新形式的附加条件。以上论述,包括了两个重要概念:一是人类要发展,要满足人类的发展需求;二是不能损害自然界支持当代人和后代人的生存能力。

2. 着重于自然属性的定义

生态学中所谓"生态持续性"(Ecological Sustainability)主要指自然资源及其开发利用程度间的平衡。1991年,国际生态学联合会(INTECOL)和国际生物科学联合会(IUBS)探讨了可持续发展的自然属性,将可持续发展定义为"保护和加强环境系统的生产更新能力",即可持续发展是不超越环境系统再生能力的发展。此外,从自然属性方面定义的另一种代表是从生物圈概念出发,即认为可持续发展是寻求一种最佳的生态系统以支持生态的完整性和人类愿望的实现,使人类的生存环境得以持续。

3. 着重于社会属性的定义

1991年,由世界自然保护同盟、联合国环境规划署和世界野生动物生物基金会共同发表了《保护地球——可持续生存战略》(Caring for the Earth: A strategy for sustainableliving)。其中提出的可持续发展定义是:"在生存不超出维持生态系统涵容能力的情况下,提高人类的生活质量",并进而提出了可持续生存的9条基本原则,强调了人类的生产方式与生活方式要与地球承载能力保持平衡,保护地球的生命力和生物多样性。报告还着重论述了可持续发展的最终目标是人类社会的进步,即改善人类生活质量,创造美好的生活环境。报告认为,各国可以根据自己的国情制定各自的发展目标。但是,真正的发展必须包括提高人类健康水平,改善人类生活质量,合理开发、利用自然资源,必须创造一个保障人们平等、自由、人权的发展环境。

4. 着重于经济属性的定义

1989年,巴伯把可持续发展定义为:"在保护自然资源的质量和其所提供服务的前提下,使经济发展的净利益增加到最大限度"。还有1990年皮尔斯提出,可持续发展是"今天的资源使用不应减少未来的实际收入"。当然,定义中的经济发展已不是传统的以牺牲资源与环境为代价的经济发展,而是"不降低环境质量和不破坏世界自然资源基础的经济发展"。科斯坦萨等人把可持续发展定义为:"可持续发展是动态的人类经济系统与更大程度上动态的,但正确条件下变动更缓慢的生态系统之间的一种关系,这种关系意味着:人类文化能够发展;但这种关系也意味着人类活动的影响保持在某些限度之内,以免破坏生态学上的生存支持系统的多样性,复杂性和功能"。这些定义不管哪一种表达,都认为可持续发展的核心是经济发展。

5. 着重于科学属性的定义

从技术选择的角度扩展的可持续发展的定义为:"可持续发展就是转向更清洁、更有效的技术,尽可能接近'零排放'或'密闭式'的工艺方法,尽可能减少能源和其他自然资源的消耗。"还有的学者提出:"可持续发展就是建立极少产生废料和污染物的工艺或技术系统。"他们认为污染并不是工业活动不可避免的结果,而是技术水平差、效率低的表现。他们主张发达国家与发展中国家之间进行技术合作,缩短技术差距,提高发展中国家的经济生产能力。

6. 着重于人与自然相协调的定义

1995年召开的"全国资源环境与经济发展研讨会"上,给可持续发展的定义是:"可持续发展的根本点就是经济社会的发展与资源环境相协调,其核心就是生态与经济向协调";另一种定义则认为可持续发展即是谋求在经济发展、环境保护和生活质量的提高之间实现有机平衡的一种发展。

11.4.2 可持续发展战略的基本思想

可持续发展是一个涉及经济、社会、文化、技术及自然环境的综合概念。它是一种站在环境和自然资源角度提出的关于人类长期发展的战略和模式,不是一般意义上所指的在时间和空间上的连续,可持续发展强调环境承载能力和资源的永续利用对发展进程的重要性和必要性。它的基本思想主要包括三个方面。

1. 鼓励经济增长

它强调经济增长的必要性,并通过经济增长提高当代人福利水平,增强国家实力和社会财富。但可持续发展不仅要重视经济增长的数量,更要追求经济增长的质量,也就是说经济发展包括数量增长和质量提高两部分。数量的增长是有限的,而依靠科学技术进步,提高经济活动中的效益和质量,采取科学的经济增长方式才是可持续的。因此,可持续发展要求重新审视如何实现经济增长。要达到具有可持续意义的经济增长,必须审计使用能源和原料的方式,改变传统的以"高投入、高消耗、高污染"为特征的生产模式和消费模式,实施清洁生产和文明消费,从而减少每单位经济活动对环境的压力。

2. 资源的永续利用和良好的生态环境

经济和社会发展不能超越资源和环境的承载能力。可持续发展以自然资源为基础,同生态环境相协调。它要求在严格控制人口增长、提高人口素质和保护环境、资源永续利用的条件下,进行经济建设,保证以可持续的方式使用自然资源和环境成本,使人类的发展控制在地球的承载力之内。可持续发展强调发展是有限制条件的,要实现可持续发展,必须使自然资源的耗竭速率低于资源的再生速率,通过转变发展模式,从根本上解决环境问题。如果经济决策中能够将环境影响全面系统地考虑进去,这一目的是能够达到的。但如果处理不当,环境退化和资源破坏的成本就非常巨大,甚至会抵消经济增长的成果。

3. 谋求社会的全面进步

发展不仅仅是经济问题,单纯追求产值的经济增长不能体现发展的内涵。可持续发展的观念认为,世界各国的发展阶段和发展目标可以不同,但发展的本质应当包括改善人类生活质量,提高人类健康水平,创造一个保障人们平等、自由、教育和免受暴力侵害的社会环境。这就是说,对于人类社会的可持续发展,经济发展是基础,自然生态保护是条件,社会进步才是目的。而这三者又是一个相互影响的综合体,只要社会在每一个时间段内都能保持与经济、资源和环境的协调,这个社会就符合可持续发展的要求。显然,在新的世纪里,人类共同追求的目标,是以人为本的自然-经济-社会复合系统的持续、稳定、健康的发展。

11.4.3 可持续发展的原则

可持续发展主张公平分配,既满足当代人又满足后代人的基本需求;主张建立在保护地球自然系统基础上的持续经济发展;主张人类与自然和谐相处。从中所体现的基本原则有如下内容。

1. 公平性原则

可持续发展的公平性原则包括两个方面:一是当代人的公平,即代内之间的横向公平。可持续发展要满足所有人的基本需求,给他们机会以满足他们要求过美好生活的愿望。当今世界贫富悬殊、两极分化的状况完全不符合可持续发展的原则。因此,要给世界各国以公平的发展权、公平的资源使用权,要在可持续发展的进程中消除贫困。各国拥有按其本国的环境与发展政策开发本国自然资源的主权,并负有确保在其管辖范围内或在其控制下的活动,不致损害其他国家或在各国管理范围以外地区的环境责任。二是代际间的公平,即世代的纵向公平。人类赖以生存的自然资源是有限的,当代人不能因为自己的发展与需求而损害后代人满足其发展需求的条件——自然资源与环境,要给后代人以公平利用自然资源的权利。

2. 持续性原则

可持续发展有着许多制约因素,主要限制因素是资源与环境。资源与环境是人类生存与发展的基础和条件,离开了这一基础和条件,人类的生存和发展就无从谈起。因此,资源的永续利用和生态环境的可持续性是可持续发展的重要保证。人类发展必须充分考虑资源的临界性,必须适应资源与环境的承载能力,以不损害支持地球生命的大气、水、土壤、生物等自然条件为前提,换言之,人类在经济社会的发展进程中,需要根据持续性原则调整自己的生活方式,确定自身的消耗标准,而不是盲目地、过度地生产、消费。

3. 共同性原则

可持续发展涉及全球的发展。尽管不同国家的历史、经济、文化和发展水平不同,可持续发展的具体目标、政策和实施步骤也各有差异,但是,公平性和可持续性却是一致的。并且要实现可持续发展的总目标,必须争取全球共同的配合行动。这是由地球整体性和相互依存性所决定的。因此,致力于达成既尊重各方的利益,又保护全球环境与发展体系的国际协定,至关重要。正如《我们共同的未来》中写的"今天我们最紧迫的任务也许是要说服各国,认识回到多边主义的必要性","进一步发展共同的认识和共同的责任感,是这个分裂的世界十分需要的"。这就是说,实现可持续发展需要人类共同促进自身之间、自身与自然之间的协调,这是人类共同的道义和责任。

4. 需求性原则

需求性原则即要满足所有人的基本需求,向所有人提供实现美好生活愿望的机会。主要包括三种需求:①基本需求,维持正常的人类活动所必需的基本物质和生活资料;②环境需求,人类在基本需求满足后,为了使自己的身心健康、生活更和谐所需求的条件;③发展需求,基本需求得到满足后,人类为了使生活更充实和进一步向高层次发展所需要的条件。

11.5 自然资源——可持续发展的物质基础

可持续发展的物质基础是资源的持续培育与利用。缺乏或失去资源,人类将难以生存,更不可能持续发展。因此,可持续发展的关键,就是要合理开发和利用自然资源,使再生性资源能保持其再生能力,非再生性资源不至过度消耗并能得到替代资源的补充,环境自净能力能得以维持。人类对自然资源的巨大消耗和大规模的开采,已导致资源基础的削弱、退化、枯竭,如何以最低的环境成本确保自然资源的可持续利用是可持续发展面临的一个重要问题。

11.5.1 自然资源的分类

自然资源是指自然界中能够被人类利用的物质和能量的总和。随着社会发展和技术进步,人类可以利用的自然物质与能量的范围逐步扩大。自然资源所包括的物质内容也将不断扩大。

自然资源可分为可耗竭资源(不可再生资源)和可更新资源(可再生资源)。通常将在对人类有意义的时间范围内,资源质量保持不变,资源蕴藏量不再增加的资源称为可耗竭资源。可耗竭资源按其能否重复使用,又分为可回收的可耗竭资源(如金属等矿产资源)和不可回收的可耗竭资源(如煤、石油、天然气等能源)。能够通过自然力保持或增加蕴藏量的自然资源是可更新资源,财产权可以确定,且能够被私人所有和享用,并能在市场上进行交易的可更新资源是可更新商品性资源(如私人土地上的农作物、森林等);不为任何特定的个人所拥有,但能为任何人所享用的可更新资源是可更新公共物品资源(如公海鱼类资源等)。

11.5.2 自然资源的特征

不同类型自然资源的结构、功能、分布及储量等特性各不相同。但是它们一般均具有稀缺性、区域性、多用性及整体性等共同特征。

1. 稀缺性

自然资源的稀缺性是指发育于地球之中的所有资源都是有限的。不可更新资源的稀缺性显而易见,而可更新资源的自然再生、补充能力也同样有限。当人类对其开发利用量超过自然更新能力时,就会导致资源量的逐渐枯竭,因而可更新资源也具有稀缺性。严格来说,即使是像太阳能、潮汐能、风能等似乎是取之不尽、用之不竭的非耗竭性资源,也同样具有稀缺性。因为,一方面,受科学技术水平的制约,人类对这些资源的利用能力十分有限;另一方面,地球在一定时段内接收、产生这些资源的量也是一定的,对某些特定的区域更是如此。所以,稀缺性是地球上所有资源的共同属性之一,也是导致目前资源、环境面临十分严峻局面的原因之一。

2. 区域性

自然资源的区域性是指自然资源不是均匀地分布在任一空间范围,它们总是相对聚集于某一区域,并且质量也有显著不同。例如,我国的自然资源的分布就具有明显的地域性,煤、石油和天然气等能源资源主要分布在北方,而南方则蕴含丰富的水资源。自然资源分布与组合的明显地域差异,影响着经济的布局、结构、规模与发展,使资源的运输和调配成为必然。

3. 多用性

自然资源的多用性是指各种自然资源具有提供多种用途的可能性。自然资源除了可为人类社会经济活动提供必要的物质基础外,还是自然生态环境的重要组成部分。例如,煤炭资源不仅可作为燃料,还是重要的化工原料;水资源不仅用于工业生活,还兼有航运、发电、灌溉、养殖、娱乐、调节气候等功能;土地资源不仅可为人类生产粮食和蔬菜,还可用来筑路、盖房、修建公园等;森林既能向人们提供木材和各种林、特产品,同时又具有涵养水源、调节气候、保护野生动物植物、美化环境等功能。自然资源的多用性为开发、利用资源提供了选择的可能性。人类不能仅局限于资源的某一种功能而必须充分发挥其各种利用潜力。

4. 整体性

自然资源的整体性是指自然资源本身是一个庞大的生态系统。自然界的各种资源之间既相互联系,又相互制约,构成了一个有机的整体。人类活动对其中任何一组分的干扰都可能会引起其他组分的连锁反应,并导致整个系统结构的变化。因此,在开发利用的过程中,必须统筹安排、合理规划,以确保生态系统的良性循环。

11.6 可持续发展战略的实施途径

11.6.1 全球《21 世纪议程》

1. 全球《21 世纪议程》的基本思想

全球《21 世纪议程》深刻指出,人类正处于一个历史的关键时刻,国家之间和各国内部长期存在经济悬殊现象,贫困、饥荒、疾病和文盲有增无减,赖以维持生命的地球生态系统继续恶化。如果人类不想进入不可持续的绝境,就必须改变现行的政策,综合处理环境与发展问题,提高所有人,特别是穷人的生活水平,在全球范围更好地保护和管理生态系统。要争取一个更为安全、更为繁荣、更为平等的未来,任何一个国家不可能仅依靠自己的力量取得成功,必须联合起来,建立促进可持续发展全球伙伴关系,只有这样才能实现可持续发展的长远目标。

《21 世纪议程》的目的是为了促使全世界为下一世纪的挑战做好准备。它强调圆满实施议程是各国政府必须首先负起的责任。为了实现议程的目标,各国的战备、计划、政策和程序至关重要,国际合作需要相互支持和各国的努力。同时,要特别注重转型经济阶段许多国家所面临的特殊情况和挑战。它还指出,议程是一个能动的方案,应该根据各国和各地区的不同情况、能力和优先次序来实施,并视需要和情况的改变不断调整。

2. 全球《21 世纪议程》的主要内容

《21 世纪议程》涉及人类可持续发展的所有领域,提供了 21 世纪如何使经济、社会与环境协调发展的行动纲领和行动蓝图。它共计 40 多万字,整个文件分四个部分。

第一部分,经济与社会的可持续发展。包括加速发展中国家可持续发展的国际合作和建立有关的国内政策,消除贫困,改变消费方式、人口动态与可持续能力,保护和促进人类健康、促进人类居住区的可持续发展,将环境与发展问题纳入决策进程。

第二部分,资源保护与管理。包括保护大气层;统筹规划管理陆地资源的方式;禁止砍伐森林,脆弱生态系统的管理和山区发展;促进可持续农业和农村的发展;生物多样性保护;对生物技术的环境无害化管理;保护海洋,包括封闭和半封闭沿海区,保护、合理利用和开发其生物资源;保护淡水资源的质量和供应——对水资源的开发、管理和利用;有毒化学品的环境无害化管理,包括防止在国际上非法贩运有毒废料、危险废料的环境无害化管理、对放射性废料实行安全和环境无害化管理。

第三部分,加强主要群体的作用。包括采取全球性行动促进妇女的发展;青年和儿童参与可持续发展、确认和加强土著人民及其社区的作用;加强非政府组织作为可持续发展《21 世纪议程》的倡议;加强工人及工会的作用、加强工商界的作用、加强科学和技术界的作用、加强农民的作用。

第四部分,实施手段。包括财政资源及其机制;环境无害化(和安全化)技术的转让;促进教育、公众意识和培训,促进发展中国家的能力建设;国际体制安排,完善国际法律文书及其机制等。

11.6.2 《中国21世纪议程》主要内容

《中国21世纪议程》是中国实施可持续发展战略的行动纲领,是制定国民经济和社会发展中长期计划的指导性文件,同时也是中国政府认真履行1992年联合国环境与发展大会的原则立场和实际行动,表明中国在解决环境与发展问题上的决心和信心。《中国21世纪议程》为中国21世纪的发展描绘了一幅宏伟蓝图。

中国是在人口基数大、人均资源少、经济和科技水平都比较落后的条件下实现经济快速发展的,这使本来就已经短缺的资源和脆弱的环境面临更大的压力。在这种形势下,我国政府认识到,只有遵循可持续发展的战略思想,从国家整体的高度协调和组织各部门、各地方、各社会阶层和全体人民的行动,才能顺利完成预期的经济发展目标,才能保护好自然资源和改善生态环境,实现国家长期、稳定的发展。

《中国21世纪议程》共20章,78个方案领域,主要内容分为四大部分。

第一部分,可持续发展总体战略与政策。论述了实施中国可持续发展战略的背景和必要性,提出了中国可持续发展战略目标、战略重点和重大行动,包括建立中国可持续发展法律体系,制订促进可持续发展的经济技术政策,将资源和环境因素纳入经济核算体系,参与国际环境与发展合作的意义、原则、立场和主要行动领域。《中国21世纪议程》特别强调了可持续发展能力建设,包括建立健全可持续发展管理体系,费用与资金机制,加强教育,发展科学技术,建立可持续发展信息系统,促使妇女、青少年、少数民族、工人和科学界人士及团体参与可持续发展。

第二部分,社会可持续发展。包括人口、居民消费与社会服务,消除贫困,卫生及健康,人类居住区可持续发展和防灾等。其中最重要的是实行计划生育,控制人口数量,提高人口素质,包括引导建立适度和健康消费的生活体系;强调尽快消除贫困,提高中国人民的卫生和健康水平;通过正确引导城市化,加强城镇用地规划和管理,合理使用土地;加快城镇基础设施建设,促进建筑业发展,向所有的人提供住房,改善居住区环境,完善居住区功能;建立与社会主义经济发展相适应的自然灾害防治体系。

第三部分,经济可持续发展。把促进经济快速增长作为消除贫困、提高人民生活水平、增强综合国力的必要条件,其中包括可持续发展的经济政策、农业与农村经济的可持续发展、工业与交通、通信业的可持续发展、可持续能源和生产消费等部分。着重强调利用市场机制和经济手段推动可持续发展,提供新的就业机会,在工业活动中积极推广清洁生产,尽快发展环保产业,提高能源效率与节能,开发利用新能源和可再生能源。

第四部分,资源的合理利用与环境保护。包括水、土等自然资源的保护与可持续利用,还包括生物多样性保护、防治土地荒漠化、防灾减灾、保护大气层(如控制大气污染和防治酸雨)、固体废物无害化管理等。着重强调在自然资源管理决策中推行可持续发展影响评价制度,对重点区域和流域进行综合开发整治,完善生物多样性保护法规体系,建立和扩大国家自然保护区网络,建立全国土地荒漠化的监测和信息系统,开发消耗臭氧层物质的替代产品和替代技术,大面积造林,建立有害废物处置、利用的新法规和技术标准等。

第 12 章　中国环境政策和法规体系

12.1　基本国策

　　基本国策是基本国情决定的某类具有全局性、长期性、战略性意义的问题的系统对策，反映了国家在解决此类问题上的国家意志，具有高层次、长时效、广范围、跨部门等特点。任何一类基本国策的制定、实施情况，都会对国家全局的政治稳定、经济发展、社会和谐产生重大、长期的影响。因此，基本国策在整个政策体系中应处于最高层次，应规定、制约和引导着一般的具体政策的制定和实施，并为相关领域的政策协调提供上位性依据。

　　在 1983 年 12 月召开的中国第二次环境保护会议上，把环境保护确定为中国的一项基本国策。为什么把环境保护作为一项基本国策呢？这是由以下三个方面原因所决定的。

12.1.1　是中国的国情决定的

　　中国虽然资源丰富，但人均占有量很低。例如，中国的水资源总量占世界第 6 位，但人均拥有量仅为世界人均水平的 1/4，排世界第 103 位，是世界上 13 个贫水国之一；中国的森林资源总量占世界第 5 位，但人均占有森林面积相当于世界人均森林面积的 1/6，人均蓄积量仅为世界人均水平的 1/8，排世界第 119 位；中国土地资源居世界第 3 位，但人均耕地面积仅为 0.10 ha，是世界平均的 43%。这几个例子表明我国资源总量占世界前几位，但从人均量来看我国还是个资源短缺的国家。我国是一个人口大国，生产力发展水平低，科学技术不发达，生产手段落后，这就从客观上决定了中国的原材料利用率低，浪费惊人，中国的能源结构以煤为主，更是加重污染状况。加之过去对环境保护没有充分重视，全民族环境意识差，国家政策存在失误，致使许多地区出现对生态资源进行盲目过度开发，大范围的生态破坏和环境污染造成的危害，有的后遗症至今难以消除。因此，如不抓紧环境保护工作，在未来一定时期，中国的环境污染和破坏，将会像人口问题一样，成为非常难以解决的问题。为防止这种自毁家园、祸及未来子孙的悲剧发生，中国把环境保护列为一项基本国策是非常及时、非常正确的。

12.1.2　是治理污染和防止生态进一步破坏决定的

　　进入 20 世纪 80 年代，我国的生产规模迅速增长，以城市为中心的环境污染仍在发展，并急剧向农村蔓延，这些给环境造成的压力越来越大。中国的基本环境状况是"局部有所控制、总体还在恶化、前景堪忧"，搞不好就会使环境污染和生态破坏进一步加剧。2002 年 3 月 5 日，朱镕基总理在政府工作报告中语气沉重地说，我国生态环境问题相当严重。随着人口的急剧增加和社会经济的快速发展，环境问题已经成为影响我国社会主义现代化建设和人民群众生产、生活的首要问题。

中国的环境污染主要包括水环境污染、大气环境污染、固体废物污染和噪声污染。其中水污染、大气污染和固体废物污染非常严重。

1. 水污染

2007年《中国环境状况公报》的统计数据显示，全国长江、黄河、珠江、松花江、淮河、海河和辽河等七大水系197条河流407个断面中，Ⅰ～Ⅲ类、Ⅳ～Ⅴ类和劣Ⅴ类水质的断面比例分别为49.9%、26.5%和23.6%。其中，珠江、长江总体水质良好，松花江为轻度污染，黄河、淮河为中度污染，辽河、海河为重度污染。全国28个国控重点湖（库）中，满足Ⅱ类水质的2个，占7.1%；Ⅲ类的6个，占21.4%；Ⅳ类的4个，占14.3%；Ⅴ类的5个，占17.9%；劣Ⅴ类的11个，占39.3%。在监测的26个湖（库）中，重度富营养的2个，占7.7%；中度富营养的3个，占11.5%；轻度富营养的9个，占34.6%。城市内湖均为劣Ⅴ类，存在着严重的水体富营养化问题。南水北调东线工程沿线总体为中度污染。

全国海洋天然重要渔业水域监测面积为1 609万ha，无机氮、活性磷酸盐、石油类、化学需氧量、汞、铜超标面积分别占监测面积的74.4%、66.9%、40.4%、17.4%、3.4%、3.2%。其中与前几年相比，石油类的超标面积有所上升，无机氮的超标面积略有上升。

2. 大气污染

我国大气污染的特点主要是由能源结构决定的，属于煤烟型污染。我国能源结构中有75%是由煤为原料组成的。二氧化硫严重超标，酸雨态势扩大，出现酸雨的城市占全国城市半数以上。全国地级及以上城市（含地、州、盟首府所在地）空气质量达到国家一级标准的城市占2.4%，二级标准的占58.1%，三级标准的占36.1%，劣于三级标准的占3.4%。颗粒物年均浓度达到二级标准的城市占72.0%，劣于三级标准的占2.2%。

二氧化硫年均浓度达到二级标准的城市占79.1%，劣于三级标准的占1.2%。全国重点城市113个环境保护重点城市空气质量达到二级标准的城市占44.2%，三级的占54.9%，劣于三级的占0.9%。全国监测的500个城市（县）中，出现酸雨的城市281个，占56.2%；酸雨发生频率在25%以上的城市171个，占34.2%；酸雨发生频率在75%以上的城市65个，占13.0%。酸雨覆盖面积已占国土面积的30%以上，我国已成为继欧洲、北美之后的世界第三大重酸雨区。

3. 固体废物

我国固体废弃物污染呈加重趋势。主要表现为固体废物产生量持续增长，工业固体废物每年增长7%，城市生活垃圾每年增长4%；固体废物处置能力明显不足，大部分危险废物处于低水平综合利用或简单储存状态，城市生活垃圾无害化处置率仅达到20%左右，垃圾围城的状况十分严重。老的固体废物造成的环境问题尚未得到有效解决，新问题接踵而来。废弃电器产品等新型固体废物不断增长，农村固体废物污染问题日益突出。2007年，全国工业固体废物产生量为175 767万t，危险废物产生量为1 079万t。固体废物的扬尘污染大气，渗漏液污染地下水和地表水，堆放物在农田，造成土壤质量下降，成为重大的环境隐患。

4. 噪声

全国目前城市区域声环境质量处于较好水平，但仍然有接近1/3的城市区域声环境质量属轻度污染和中度污染。全国环境保护重点城市也有近1/3的区域环境噪声质量属轻度污染和中度污染。

我国生态问题主要表现在以下几个方面：

1. 水土流失严重

中国的水土流失严重，治理的速度赶不上破坏的速度。水土流失面积从建国初期的116万km^2增加到20世纪90年代初期的150万km^2，每年流失量达50亿t以上，相当于全国的耕地上刮去1 cm厚的土层，其中流失氮、磷、钾肥料元素的量相当于4 000万t的化肥，等于全国化肥施用量。相当于每亩耕地冲走了25 kg肥料。全国受水土流失的耕地约占耕地总面积的1/3。水土流失涉及全国近1 000个县，主要分布在西北黄土高原，江南丘陵山地和北方土石山区。每年被输入黄河的泥沙量达16亿t，居世界河流之冠，其下游400 km长的河床，每年因大量泥沙的沉积，河底抬高10 cm，现在已成为河底高出周围地面的一条"悬河"。长江流域的土壤流失也日趋严重，长江流域的1.8亿ha土地中的20%，即3 600万ha土地发生了水土流失，30年间增加了1倍，每年流失表土达24亿t，其中5亿t被带入东海。

2. 土地荒漠化

目前，中国荒漠化土地面积为262.2万km^2，占我国国土面积的27.3%，目前仍在扩展。风沙区生态环境脆弱，耕地萎缩，人民生活受到极大影响，全国有60%的贫困县集中在风沙地区，4亿人口受到荒漠化的影响。

北部被沙漠包围，荒漠化最严重的地区是包括占国土面积37%的内蒙古、甘肃、宁夏、青海、新疆等5个省的自治区在内的干燥地带。历史上著名的丝绸之路的西域，荒漠化肆意蔓延。敦煌一带，20世纪50年代红柳茂盛的地带，被称为"红柳园"，目前则一派荒芜。方圆三四十千米找不到红柳的踪影。农田和村落逐渐被沙海吞没，河西走廊的库都克沙漠，柴达木沙漠也在不断向东向南扩大，风沙和热风逐年加剧，每逢风沙来临，天空一片昏暗。内蒙古科尔沁沙漠已经越过内蒙古与辽宁的边界线，正以平均每年前进30 m的速度向南推进，威逼中国东北工业大城市沈阳。北京春天的风沙天数，从20世纪60年代的平均17.2天，增加到70年代的平均20.5天，而80年代以后又有所增加，沙漠已经蔓延到北京市南郊永定河北岸的大红门附近。

3. 草场退化

由于长期以来对草地资源采取自然粗放经营的方式，重利用、轻建设，重开垦、轻保护，草地资源面临严重的危机，草地退化面积占可利用草地面积的1/3，并继续发展。如果不采取有效措施，草原牧草产量将会继续下降，草原生态环境将更加恶化。

青海省玛多县地处黄河之源，属高原大陆性半湿润气候，曾有大小湖泊4 077处。过去这里水草丰美，畜牧业发达，20世纪80年代是全国有名的畜牧先进单位和牧区富裕县。20世纪90年代开始，由于干旱加剧，草场过牧超载，加上鼠害蔓延，草原大面积沙化，现退化草场面积已占草原总面积的70%，成为全国十大贫困县之一。玛多在创造、享受文明发展带来的丰硕成果后，又不得不重新吞下贫困的"苦果"。

4. 森林资源危机

中国森林资源最为紧缺，在建国初期拥有112亿m^3，因为人口膨胀，毁林造田而砍伐了100亿m^3，剩余的12亿仅够维持6年。

我国国土面积960万km^2，约占世界总量的7%，人口13亿，约占世界总量的22%，而森林面积仅占世界的4.6%。林木总蓄积量不足世界总量的3%，森林覆盖率16.55%，排世界第142位，人均森林面积0.128 ha，只有世界平均水平的1/15，排世界第120位，人均森林蓄积量 9.048 m³,只有世界平均水平的 1/8,排世界第 119 位,世界平均水平是 0.65 m³,我国年人均消费木材 0.22 m³,只有世界平均水平的 1/3,差距十分明显。尽管我国的造林和森林保护事业取得了很大的成绩,但用材林面积缩小,森林质量下降,森林资源面临的形势依然非常严峻。

5. 生物多样性减少

中国是生物多样性特别丰富的国家之一,在《濒危野生动植物物种国际公约》中列出的 640 个世界性濒危物种中,中国占 156 个,约占其中数的 1/4。但由于人类的污染环境、消耗的能源过多、任意捕杀、外来物种的侵入以及人类的思想意识等原因,造成生态环境大面积破坏和退化,使植物资源消耗速度过高过快,濒危物种数量急剧上升,约有 4 000 ~ 5 000 种高等植物处于濒危或受威胁状态,占我国高等植物总数的 15% ~ 20%,高于世界 10% ~ 15% 的平均水平。到现在为止,已有近 200 个特有物种锐减,有些已经灭绝。

环境污染和生态破坏给我国造成了极大的经济损失,综合世界银行、中科院和环保总局的测算,我国每年因环境污染造成的损失约占 GDP 的 10% 左右。同时,环境污染也制约了中国经济的发展,而且对国家和区域的环境安全与社会稳定构成了极大的威胁,因此,把环境保护作为作为一项国策是治理环境和防治生态破坏进一步破坏的需要,是国家可持续发展的需要,也是确保中华民族生存的需要。

12.1.3 是促进社会、经济、环境之间协调发展的需要

为了实现新时期社会经济发展总目标,必须把社会、经济与环境作为一个整体系统来进行规划、管理,使三者协调发展(在人类可持续发展系统中,经济发展是基础,自然生态保护是条件,社会进步才是目的),把环境保护作为基本国策,这就意味着把环境与社会、经济发展放到了同等重要的地位来考虑,把环境保护的思想贯彻到全国各部门以及各项工作中去,形成包括计划部门、经济部门和其他有关部门在内的大环境管理体系,只有这样,才能使环境保护不仅仅是一种口头宣传,而是一种切实促进社会经济发展的动力。

12.2 中国主要环境管理政策

随着我国环境保护工作的不断深入,经过长时间的不断探索和实践,我国已经初步形成了自己的环境政策体系,这个体系由三部分构成:一是环境保护的基本方针;二是环境保护的基本政策;三是与环境问题相关或为顺利实施环境保护而制定的其他环境政策。

12.2.1 环境保护的基本方针

12.2.1.1 环境保护的"三十二字"方针

所谓"三十二字"方针,就是指"全面规划、合理布局、综合利用、化害为利、依靠群众、大家动手、保护环境、造福人民"。此方针最早是在 1972 年中国在联合国人类环境会议的代表发言中提出的,后于 1973 年第一次全国环境保护会议正式确立为我国环境保护工作的指导方针,并在《关于环境保护和改善环境的若干规定(试行草案)》和《中华人民共和国环境保护法(试行)》中以法律形式肯定了下来,被认为是我国环境保护工作的指导方针,因为它

在我国早期环境保护工作的千头万绪中,抓住了要领,指明了环境保护的工作重点和方向。实践证明,这一方针是符合中国当时的国情和环境保护的实际的,在相当长的一段时期内对我国环境保护工作起到了积极促进作用。

12.2.1.2 "三同步、三统一"的方针

该方针是在1983年第二次全国环境保护会议上提出来的,即经济建设、城乡建设和环境建设要同步规划、同步实施、同步发展,做到经济效益、社会效益和环境效益的统一。这一方针被确定为我国环境保护的基本战略方针,在联合国环境规划署理事会第13届会议上,中国代表作了阐明。同时指出,中国政府在防治环境污染方面,实行"预防为主、防治结合、综合治理"的方针;在自然保护方面,实行"自然资源开发、利用与保护、增殖并重"的方针;在环境保护的责任方面,实行"谁污染谁治理,谁开发谁保护"的方针。这一方针是在总结了环境保护工作经验,结合我国当时的国情,研究环境保护工作的特点和重点及各方面对环境保护的要求提出来的,它指明了当时解决我国环境问题的正确途径,是"三十二字"方针的重大发展。也是环境管理理论的新发展,它已成为现阶段我国环保工作的指导思想和环境立法的理论依据。

"三同步"的基点在于"同步发展",它是制定环境保护规划、确定政策、提出措施以及组织实施的出发点和落脚点,它明确指出要把环境污染和生态破坏解决在经济建设和社会建设过程之中。"同步规划"实质是根据环境保护和经济发展之间相互制约的关系,以预防为主,搞好"合理规划、合理布局",在制定环境目标和实施标准时;要兼顾经济效益、社会效益和环境效益,要采取各种有效措施,运用价值规律和经济杠杆,从投资、物资和科学方面保证规划落实。"同步实施"就是要在制定具体的经济技术政策和进行具体经济建设项目的工作中,全面考虑上述三种效益的统一,采取一切有效手段保证"同步发展"的实现。

"三统一"的提出,主要在克服传统的只顾经济效益的发展点,强调整体综合的效益,它是贯穿于"三同步"始终的一条基本原则,也可以认为是各项工作的一条基本准则。

12.2.2 中国环境保护的基本政策

经过长期的探索与实践,我国制定了"预防为主"、"谁污染谁治理"以及强化环境监督管理的环境保护的三大基本政策。这三大政策的基本出发点,就是要依据我国的国情,根据我国多年来环保工作的经验和教训,以强化环境管理为核心,以实现经济、社会与环境的协调发展战略为目的,走具有中国特色的环境保护道路。

12.2.2.1 "预防为主"政策

这一政策的基本思想是把消除环境污染和生态破坏的行为实施在经济开发和建设过程之中,实施全过程控制,从源头解决环境问题,从而减少污染治理和生态保护所付出的沉重代价。实施这一环境政策,就要转变所有发达国家都走过的"先污染、后治理"的环境保护道路。

环境保护与经济发展是一个对立统一的整体,环境问题的产生贯穿于经济建设的全过程。因此,环境问题的解决也必须贯穿于经济建设的全过程,这就决定了环境保护与经济建设必须同步进行。任何一种把环境保护与经济建设分离和对立的认识都是错误的,基于这种认识的环境保护实践是不能成功的,甚至是愚蠢的,人们最终要为此付出巨大的代价。"预防为主"的政策主要内容包括如下。

（1）把环境保护纳入国民经济和社会发展计划之中，进行综合平衡。这是从宏观层次上贯彻预防为主环境政策的先决条件。在操作上具体分为：一是将环境保护纳入国民经济和社会发展的中长期计划之中，实施国家和地方政府指导下的宏观调控与管理，使环境保护与各项建设事业统筹兼顾，协调发展。二是以中长期计划为指导，通过计划指标的层层分解，将环境保护纳入国民经济和社会发展的年度计划之中。三是将环境保护计划纳入国民经济和社会发展的重点项目之中，落实并增加环境保护的资金投入。

（2）环境保护与产业结构调整、优化资源配置相结合，促进增长方式的转变，这是从宏观和微观两个层次上贯彻预防为主环境政策的根本保证。环境保护的目的是促进经济的持续增长，因此要与产业结构调整紧密结合，通过优化资源配置，提高资源的持续利用潜力、减少资源的损耗和污染排放。既达到经济的稳步、持续增长，又能实现环境质量的持续改善。

（3）加强建设项目环境管理，严格控制新污染的产生，这是从微观层次上贯彻预防为主环境政策的关键。只有从源头上严格控制新污染的产生，才能有效地治理老污染。控制新污染必须从建设项目管理入手，严格按照国家的环境保护产业政策、技术政策、清洁生产规范和规划布局要求，运用建设项目环境管理的有关制度对其进行立项把关、施工审查和竣工验收，将可能产生的环境问题消除在萌芽之中。

贯彻"预防为主"政策包括的这三个方面内容，既要加强宏观的计划调控，又要做好微观的项目管理，宏观与微观相结合，三方面缺一不可。

12.2.2.2 "谁污染、谁治理"政策

自20世纪70年代初经济合作与发展组织把日本环境政策中的"污染者负担"作为一项经济原则提以来以后，被世界上许多国家所采用，中国的"谁污染、谁治理"环境政策也是从这一原则引申过来的。实行这一政策，主要解决两个问题：一是要明确经济行为主体的环境责任问题；二是要解决环境保护的资金问题。

1. 明确经济行为主体的环境责任

实行"谁污染、谁治理"的政策，其原始含义就是要明确企业的污染治理责任。在当时的历史条件下，由于中国环境保护的重点是工业污染防治，对"谁污染、谁治理"政策的这种理解显然是客观的、现实的，是由当时中国环境保护工作特点所确定的。现在"谁污染、谁治理"这一环境政策中涉及的"环境责任者"内涵也发生了变化，已由过去的企业扩展为"经济行为主体"。其中既包括了资源开发行为主体，也包括了生产行为主体，又包括了消费行为主体。因此，站在今天的角度来认识过去既定的"谁污染、谁治理"环境政策，环境责任的内涵已由过去单一的"污染者付费"扩展到"污染者付费、开发者保护、利用者补偿、破坏者恢复"四个方面的内容。

2. 解决环境保护的资金问题

过去由于环境责任倒置，大量的污染治理资金要由国家来承担，而国家却难以承受这种巨大的经济负担和压力，其结果就使得环境污染问题长期得不到解决。实行"谁污染、谁治理"政策，在明确了环境责任的同时，也解决了环境保护的资金问题。在当时的历史情况下，就是要解决企业的污染治理资金问题。征收排污费就是为了落实这一环境政策所引进的一项环境管理制度，通过征收排污费为解决污染治理资金不足的问题开辟了一条筹集环境保护资金的渠道。

12.2.2.3 "强化环境监督管理"政策

这是三大政策的核心,中国的环境污染严重,需要治理,并且要投入巨大的资金和先进的治理技术,而国家却拿不出那么多钱,也没有好的治理技术。出路在何方？经过多年的思考,结合我国的国情(为发展中国家),经济相对落后以及国内现有的许多环境问题是由于管理不善造成的特点,国家在今后一个相当长的时间内不可能超越经济实力和科技水平拿出很多钱来搞污染治理,也就是说,国家在短期内不具备依靠高投入治理污染的条件。这意味着,只要加强管理,不需要花费很多的资金,就可以解决大量的环境污染问题。基于这些特点,国家在1983年底提出了强化管理的环境政策,通过强化管理纠正那种"有钱铺摊子,没钱治污染"的行为。强化环境管理,主要措施包括:

1. 加强环境立法和执法

首先,要加强环境立法工作。自1979年中国颁布了试行的《中华人民共和国环境保护法》以来,中国环境法制建设有了很大变化,环境立法从无到有,从少到多,逐渐建立了由综合法、污染防治法、资源和生态保护法、防灾减灾法等法律组成的环境保护法律体系。现已出台了代表了中国环境立法的先进思路和先进方针的《清洁生产促进法》和《环境影响评价法》；关于染防治的有《大气污染防治法》、《水污染防治法》、《环境噪声污染防治法》、《固体废物污染环境防治法》、《放射性物质污染环境防治法》,还有《海洋环境保护法》等；关于资源和生态保护方面的有《森林法》、《草原法》、《渔业法》、《土地管理法》、《矿产资源管理法》、《水法》、《煤炭法》、《野生动物保护法》、《水土保持法》等；关于防灾减灾的有《防震减灾法》、《防洪法》和《气象法》等。应该说,环境立法在环境保护的主要领域都基本做到了有法可依。此外,国务院还制定了上百个有关环境的行政法规,国家还批准了48项国际环境保护方面的条约,地方各级人大制定了1 500多个有关环境治理的地方性法规,这些多层次的立法构成了中国丰富的环境法体系。其次,作为环境法律、法规体系的重要组成部分,国家在加强环境立法的同时,从"七五"至"十一五"期间加强了对环境标准的制定和修改工作。再次,加强环境执法,解决有法不依、执法不严的问题。

2. 建立健全环境管理机构

开展环境管理必须有健全、高效的管理机构,再好的环境方针、政策、规划和法规,如果没有相应的组织机构作保证,一切都是空话,那是毫无意义的。

我国的环境管理机构建设经历了从无到有、从小到大、从不健全到比较健全的发展过程。特别是1983年第二次全国环境保护会议以来,各级环境管理机构得到不断的加强,已初步建立起五级环境管理体制,即国家、省、市、县、乡镇五级环境管理机构。其中,国家、省、市三级还建立起了科学研究、监测、宣传教育中心等配套机构。

3. 建立健全环境管理制度

强化环境管理不仅要有环境保护的战略方针、政策、法律、法规和管理机构,还必须有可操作的管理制度。通过建立有效的环境管理制度,实现环境管理的制度化、规范化和程序化,使之形成一个以环境保护的战略方针、政策、法律、法规和管理制度为内容的完整的环境管理体系。

在20世纪70年代,中国引进和建立了环境影响评价、排污收费和建设项目管理的"三同时"制度。这三项管理制度在20世纪70~80年代期间曾被誉为环境管理的"三大法宝",在我国环境保护的初期发挥了重要作用。

到了 20 世纪 80 年代中期以后,随着我国环境保护形势的发展和环境管理实践的不断深化,经过多年的实践摸索,国家在总结了各地环境管理试点经验和成功做法的基础上,推出了环境保护目标责任制、城市环境综合整治定量考核、排污许可证、污染限期治理和集中控制等五项环境管理制度,当时简称为环境管理的"新五项制度"。

到 20 世纪 90 年代初,中国已形成了以八项管理制度为内容、比较完善的环境管理制度体系。实践证明,进入 20 世纪 90 年代以后,这些制度在强化微观环境管理方面起到了重要的作用,可以肯定,在今后的一定时期内,这些管理制度仍将继续发挥应有的作用。

强化环境管理是具有中国特色的环境保护政策,它在特定的历史时期发挥了特定的作用,从今后的工作实践看,管理仍需加强。需要指出的是,加强管理固然重要,但不能从根本上解决全部的环境问题。实践证明,通过管理可获得一般性的改进,若想得到额外的改进,需付出巨大的代价。所以,要从根本上解决环境问题,在加强管理的同时,必须与其他两个基本政策结合。增加环境保护投入,发展环境科技,这是不可缺少的条件。

总之,环境保护的"预防为主"、"谁污染、谁治理"和"强化管理"的三项基本政策互为支撑,缺一不可,相互补充,不可替代。其中,"预防为主"的环境政策是从增长方式、规划布局、产业结构和技术政策角度来考虑的;"谁污染、谁治理"的环境政策是从经济和技术角度来考虑的;"强化管理"是从环境执法、行政管理和宣传教育角度来考虑的。这三项环境政策是一个有机整体,是环境保护工作的原则性规定,涵盖了环境管理的各个方面。作为环境管理应遵循的准则,这三项环境政策将长期指导中国的环境管理实践。

12.3　环境保护法律法规体系

法律是一种体现统治阶级意志,由国家制定、认可并强制执行的调整社会关系和行为的准则或规范。环境法是在环境问题日益成为本 20 世纪的一个严重社会问题,为了保护环境在法律上形成的具有独特性质的法律体系。环境法所涉及的问题是人类及其生存环境之间的关系问题,它用法律来调节人类生活与生产活动对环境的影响,运用法律手段影响人类行为,协调社会经济发展与环境保护的关系,因此环境法是环境管理工作的重要内容,是环境管理的依据和支柱。

我国的环境保护工作起步于 20 世纪 70 年代初,1973 年召开了第一次全国环境保护工作会议,确定了"全面规划、合理布局、综合利用、化害为利、依靠群众、大家动手、保护环境、造福人民"的"三十二字"方针,在这个方针的指引下,国家和地方开始有组织地制定了环境保护政策、法规、标准,并逐步形成了具有中国特色的环境保护工作制度。1979 年,我国正式颁布了《中华人民共和国环境保护法(试行)》,以后又相继颁布了各项专门法。目前已经形成了以《中华人民共和国宪法》为基础,以《中华人民共和国环境保护法》为主题的环境法律体系。

12.3.1　环境保护法

环境保护法,也叫环境法,是指国家为了协调人与自然的关系,保护和改善生活环境与生态环境,防治污染和其他公害,保证经济社会的持续、稳定发展而制定的,调整人们在开发利用、保护与改善环境的活动中所产生的各种社会关系的法律规范的总称。

这个定义包含三点主要含义：

(1)环境法是一些特定的法律规范的总称。它与其他法律一样是以国家意志出现的、以国家强制力来保证实施的法律规范。它与环境保护非规范性文件是有区别的。

(2)环境法的目的是通过防止自然环境破坏和环境污染来保护人类的生存环境，维护生态平衡，协调人类与环境的关系。

(3)环境法所要调整的是社会关系的一个特定领域，即人们在开发、利用、保护和改善环境的活动中所产生的各种社会关系。这种社会关系包括两个方面：一是同保护和合理开发利用自然环境与资源有关的各种社会关系；二是同防治各种废弃物对环境的污染和防治各种公害如噪声、振动、电磁辐射等有关的社会关系。强调环境法所调整的社会关系的特定领域，由此划清了环境法与其他法律的界限。

我国1989年颁布的《环境保护法》第一条把其目的概括为：保护和改善生活环境与生态环境，防治污染和其他公害，保障人体健康，促进社会主义现代化建设的发展。这一目的也是我国环境法所担负的主要任务。

环境法制建设包括环境法的制定和环境法的实施，即通常所讲的环境立法与环境执法。

环境法制定，是指国家有立法权的机关制定、修改或废止环境法律、法规的活动。中国的环境立法机关主要有：宪法由全国人大代表大会制定。环境保护基本法和各单行法，由全国人大或其常委会制定。环保行政法规由国务院制定。环境保护部门规章由国务院有关部、委、局制定。地方性法规依据法规的级别和适用区域，分别由省(区、市)、地(市)、县的人民代表大会或其常委会制定，并报上级人民代表大会备案。

环境保护法的实施，是指环境保护法在现实社会生活中的具体运用、贯彻和实现。

环境保护法的实施需要人来进行。在我国，根据"人"的性质的不同，可以分为以下几类。

(1)国家立法机关：通过对行政机关、司法机关、军队等遵守环境保护法的监督，实施环境保护法。

(2)国家司法机关：通过行使环境司法权，审判环境案件，实施环境保护法。

(3)国家检察机关：通过行使环境检察权，追究环境犯罪人的法律责任以及监督有关行政机关遵守环境保护法的规定，实施环境保护法。

(4)国家行政机关：通过行使环境行政管理权，实施环境保护法。在行政机关中，环境保护行政主管部门担负着对环境保护实施统一监督管理的职责，其他许多行政机关也都担负着相应的环境保护监督管理的职责。

(5)企事业单位：通过在其生产经营过程中遵守环境保护法的各项规定来实施环境保护法。

(6)社会团体：通过参与各项环境保护活动，宣传普及环境保护法知识，促进环境保护法的实施。

(7)公民个人：通过依法参与环境行政决策，对违反环境法的国家机关、企事业单位或公民个人提起环境诉讼或进行检举、控告，实施环境保护。

12.3.2 环境法的基本特征

我国环境法是代表广大人民群众的根本利益,是建设社会主义的重要工具,属于社会主义性质。但和其他法律相比,由于它的目的和任务不同,环境法具有下述特征:

(1)环境法所涉及的是人类及其生存环境间的关系问题,环境立法的目的不表现为直接的阶级利害冲突,而是由于生产力的发展危害人类生存环境,必须通过国家对环境实行强制性管理的需要而产生的,它的发展动力是人类生活和生产活动引起环境质量的变化,甚至酿成危及人类生存和发展的"公害"。环境法通过调整人们在利用和保护环境中所产生的各种关系来协调人和自然的关系,因而这种调整不仅受政治、经济和文化发展的影响和制约,而且也要受到自然规律和科学技术发展水平的影响和制约。环境法在处理社会经济保护环境这对对立统一的矛盾时,不仅要适应经济基础的需要,遵循经济规律,而且还要受自然规律特别是生态规律的制约,这是它与一般法律最重要的差别。

(2)高度综合性。环境法所保护的范围相当广泛,调整的社会关系也十分复杂,涉及工农业生产、交通运输、旅游文化等众多生产管理部门的经济计划、体制、科技管理等问题,不仅包含专门法规,而且涉及宪法、民法、刑法、劳动法及其他经济法中有关环境保护的规定,这些法规共同组成一个完整的有机统一体系,具有高度综合性。

(3)环境法具有较强的技术性。环境法除了政策性、理论性的基本法以外,为了保护环境,要涉及许多具体的科学技术问题、工程问题,从而产生了许多技术性较强的单项法规,包括环境标准、技术规范、操作规程等,这就使环境法成为技术性较强的法律体系。

(4)广泛的社会性。环境法保护的是人类共同需要的生存条件(生活环境和生态环境),符合社会各民族的利益。环境污染和破坏所造成的危害及改善环境质量所带来的好处,人人一样,既有享受清洁、适宜环境的权利,也有自觉保护环境、遵守环境法规的义务,这就使环境法具有广泛的社会性,涉及社会每个人的切身利益。

(5)共同性。人类赖以生存的地球环境是一个整体。当今世界各国的环境问题已不是一种局部现象,而是一种区域性的甚至全球性的问题。一个地方严重污染,不仅给当地人民带来灾难,而且常常也会给别的地方以至别国带来灾难,因此,环境问题是人类面临的共同问题。针对这个共同问题而制定的环境法,反映了人类在环境资源开发和应用中的一些共同规律,从而各国环境法可以互相借鉴,通过国际交流和合作,可使环境法不断完善。

12.3.3 环境法体系

我国目前建立了由宪法、环境保护法、国务院行政法规、政府部门规章、地方性法规和地方政府规章、环境标准、环境保护国际条约组成的完整的环境保护法律法规体系。

1. 宪法

我国1978年修订的《中华人民共和国宪法》对环境保护作了如下规定:"国家保护环境和自然资源,防治污染和其他公害"。现行的1982年宪法的第26条也明确规定:"国家保护和改善生活环境,防治污染和其他公害。"

宪法关于环境保护的规定,是环境保护法的基础,是各种环境保护法律、法规和规章的制定依据。

2. 环境保护法律

环境保护法律包括环境保护综合法、环境保护单行法和环境保护相关法。

环境保护综合法是指1989年颁布的《中华人民共和国环境保护法》,该法共有六章47条,第一章"总则"规定了环境保护的任务、对象、适用领域、基本原则以及环境监督管理体制;第二章"环境监督管理"规定了环境标准制订的权限、程序和实施要求、环境监测的管理和状况公报的发布、环境保护规划的拟订及建设项目环境影响评价制度、现场检查制度及跨地区环境问题的解决原则;第三章"保护和改善环境",对环境保护责任制、资源保护区、自然资源开发利用、农业环境保护、海洋环境保护作了规定;第四章"防治环境污染和其他公害"规定了排污单位防治污染的基本要求、"三同时"制度、排污申报制度、排污收费制度、限期治理制度以及禁止污染转嫁和环境应急的规定;第五章"法律责任"规定了违反本法有关规定的法律责任;第六章"附则"规定了国内法与国际法的关系。环境保护法是中国环境保护的基本法,该法确立了经济建设、社会发展与环境保护协调发展的基本方针,规定了各级政府、一切单位和个人保护环境的权利和义务。

环境保护单行法是针对特定的保护对象如某种环境要素或特定的环境社会关系而专门调整的立法。它以宪法和基本法为依据,又是宪法和基本法的具体化。目前环境保护单行法有关污染防治法有《中华人民共和国水污染防治法》、《中华人民共和国大气污染防治法》、《中华人民共和国固体废物污染环境防治法》、《中华人民共和国环境噪声污染防治法》、《中华人民共和国放射性污染防治法》等,有关生态保护法有《中华人民共和国水土保持法》、《中华人民共和国野生动物保护法》、《中华人民共和国防沙治沙法》等,还有《中华人民共和国海洋环境保护法》和《中华人民共和国环境影响评价法》。

环境保护相关法是指一些自然资源保护和其他有关部门法律,如《中华人民共和国森林法》、《中华人民共和国草原法》、《中华人民共和国渔业法》、《中华人民共和国矿产资源法》、《中华人民共和国水法》、《中华人民共和国清洁生产促进法》等都涉及环境保护的有关要求,也是环境保护法律法规体系的一部分。

3. 环境保护行政法规

环境保护行政法规是国务院依照宪法和法律的授权,按照法定程序颁布或通过的关于环境保护方面的行政法规。目前我国国务院出台了一系列的环境保护行政法规,例如《中华人民共和国水污染防治法实施细则》、《中华人民共和国大气污染防治法实施细则》、《中华人民共和国海洋倾废条例》、《建设项目环境保护管理条例》等。

4. 环境保护地方性法规和地方性规章

环境保护地方性法规和地方性规章是享有立法权的地方权力机关和地方政府机关依据《宪法》和相关法律制定的环境保护规范性文件。这些规范性文件是根据本地实际情况和特定环境问题制定的,并在本地区实施,有较强的可操作性。环境保护地方性法规和地方性规章不能和法律、国务院行政规章相抵触。

5. 环境标准

环境标准是环境法律体系的一个重要组成部分,包括环境质量标准、污染物排放标准、环境基础标准样品标准和方法标准。环境质量标准、污染物排放标准分为国家标准和地方标准。环境质量标准和污染物排放标准属于强制性标准,违反强制性环境标准,必须承担相应的法律责任。

6. 其他部门法中关于环境保护的法律规范

其他部门法也包含许多关于环境保护的法律规范。如《民法通则》、《刑法》、《治安管理处罚条例》以及一些经济法规。其他法规,如《中华人民共和国节约能源法》、《消防法》、《文物保护法》、《卫生防疫法》与环境保护工作密切相关。

7. 国际环境保护公约

中国政府为保护全球环境而签订的国际公约,是中国承担全球环境保护义务的承诺。国际公约的效力高于国内法律(我国保留的条款例外)。

12.4 中国环境法确立的基本原则

我国环境法所确立的基本原则,是环境法本质的反映,是实行环境法制管理的指导方针,是环境立法、执法和守法都必须遵循的基本原则,这些原则包括如下内容。

12.4.1 经济建设和环境保护协调发展的原则

环境管理是管理资源的工作,是国家经济工作的一部分,必须使环境保护和经济发展按比例协调发展。为此,首先要把环境保护作为一项重要国家任务,纳入各级政府的重要议事日程和国家计划经济管理的轨道,在制定、审批、下达国民经济和社会发展规划、计划时,必须把环境目标、指标、措施、资金、设备等列入各级有关部门的计划,把对环境、资源的管理同有关部门的经济管理、企业管理有机结合起来。要合理开发和利用环境资源,使开发建设强度不超出环境的承载力;要在我国建立低投入、多产出、低消耗、高效益的经济结构;依靠科学技术的进步发展生产,转变消耗资源的粗放生产模式为依靠科学技术型的生产模式,提高生产效益,树立环境资源观、价值观,从环境管理和立法中予以确定下来。

12.4.2 以防为主、防治结合、综合治理的原则

这条基本原则是我国在环保工作实践中,在借鉴国外经验教训的基础上总结出来的,是我国环境保护的基本政策之一,是搞好环境管理的重要途径。我国环保法的许多条款,都贯穿着以防为主、全面规划、合理布局的原则。为什么要以防为主?这是因为环境一旦遭受污染和破坏以后,要消除这种污染所带来的影响,往往需要较长的时间,甚至难以消除。自然资源的破坏,导致生态平衡失调,要恢复正常的生态环境也往往很困难,甚至是不可能的。而且当环境遭到污染和生态破坏后再去治理,往往需要花费较高的代价,所以说,污染环境就意味着消耗了资源,因此在解决环境污染和生态破坏时,要把重点放在"防"字上。要采取多种有效措施,防治结合,治中有防,防中有治,尽可能把污染和破坏消除在生产过程之中。

12.4.3 谁开发谁保护、谁污染谁治理的原则

这条原则在我国最先确立的是"谁污染谁治理"。即凡是造成环境污染或资源破坏的任何个人或单位,都担负治理和赔偿的责任,它是20世纪70年代初联合国经济合作与发展组织环境委员会提出来的,国外叫做"污染者负担"或"污染者支付费用",我国1979年环保

法中第6条也规定了这条原则。这条原则体现了在社会主义制度下,不准以私害公、因小失大、只顾眼前不顾长远的社会行为准则,它对社会主义企业在其生产和经营活动中,有义务保护环境、防止环境污染、明确污染者所应负的责任、促进企业治理污染,起了很大的积极作用。当然,"谁污染谁治理"作为一条原则规定在法律上,含义还不够确切,因为污染者的责任不仅是治理和支付治理费用,还应当承担污染损害和赔偿费用,包括破坏资源和导致各种损失的责任,即行政责任、经济和法律责任(在环保法第32条中作了规定)。从环境管理的角度看,除贯彻以防为主外,还有环境和资源保护的责任。因此,完整地应该提"谁开发、谁保护、谁污染、谁治理"较为确切、具体。这条原则主要是把环境管理对象的具体责任者规定了下来,并不排除有关主管部门和环境保护部门在保护自然环境和自然资源以及治理环境污染方面的责任,有关主管部门应当制定开发、利用和保护自然资源、防治环境污染的计划,加强计划管理,依法限制不合理的经济开发活动,环境保护部门则主要负责归口管理,加强对开发活动的检查和监督。

12.4.4 依靠群众的原则

环保法除了在总则第4条中规定了这条群众路线外,第8条还规定"公民对污染和破坏环境的单位及个人,有权监督、检举和控告",这就从法律上保障了每个公民对环境保护的责任和权利,使环境保护的专业管理和群众监督相结合,使法制管理和人民群众的自觉维护相结合,调动广大群众同污染和破坏环境的违法行为作斗争的积极性。

12.4.5 奖励惩罚相结合的原则

这条原则在我国环保法的若干条文中均有所体现。特别是奖励综合利用,更是一条基本经济政策和法律制度。我国环保法第6章第31条规定,国家对在环境保护工作中作出突出成绩和贡献的单位以及个人,给予表扬和奖励。对企业利用废水、废气、废渣作主要原料生产的产品,给以免税和价格政策上的照顾,盈利所得不上交,由企业用于治理污染和改善环境。第32条又规定了惩罚制度,即对违反法律破坏生态、污染环境的单位或个人,要依法追究法律责任,给予必要的法律制裁。

12.4.6 风险预防原则

环境法应确立风险预防原则,对那些可能对环境造成污染和破坏、危及可持续发展的行为进行约束,以免造成不可挽回的损失。因为如果等到取得了明确的科学证明才由法律去规范某些行为,这些行为对环境造成的破坏可能已经威胁到了人的基本生存。所以,风险预防原则是以人为根本的可持续发展所必需的,它在环境法中应是一个不可或缺的原则。

12.5 环境法律制度

环境法律制度是指由调整特定环境社会关系的一系列环境法律规范所组成的相对完整的规则系统。它是环境管理制度的法律化,是环境法规范的一个特殊组成部分。

自 1979 年《中华人民共和国环境保护法（试行）》中规定了环境影响评价制度、征收排污费制度和"三同时"制度以来，经过近三十年的发展，我国环境法中的环境管理制度日益丰富和完善，并在我国的监督管理中发挥了十分重要的作用。目前比较成熟的环境法律制度主要有环境影响评价制度、"三同时"制度、排污收费制度、限期治理制度、排污许可制度、环境保护目标责任制度、城市环境质量综合整治定量考核制度和污染集中控制制度等八项制度。

12.5.1 环境影响评价制度

1. 环境影响评价制度概念

环境影响评价是指对规划和建设项目实施后可能造成的环境影响进行分析、预测和评估，提出预防或者减轻不良环境影响的对策和措施，进行跟踪监测的方法与制度。

环境影响评价制度是我国规定的调整环境影响评价中所发生的社会关系的一系列法律规范的综合，它是环境影响评价的原则、程序、内容、权利义务以及管理措施的法定化。

2. 环境影响评价的适用范围

1998 年 11 月 29 日国务院发布了《建设项目环境保护管理条例》（以下简称《条例》）。《条例》规定，环境影响评价适用于我国领域和管辖的其他海域内建设对环境有影响的建设项目。《条例》专门指出，流域开发、开发区建设、城市新区建设和旧区改建等区域性开发，编制建设规划时，应当进行环境影响评价。

3. 对建设项目的环境保护实行分类管理

根据建设项目对环境的影响程度，对建设项目的环境保护实行分类管理：

（1）建设项目对环境可能造成重大影响的，应当编制环境影响报告书，对建设项目产生的污染和对环境的影响进行全面、详细的评价。

（2）建设项目对环境可能造成轻度影响的，应当编制环境影响报告表，对建设项目产生的污染和对环境的影响进行分析或者专项评价。

（3）建设项目对环境影响很小、不需要进行环境影响评价的，应当填写环境影响登记表。

12.5.2 "三同时"制度

1. "三同时"制度概念

"三同时"制度是指新建、改建、扩建项目和技术改造项目以及区域性开发建设项目的污染治理设施必须与主体工程同时设计、同时施工、同时投产的制度。"三同时"制度是在我国出台最早的一项环境管理制度。它是中国的独创，是在我国社会主义制度和建设经验的基础上提出来的，是具有中国特色并行之有效的环境管理制度。

2. "三同时"制度适用范围

"三同时"制度开始只适用于新建、改建和扩建的企业，后来其适用的范围不断扩大。目前"三同时"制度可适用于以下几个方面的开发建设项目：

（1）新建、扩建、改建项目。新建项目，是指原来没有任何基础，而从无到有开始建设的项目。扩建项目，是指为扩大产品生产能力或提高经济效益，在原有建设的基础上而又建设的项目。改建项目，是指在原有设施的基础上，为了改变生产工艺、产品种类或者为了提高产品产量、质量,在不扩大原有建设规模的情况下而建设的项目。

(2)技术改造项目。它是指利用更新改造资金进行挖潜、革新、改造的建设项目。

(3)一切可能对环境造成污染和破坏的工程建设项目。这方面的项目包括的范围特别广,几乎不分建设项目的大小、类别,也不管是新建、扩建或改建。

(4)确有经济效益的综合利用项目。1985年国家经委《关于开展资源综合利用若干问题的暂行规定》中规定:"对于确有经济效益的综合利用项目,应当同治理环境污染一样,与主体工程同时设计、同时施工、同时投产。"这是对原有"三同时"规定的一大发展。

3."三同时"制度在不同建设阶段的要求

为了保证建设项目落实"三同时"的要求,"三同时"制度对不同的建设阶段都提出了环境保护管理要求。

在建设项目正式施工前,建设单位必须向环境保护行政主管部门提交初步设计中的环境保护篇章,经审查批准后,才能纳入建设计划,并投入施工。否则,建设部门和其他有关部门不办理施工执照,物资部门不供应材料、设备。以此来保证环境保护设施与主体工程同时设计。

在建设项目正式投产和使用前,建设单位必须向负责审批的环境保护行政主管部门提交环境保护设施"验收申请报告",说明环境保护设计运行的情况、治理的效果、达到的标准。经环境保护行政主管部门验收合格后,才能正式投入生产和使用。以此来保证环境保护设施与主体工程同时施工、同时投产。

环境保护行政主管部门自接到环境保护设施"验收申请报告"之日起30日内组织或委托下一级环境保护行政主管部门对申请试生产的建设项目、环保设施及其他环保措施的实施情况进行现场检查,并作出审查决定。预期未作出决定的,视为同意。对未按规定要求落实的,不予以统一,应加说明。

进行试生产的建设项目,其建设单位应当自试生产之日起3个月内向有审批权的环境保护行政主管部门申请该建设项目竣工环境保护验收,环保行政主管部门应根据建设项目环境保护验收期间在30日内完成验收。

12.5.3 排污收费制度

1. 排污收费制度概念

排污收费制度,是指国家环境管理机关依照法律规定,对排污者征收一定费用的一整套管理措施。它既是环境管理中的一种经济手段,又是"污染者负担原则"的具体执行方式之一。其目的是为了促进排污者加强环境管理,节约和综合利用资源,治理污染,改善环境,并为保护环境和补偿污染损害筹集资金。

2. 排污收费的范围

排污收费的范围,是指对排放的那些污染物征收排污费。按照《征收排污费暂行办法》、《关于调整超标污水和统一超标噪声排污费征收标准的通知》和《放射环境管理办法》的规定,征收排污费的污染物包括污水、废气、固体废物、噪声、放射性等5大类。

但是,对于蒸汽机车和其他流动污染源排放的废气,在符合环境保护标准的贮存或处置的设施场所内贮存、处置的工业固体废物,进入城市污水集中处理设施的污水,不征收排污费。

3. 排污费的加收、减收和停收

(1)排污费的加收,是指在一般法定额度之上多收排污费。按照规定,在四种情况下可以加收排污费:

一是对缴纳排污费后仍未达到排放标准的排污单位,从开征第三年起,每年提高征收标准5%;

二是对1979年9月13日以后新建的建设项目,排污超标的,加倍收费;

三是对有污染物处理设施不运行或擅自拆除,排污超标的,加倍收费;

四是对经限期治理逾期未完成治理任务的,加倍收费。

(2)排污费的减收或停收,是指在一般法定额度以下少收或停止征收排污费。排污者因不可抗力遭受重大经济损失的,可申请减半缴纳排污费或者免缴纳排污费,但因排污者未及时采取有效措施,造成环境污染的,不得申请减免。

4. 排污费的缴纳程序

首先,排污者应当按照国务院环境保护行政主管部门的规定,向县级以上地方人民政府环境保护行政主管部门申报排放污染物的种类、数量,并提供有关资料。县级以上地方人民政府环境保护行政主管部门,按照国务院环境保护行政主管部门规定的核定权限对排污者排放污染物的种类、数量进行核定。污染物排放种类、数量经核定后,由负责污染物排放核定工作的环境保护行政主管部门书面通知排污者。

其次,负责污染物排放核定工作的环境保护行政主管部门,应当根据排污费征收标准和排污者排放的污染物种类、数量,确定排污者应当缴纳的排污费数额。排污费数额确定后,由负责污染物排放核定工作的环境保护行政主管部门向排污者送达排污费缴纳通知单。排污者应当自接到排污费缴纳通知单之日起7日内,到指定的商业银行缴纳排污费。

5. 排污费的管理和使用

征收的排污费,应当纳入预算,作为环境保护补助资金,由环境保护行政主管部门会同财政部门统筹安排使用。其使用的原则是:专款专用,先收后用,量入为出,不得超支挪用,如有节余,可结转下年使用。其具体的使用主要包括重点污染源治理项目;区域性污染防治;污染防治新技术、新工艺的开发、示范和应用;国务院规定的其他污染防治项目。

6. 缴纳排污费与承担其他法律责任的关系

排污单位缴纳排污费后,并不免除缴费者应当承担的治理污染、赔偿损失的责任和法律规定的其他责任。

12.5.4 限期治理制度

1. 限期治理制度概念

限期治理制度,是指对已存在的危害环境的污染源,由法定机关作出决定,责令污染者在一定期限内治理并达到规定要求的制度。它是减轻或消除现有污染源的污染,改善环境质量状况的一项环境法律制度,也是我国环境管理中所普遍采用的一项管理制度。

2. 限期治理的决定权

目前规定的限期治理对象主要有两类:一是严重污染环境的污染源;二是位于需要特别保护的区域内的超标排污的污染源。

按照《淮河流域水污染防治暂行条例》的规定,向淮河流域水体排污的单位超过排污总量控制指标排污的,由县级以上人民政府责令限期治理;淮河流域重点排污单位超标排放水污染物的,也要由有关人民政府责令限期治理。

并不是符合限期治理条件的所有污染源都要限期治理,而是要根据一个地方的社会经济情况来决定是否限期治理和什么时候限期治理。限期治理的决定权不在环境保护政策主管部门,而在有关的人民政府。按照法律规定,市、县或者市、县以下人民政府管辖的企业单位的限期治理,由市、县人民政府决定;中央或者省、自治区、直辖市人民政府直接管辖企业事业单位的限期治理,由省、自治区、直辖市人民政府决定。《环境噪声污染防治法》对于限期治理的决定权作出了变通规定,即小型企业、事业单位的限期治,可以由县级以上人民政府在国务院规定的权限内授权其环境保护行政主管部门决定。

3. 限期治理的目标和期限

限期治理的目标,就是限期治理要达到的结果。一般情况下是浓度目标,即通过限期治理使污染源排放的污染物达到一定的排放标准。但是,对于实行总量控制的地区,除浓度目标外,还有总量目标,也就是要求污染源排放的污染物总量不超过其总量指标。

限期治理的期限由决定限期治理的机关根据污染源的具体情况、治理的难度、治理能力等因素来合理确定。其最长期限不得超过3年。

4. 违反限期治理制度的法律后果

对经限期治理逾期未完成治理任务的,除依照国家规定加收超标排污费外,还可以根据所造成的危害后果处以罚款,或者责令停业、关闭。

12.5.5 环境保护许可制度

12.5.5.1 环境保护许可制度概念

环境保护许可制度,是指从事有害或可能有害环境的活动之前,必须向有关管理机关提出申请,经审查批准,给许可证后,方可进行该活动的一整套管理措施。它是环境行政许可的法律化,是环境管理机关进行环境保护监督管理的重要手段。

12.5.5.2 环境保护许可证分类

环境保护许可证,从其作用看,可分为三大类:一是防止环境污染许可证,如排污许可证,海洋倾废许可证,危险废物收集、贮存、处置许可证,放射性同位素与射线装置的生产、使用、销售许可证,废物进口许可证等;二是防止环境破坏许可证,渔业捕捞许可证、野生动物特许猎捕证等;三是整体环境保护许可证,如林木采伐许可证,如建设规划许可证等。从表现形式看,有的叫许可证,有的称为许可证明书、批准证书、注册证书、批件等。

12.5.5.3 环境保护许可证工作步骤

排污许可制度主要包括排污申报登记、分配排污量、发放许可证、发证后的监督管理四个步骤。

1. 申报登记

排污申报登记制度是环境行政管理的一项特别制度。凡是排放污染物的单位,须按规定向环境保护行政主管部门申报登记所拥有的污染物排放设施、污染物处理设施和正常作业条件下排放污染物的种类、数量和浓度。根据《排污费征收使用管理条例》和《关于排污费征收核定有关工作的通知》的规定。直辖市、社区的市级环境监察部门和县级环境监察部门负责辖区内排污者的排污申报登记管理工作。

2. 分配排污量

确定污染物排放总量控制指标、分配污染物总量削减指标是发放和管理排污许可证最核心的工作。

确定污染物消减量，是实施排污许可制度的前期工作。各地可按环境容量的大小来确定当地污染物消减量，按水体功能划分，也可以按水环境质量目标的某一年的污染物排放总量来确定。消减量确定后，应根据经济发展、财政实力、治理技术等因素，按年度确定污染物总量削减指标。如何将总量指标分配到各单位，这是一项政策性、法律性和技术性很强的工作。排污指标的削减，不能"一刀切"的分配方法，而应坚持集中控制，突出重点和投资最省的原则。

3. 发放许可证

排污单位必须在规定的时间内，持当地环境保护行政主管部门批准的排污申报登记表申请排污许可证。

环境保护部门根据当地污染物总量控制的目标，污染源排放状况及经济、技术的可行性等，核批排放单位的污染物允许排放量，对不超出排污总量控制指标的单位，颁发排污许可证，对超出排污总量控制指标的单位，颁发临时排污许可证，并限期治理，削减排污量。排污许可证的审批，主要是对排污量、排放方式、排放去向、排污口位置、排放时间加以限制。每个污染源被允许的排污量必须与分配总量控制指标相一致，整个区域所批准的排放总量必须与总量控制指标相协调。排污许可证的审批颁发工作应有专人管理，从申请、审核、批准、颁发到变更要有一套工作程序。排污许可证必须按国家规定统一编码。

4. 发证后的监督管理

这是排污许可制度能否认真贯彻的关键。实行这一制度的地区，各单位必须严格按照排污许可证的规定排放污染物，禁止无证排放。重点排污单位应配有检测人员和设备，对本单位排放的污染物按国家统一方法进行监测，定期将数据报告环保部门。排污单位所有的排污口都须具备采样和测试条件，对违反排污许可证管理规定的，要给予处罚。

环保部门应根据实际情况，制定排污许可证监督、监测检查制度；建立排污许可证的复核、通报、定期或不定期抽查、排污企业自检自报及奖惩等管理制度；环保部门应加强监督队伍建设，形成监督管理网络，保证排污许可制度的实施。

12.5.6　环境保护目标责任制

12.5.6.1　环境保护目标责任制概念

环境保护目标责任制是一种具体落实地方各级人民政府和有污染的单位对环境质量负责的行政管理制度。这项制度确定了一个区域、一个部门乃至一个单位环境保护的主要责任者和责任范围，运用目标化、定量化、制度化的管理方法，把贯彻执行环境保护这一基本国策作为各级领导的行为规范，推动环境保护工作的全面、深入发展。

环境保护目标责任制是以社会主义初级阶段的基本国情为基础，以现行法律为依据，以责任制为核心，以行政制约为机制，把责任、权力、利益有机地结合在一起，明确了地方行政首长在改善环境质量上的权力、责任。在现有的环境质量和所制订的环境目标之间，铺设了一座桥梁。使人们经过努力，能够逐步改善环境质量，达到既定的环境目标。

12.5.6.2 环境保护目标责任制的目标管理

1. 目标及目标管理

目标是指"想要达到的境地或标准",是有意识的主动行为。强加的,而且"我"(个人或集体)想要达到的境地或标准。目标管理是以目标为中心的管理,是 20 世纪 50 年代后期兴起的一种新的管理思想。目标管理是以目标为中心的管理活动,是指围绕确定目标和实施目标开展的一系列管理活动。目标管理是将任务转化为目标,用目标来导向和激励人们的行动,通过行动来实现目标。

2. 目标管理过程

目标管理的过程可以概括为:

1 个中心:以目标为中心。

3 个阶段:计划阶段、执行阶段、检查阶段。

4 个环节:目标的确定、目标的规划、目标的实施、目标的考核。

9 项主要工作:计划阶段的三项工作是目标的论证(含选择、优化、论证、审批)、分解和定责授权;执行阶段的三项工作是咨询指导、反馈控制和调节平衡;检查阶段的三项工作是考核成果、奖惩和总结。

环境保护目标责任制抓住了环保工作的关键,加强了政府对环保工作的重视和领导,使环境保护真正列入各级政府的议事日程;同时有利于协调政府各部门齐抓共管环境保护,克服了多年来环保战线孤军作战的局面;另外,增加了环境保护工作的透明度,有利于动员全社会对环境保护的参与和监督。所以说环境保护目标责任制是环境目标管理的核心。

12.5.6.3 环境保护目标责任制的形式和特点

1. 环境保护目标责任制的形式

我国目前实行环境保护目标责任制主要有以下几种形式:

(1)确定政府任期环境目标和管理指标,通过逐级签订责任书层层分解,逐级下达,直至企业;

(2)政府或环保局直接与企业签订责任书或实行环境保护指标承包;

(3)全社会各个系统、各个部门都签订责任书;

(4)把环境效益纳入城市经济总挂钩的轨道,签订责任书。

2. 环境保护目标责任制的特点

环境保护目标责任制产生至现在,经过不断的丰富发展,逐步形成了下列特点:

(1)有明确的时间和空间界限,一般以一届政府的任期为时间界限,以行政单位所辖地域为空间界限;

(2)有明确的环境质量目标和定量要求;

(3)有明确的年度工作指标;

(4)以责任制等形式层层落实;

(5)有配套的措施、支持系统和考核与奖惩办法;

(6)有定量化的监测和控制系统。

12.5.6.4 环保目标责任制的工作程序

1. 责任书的制定阶段

各级政府组织有关部门和地区,通过广泛调查研究,充分协商任制的基本原则,建立指标体系,制定责任书的具体内容。

2. 责任书的签订下达阶段

责任书制定后,以签订"责任状"的形式,把责任目标正式下达,目标逐级分解,层层建立责任制,使任务落实,责任落实。

3. 责任书的实施阶段

在各级政府的统一指挥下,责任单位按各自承担的任务,分头组织实施。政府和有关部门对责任书的执行情况定期调度检查,采取有效措施,保证责任目标的完成。

4. 责任书的考核阶段

责任书期满,先逐级自查,然后由省政府组织力量,对各市地环境目标责任书的完成情况进行考核。根据考核结果,给予奖励或处罚。

12.5.7 城市环境综合整治定量考核制度

1. 城市环境综合整治定量考核制度概念

城市环境综合整治定量考核制度,是指通过实行定量考核,对城市政府在推行城市环境综合整治中的活动予以管理和调整的一项环境监督管理制度。城市环境综合整治自1984年起在我国得到广泛推行。

城市环境综合整治是指在城市政府的统一领导下,以城市生态学理论为指导,以发挥城市综合功能和整体最佳效益为前提,为保护和改善城市总体环境,对制约和影响城市生态系统发展的综合因素,采取综合性的对策进行整治、调控。该项措施在全国推行后,对改善城市环境发挥了促进作用。为了巩固成效,普及推广,把城市环境综合整治纳入法制管理轨道,在我国环境管理中建立了"城市环境综合整治定量考核制度"。

2. 城市环境综合整治定量考核的对象和范围

根据市长要对城市的环境质量负责这一原则,城市环境综合整治定量考核的主要对象是城市政府。因此,考核的范围和内容都是把城市作为一个整体来考虑的,定量考核实行分级管理。考核实行初审、会审和专家审核。对国家考核城市的考核,首先由城市自审,经省、自治区环保局审核后报国家环保部。国家环保部在前述初审的基础上组织各省、自治区和国家考核城市环保局有关人员进行会审,然后组织有关专家进行集中审核和现场抽查,最后经局务会审定后进行公布。

考核分为两级:国家级考核和省(自治区、直辖市)级考核。

(1) 国家及考核:是国家直接对部分城市政府在开展城市环境综合整治方面的工作情况进行的考核。

(2) 省(自治区、直辖市)级考核:各省、自治区考核的城市由省、自治区人民政府自行确定。

3. 城市环境综合整治定量考核的内容和指标体系

根据国家环境保护总局颁发《"十五"期间城市环境综合整治定量考核指标实施细则》要求,定量考核的内容包括4个方面的内容,共20项指标,总计100分。年终,各城市政府要将各项考核指标的完成情况认真进行汇总分析,并以城市政府的名义将本年度定量考核结果上报国家环境保护总局。国家环境保护总局将组织专人进行审核汇总,最后以得分多少评定名次并予以公布。

(1) 环境质量指标计 36 分，包括 7 项指标：可吸入颗粒物浓度年平均值、二氧化硫年平均值、二氧化氮年平均值、集中式饮用水水源地水质达标率、城市水域功能区水质达标率、区域环境噪声平均值和交通干线噪声平均值。

(2) 污染控制指标计 23 分，包括 5 项指标：烟尘控制区覆盖率及清洁能源使用率、汽车尾气达标率、工业固体废物处置利用率、危险废物集中处置率、工业企业排放达标率（包括工业废水排放达标率、工业烟尘排放达标率、工业二氧化硫排放达标率、工业粉尘排放达标率）。

(3) 环境建设指标计 29 分，包括 5 项指标：城市生活污水集中处理及回用率、生活垃圾无害化处理率、建成区绿化覆盖率、生态建设、自然保护区覆盖率。

(4) 环境管理指标计 12 分，包括 3 项指标：环境保护投资指数、污染防治设施及污染物排放自动监控率、环境保护机构建设。

12.5.8 污染集中控制制度

在过去的很长时间内，我国在污染源的分散治理上，花了很大的财力和物力，但效果并不显著，主要原因为：一是对污染的控制难度大；二是对环境工程的环境 – 效益分析不够，没有选择较好的管理途径。考虑到我国的国情和制度优势，对于点污染源应采取以集中控制为主的发展方向。我国目前主要对废水、废气、有害固体废弃物以及噪声采取集中控制的方式。

1. 污染集中控制制度的概念

污染集中控制是在一个特定的范围内，为保护环境所建立起来的集中治理设施和采取的管理措施，是强化环境管理的一种重要手段。污染集中控制，应以改善流域、区域等控制单元的环境质量为目的，依据污染防治规划，按照废水、废气、固体废物等的性质、种类和所处的地理位置，以集中治理为主，用尽可能小的投入获取尽可能大的环境、经济、社会效益。

实践证明，污染集中控制在环境管理上具有方向性的战略意义，特别是在污染防治战略和投资战略上带来重大转变，有助于调动社会各方面治理污染的积极性。首先，污染集中控制符合我国国情。如果要求众多排放污染物的企业都单独兴建污染物处理设施，那么，我国国力就承担不起，造成经济上不合理、管理上复杂化。因此，通过合理规划，按区域或流域，集中有限的资金，采用相对先进的技术和标准，集中治理污染，就有可能取得较大的综合效益，是符合我国现实情况的。其次，污染集中控制能够为大部分企业所欢迎。因为，大部分中、小企业由于资金不多、技术水平低、场地小等原因，乐于按照"谁污染谁负担"的原则，将他们的有害废物委托有专门技术的处理厂去处理，并支付合理费用。再次，污染集中控制也符合国际发展趋势。当前，各工业化国家有害废物处理和处理设施正向大型化、集中化方向发展，许多企业都在委托区域性废物处理中心来集中处理他们生产中产生的废弃物。

2. 污染集中控制制度的作用

(1) 有利于集中人力、物力、财力解决重点污染问题。集中治理污染是实集中控制的重要内容。根据规划对已经确定的重点控制对象，进行集中治理，就有利于调动各方面的积极性，把分散的人力、物力、财力集中起来，重点解决最敏感或者难度大的污染问题。

(2) 有利于采用新技术,提高污染治理效果。实行污染集中控制,使污染治理由分散的点源治理转向社会化综合治理,有利于采用新技术、新工艺、新设备,提高污染控制水平。

(3) 有利于提高资源利用率,加速有害废物资源化。实行污染集中控制,可以节约资源、能源,提高废物综合利用率。例如,集中控制废水污染,可把处理过的污水供作农田灌溉之用;集中治理大气污染,可同时从节煤、节电着眼等。

(4) 有利于节省防治污染的总投入。集中控制污染比起分散治理污染节省投资,节省设施运行费用,节省占地面积,也大大减少管理机构、人员,解决了有些企业缺少资金或技术,难以承担污染治理责任,虽有资金但缺乏建立设施的场地,或虽有污染治理设施却因管理不善达不到预期效果等问题。

(5) 有利于改善和提高环境质量。集中控制污染是以流域、区域环境质量的改善和提高为直接目的的,其实行结果必然有助于环境质量状况在相对短的时间内得到较大改善。

3. 污染集中控制制度的作法

(1) 实行污染集中控制制度,必须以规划为先导。污染集中控制是与城市建设密切相关的,如完善排水管网,建立城市污水处理厂,发展城市绿化等。同时,城市污染集中控制是一项复杂的系统工程。因此,集中控制污染必须与城市建设同步规划、同步实施、同步发展。

(2) 集中控制城市污染,要划分不同的功能区域,突出重点,分别整治。因为,各区域内的污染物的性质、种类和环境功能不同,其主要的环境问题也就不一样。所以,需要进行功能区划分,以便对不同的环境问题采取不同的处理方法。

(3) 实行污染集中控制,必须由地方政府牵头,政府领导人挂帅,协调各部门,分工负责。因为,污染集中控制不仅涉及企业,还涉及政府各部门和社会各方面,单靠政府哪一个部门是难以完成的,就需要政府出面,组织协调各方面的关系,分头负责实施。

(4) 实行污染集中控制必须与分散治理相结合。因为,对于一些危害严重、排放重金属和难以生物降解的有害物质的污染源,对于少数大型企业或远离城镇的个别污染源,就要进行单独、分散治理。

(5) 实行污染集中控制必须疏通多种资金渠道。污染集中治理比起分散治理来,在总体上可以节省资金,但一次性投资却要大。所以,要多方筹集资金,要由排污单位和受益单位出资,利用环境保护贷款基金、企业建设项目环境保护资金、银行贷款、地方财政补助,依靠国家能源政策、城市改造政策、企业改造政策等来筹集。

4. 污染集中控制制度的几种形式

(1) 废水污染的集中控制。主要有以大企业为骨干,实行企业联合集中处理;同等类型工厂互相联合对废水进行集中控制;对特殊污染物污染的废水实行集中控制;工厂对废水进行预处理以后送到城市综合污水处理厂进行进一步处理。

(2) 废气污染的集中控制。主要有城市民用燃气向气体化方向发展;回收企业放空的可燃性气体,集中起来供居民使用;实行集中供热取代分散供热;改变供暖制度,将间歇供暖改为连续供暖;合理分配煤炭,把低硫、低挥发分的煤炭优先供应居民使用,积极推广和发展民用型煤;加速"烟尘控制区"建设,对烟尘加强管理和治理,加强对锅炉厂、炉排厂、除尘器厂的管理;扩大绿化覆盖率,铺装路面,对垃圾坑、废渣山覆土造林,合理洒水,防止二次扬尘。

(3) 有害固体废物集中控制。主要有回收利用有用物质;将废物转变成其他有用物质;

将废物转变成能源;建设生物工程处理场处理生活垃圾;建设集中填埋场;建设固体废物处理厂。

(4)噪声的集中控制。采取环境噪声达标区的办法来推进噪声的集中控制。

12.5.9 八项制度的相互关系

经过长时间的实践,我国已经形成以八项制度为核心的环境管理政策。这八项环境管理制度是统一的整体,对其进行综合利用能取得更加满意的效果。这八项制度的相互关系如图12.1所示。

1. 层次关系

从整体上看,现阶段中国环境管理制度体系构成了4个层次的金字塔。

塔顶层:由目标责任制构成。这是制度体系的最高层,是各项管理制度的"龙头"。一方面它是实施其他各项制度的保证;另一方面,其他制度的实施又为目标责任制创造了条件。

塔身层:又分为上、下两层,分别由综合整治定量考核、集中控制制度与分散治理措施(未确立为制度)组成。这是因为这两项制度和一项措施体现了环境质量保护与改善的客观规律,必须从综合战略、集中战略与策略(该分散的分散,以有效地利用环境容量)角度采取强有力的制度措施才能解决。

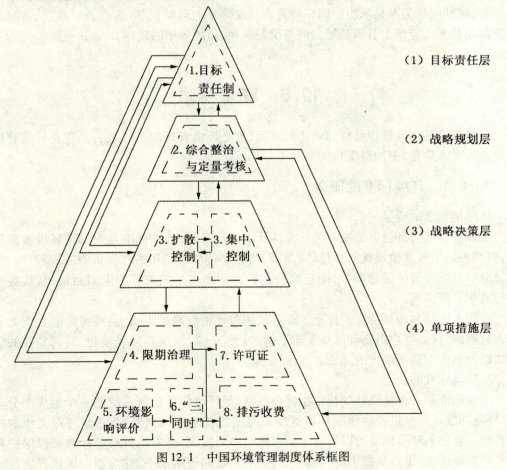

图12.1 中国环境管理制度体系框图

塔底层：分别由环境影响评价、"三同时"制度、限期治理制度、排污许可制度及排污收费制度五项环境管理制度组成，体现了污染源的系统控制关系，控制新、老污染源两条技术路线，并作为综合、集中、分散控制的管理手段，基础不配套、不完善，也不能建起塔身和塔顶，也组成不起来中国环境管理制度体系，所以必须切实打好基础。

2. 包含关系

从上述层次关系，可以看出包含关系，如集中控制制度与分散控制措施中就包含了环境影响评价制度、"三同时"制度、限期治理制度、排污许可制度及排污收费制度；而综合整治制度中包含了集中控制制度及分散控制措施。反过来说，下面层次的制度和措施，是上面层次的配套制度措施。

3. 系统关系

从基础层中五项制度来看，是分别对新、老污染源的系统控制技术路线，体现了系统控制的思想。环境影响评价是超前控制；"三同时"是生产前控制，限期治理则是对老污染源的控制；排污许可证是生产后控制制度并与环境容量相结合的总量控制制度；排污收费也是生产后控制制度并与浓度标准相结合。

4. 网络关系

综合分析八项制度和一项措施组成的四个层次之间还存在正向联系与反馈联系的网络关系，这种网络关系显示出中国环境管理制度体系的运动机制，这是各级政府、各级环境保护部门负责人应该十分清楚地理解与统筹规划、巧妙运用的规律。

12.6 环境标准

环境标准是环境管理目标和效果的表示，也是环境管理的工具之一。它是环境管理工作由定性转入定量，更加科学化的显示。

12.6.1 环境标准的概念

1. 环境标准的定义

亚洲开发银行环境办公室对环境标准所下的定义是：环境标准是为维持环境资源的价值，对某种物质或参数设置的最低（或最高）含量。标准可适用的环境资源范围较广。它是通过分析影响资源的敏感参数，确定维持该资源所需水平的关键浓度而制定的，这些参数在标准中有所体现。

中华人民共和国环境保护标准管理办法中对环境标准的定义为：环境标准是指为了保护人群健康、社会物质财富和维持生态平衡，对大气、水、土壤等环境质量，对污染源的监测方法以及其他需要所制定的标准。

2. 环境标准的功能

环境标准是一种法规性的技术指标和准则，是环境保护法制系统的一个组成部分。因此，环境标准是国家进行科学的环境管理所遵循的技术基础和准则，它是环保工作的核心和目标。合理的环境标准可以指导经济和环境协调发展，严格执行环境标准可以保护和恢复环境资源价值，维持生态平衡，提高人类生活质量和健康水平，并为制定区域发展负载容量奠定基础。对于某些有价值的环境资源已被污染干扰而致破坏的地区,采用严格的区域排放标准可以逐步改善各种参数,使其逐步达到环境质量标准,并恢复资源价值。

12.6.2 环境标准的制定

12.6.2.1 制定环境标准的原则

(1)保障人体健康是制定环境质量标准的首要原则。因此在制订标准时首先需研究多种污染物浓度对人体、生物、建筑等的影响,制定出环境基准。

(2)制定环境标准,要综合考虑社会、经济、环境三方面效益的统一。具体说来就是既要考虑治理污染的投入,又要考虑治理污染可能减少的经济损失,还要考虑环境的承载能力和社会的承受力。

(3)制定环境标准,要综合考虑各种类型的资源管理,各地的区域经济发展规划和环境规划的要求和目标,贯彻高功能区用高标准保护,低功能区用低标准保护的原则。

(4)制定环境标准,要和国内其他标准和规定相协调,还要和国际上的有关协定和规定相协调。

12.6.2.2 制定环境标准的基础

(1)与生态环境和人类健康有关的各种学科基准值;
(2)环境质量的目前状况、污染物的背景值和长期的环境规划目标;
(3)当前国内外各种污染物处理技术水平;
(4)国家的财力水平和社会承受能力,污染物处理成本和污染造成的资源经济损失等;
(5)国际上有关环境的协定和规定,其他国家的基准/标准值,国内其他部门的环境标准(如卫生标准、劳保规定)。

12.6.2.3 制定环境标准的原理

1. 环境质量标准的制定原理

环境质量标准是从多学科、多基准出发,研究社会的、经济的、技术的和生态的多种效应与环境污染物剂量的综合关系而制定的技术法规。

制定环境质量标准的科学依据是环境质量基准。基准值是纯科学数据,它反映的是单一学科所表达的效应与污染物剂量之间的关系。环境标准中最低类别大多与这些基准有关。将各种基准值综合以后,还需与国内的环境质量现状、污染物负荷情况、社会的经济和技术力量对环境的改善能力,区域功能类别和环境资源价值等加以权衡协调,这样才能将环境质量标准置于合理可行的水平上。

2. 污染物排放标准制定原理

污染物排放标准是指可排入环境的某种物质的数量或含量。在这个数量范围内排放不会使环境参数超出已确定的环境质量标准范围。

污染物排放标准的设置情况,可用图12.2来加以说明。图中横坐标代表处理效果,用去污率(%)表示,纵坐标代表成本。在点①以前,成本增加不多,而去污率增加很快;在点①以后成本增加很多,而去污率增加不大。这反映了污染处理成本与效果的一般特征。所以拐点①具有最大经济效益。

目前较发达的工业国家都采用"最佳实用技术"(BPT)和"最佳可行技术"(BAT)的方法制定排放标准,其含义是排放标准的制定是以经济上适用的污染物综合治理技术为依据,其中 BAT 要求较高。BPT 处于图上点②的位置,BAT 处于图上点③的位置。可见,排入标准可以随控制时期的国家经济技术条件的变化而变化。

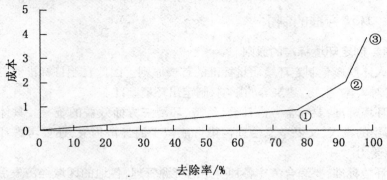

图 12.2 排放标准的设置

12.6.2.4 环境标准体系

环境标准体系,是指根据环境监督管理的需要,将各种不同的环境标准,依其性质功能及其间的内在联系,有机组织合理构成的系统整体。环境标准体系不是一成不变的,它与一定时期的技术经济水平以及环境污染与破坏的状况相适应,并随着技术经济的发展,环保要求的提高而不断变化。

1. 环境标准体系的构成

根据《中华人民共和国标准化法》和《中华人民共和国标准化实施条例》的有关规定,国务院环境保护主管部门组织草拟、审批环境保护的国家标准。对没有环境保护国家标准而又需要在全国某个行业范围内统一的环保技术要求,由国务院环境保护主管部门制定环境保护行业标准。行业标准在相应的国家标准实施后,自行废止。国家标准和行业标准分为强制性标准和推荐性标准。

目前我国的环境保护标准有环境质量标准、污染物排放标准、环境基础标准、样品标准和方法标准。环境质量标准、污染物排放标准分为国家标准和地方标准,是强制性标准。

国家环境标准,是国家环境保护行政主管部门制定并在全国范围内或特定区域内适用的标准。地方环境标准,是由省、自治区、直辖市人民政府批准颁布的,在特定行政区内适用。

对国家环境质量标准中未规定的项目,可制定地方环境质量补充标准;当地方执行国家污染物排放标准不适用于当地环境特点和要求时,省、自治区、直辖市人民政府,可制定地方污染物排放标准。

环境质量标准和污染物排放标准是环境标准体系的主体,它们是环境标准体系的核心内容,从环境监督管理的要求上集中体现了环境标准体系的基本功能,是实现环境标准体系目标的基本途径和表现。环境基础标准是环境标准体系的基础。环境基础标准给出各类环境标准建立时应遵循的准则要求,是环境标准的"标准",它对统一、规范环保标准的制定、执行具有指导作用,是环境标准体系的基石。环保方法标准、环保标准样品标准构成环保标准体系的支持系统,它们直接服务于环境质量标准和污染物排放标准,是环境质量标准与和污染物排放标准内容上的配套补充以及环境质量标准与污染物排放标准有效执行的技术保证。

1992年，国家环保总局开始对环境保护国家排放标准体系进行调整，其目的是解决综合性国家排放标准与行业性排放标准存在交叉执行、使用不便的问题。到1996年，国家环保总局已基本完成了环境质量标准和污染物排放标准的体系调整。

2. 环境标准

（1）环境质量标准

环境质量标准是指为了保障人群健康和社会物质财富，维护生态平衡而对环境中有害物质和因素所作的限制性规定。环境质量标准是以国家的环境保护方针、政策和法规为依据，以保护环境和改善环境质量为目标制定的。环境质量标准是国家政治、经济、技术等多种因素与环境政策的综合反映和环境保护目标的体现，是一定时期内衡量环境状况优劣的尺度与进行环境规划、评价和管理的依据。目前我国环境质量标准依照环境要素可划分为环境空气质量标准、水环境质量标准、环境噪声以及土壤环境质量标准等。

（2）污染物排放标准

污染物排放标准是指为了实现环境质量要求而对污染源产生排入环境的污染物质或有害因素所作的限制性规定。污染物排放标准是以环境质量标准为基础，为实现环境质量标准目标，以污染防治的技术、经济可行性为依据而制定的。污染物排放标准是对污染排放行为进行直接监督管理，实现环境质量标准水平的基本途径和手段。

从污染物的形态，污染物排放标准可划分为大气污染物排放标准，水污染物排放标准，固体废弃物、噪声控制标准等。从适用范围，对于国家污染物排放标准，又可以划分为一般综合性污染物排放标准和行业性污染物排放标准。对重点污染行业和特殊行业，结合其生产工艺，产污特点和污染控制技术、费用，制定相应的行业性国家排放标准，实行重点管理；对于一般污染的管理，结合综合性国家技术、费用，制定相应的行业性国家排放标准，实行重点管理；对于一般污染的管理，制定综合性国家排放标准，解决广大非重点源和非特殊污染行业的排放管理。按照规定，综合性排放标准与行业性排放标准按不交叉执行的原则实施。

（3）环境基础标准

环境基础标准是对环境标准中具有指导意义的有关词汇、术语、图式、原则、导则、量纲单位所做的统一技术规定。在环境标准体系中，基础标准处于指导地位，是制定其他各类环保标准的基础。

（4）环保方法标准

环保方法标准是指对环境保护领域内以采样、分析、测定、试验、统计等方法为对象所制定的统一技术规定。目前环保方法标准中，制定的主要是分析方法和测定方法标准。统一的环保方法标准，对于规范环境监测、统计等人员操作，提高环境监测、统计等数据的准确性、可靠性、一致性，保证信息质量具有重要作用。

（5）环保标准样品标准

在环境保护工作中，用来标定仪器、验证测定方法、进行量值传递或质量控制的标准材料或物质称为环保标准样品。环保标准样品标准是对环保标准样品必须达到的要求所作的统一技术规定。环保标准样品标准对保证标准样品用于环境管理中进行分析方法评价、分析仪器及其灵敏度的评价和鉴别，以及分析技术人员的操作技术评价等方面具有重要的作用。

(6) 环境保护行业标准

环境保护行业标准是指对环境保护工作范围内所涉及的部分活动以及设备、仪器等所作的统一技术规定。环境保护行业标准是为加强环境保护领域的行业管理而发展出来的一类环境标准。它是针对全国环保行业的发展需加强管理而提出的技术规范。其标准范围涉及面较广，目前包括34类标准。行业标准只能针对无国家标准，而又需要在本行业统一技术要求而制定，由国家环境保护行政主管部门制定。

12.7 环境执法

随着社会主义市场经济体制在我国的确立和我国经济的高速发展，我国环境状况出现了在整体上趋于恶化的势头。面对环境污染和破坏的严重状况，采用法律手段即刑事制裁方法保护环境，惩治环境犯罪，十分重要。

12.7.1 环境立法与执法

1. 加强环境立法

国外的立法经验表明，惩治环境犯罪的立法，是促进环境法制管理和保护资源环境的有效手段和基础。日本、德国和其他一些国家，在20世纪60~70年代的经济高速发展中，由于及时地加强了惩治环境犯罪的立法，用刑法手段保护环境，通过其威慑作用，取得了其他法律手段难以达到的效果，避免了严重污染和破坏环境行为的发生。如德国在20世纪60年代以后制定的联邦污染控制法、水法、废弃物处理办法等环境法中，都直接规定了刑事条款，并于1974年和1978年两次修改补充刑法法典，把各种危害环境的综合在一起形成法典中新的一章"危害环境罪"。日本除了在各种污染、公害防治以及有关自然和资源保护的法律中直接规定刑事处罚条款以外，还在1970年制定了《关于危害人体健康的公害犯罪惩治法》。其他，如美国、英国、法国、瑞典等国有关环境法中也都直接规定了刑事处罚条款，捷克1990年的刑法法典修正案中，也新增了危害环境罪的专门规定。

我国现行的有关惩治环境犯罪的立法还不完善，还不能对严重危害环境的行为予以有效惩治。这些表现在：第一，我国现有惩治环境犯罪的立法比较分散、零碎，缺乏系统性和可操作性，没有综合性惩治环境犯罪的专门立法，对有关环境犯罪行为的制裁实行的是立法类推式。从环境保护法、海洋环境保护法及一些资源法来看，这些法律都只笼统地规定"依法追究刑事责任"。这种规定太原则，依什么法？司法机关难以具体操作。同一罪行，有的比照危害公共安全罪，有的比照渎职罪，有的则比照破坏社会主义经济秩序罪追究责任，使司法人员在分析犯罪构成时极感困难，使环境犯罪难以起诉，最后以罚代刑了结。第二，现行立法对环境犯罪范围的界定过窄，仅限于违反法律，造成重大污染事故，导致公私财产重大损失或者人身伤亡后果严重的，才追究刑事责任。第三，现行惩治环境犯罪立法未规定法人代单位受过。这不仅有失法律公平的原则，同时也是有些单位长期违法、罚而不改的症结所在。第四，现行环境犯罪立法，只重财产和人身危害，未考虑环境破坏的后果，而各种危害生态环境的直接犯罪，其后果往往比具体财产损失和人员伤亡更严重，却恰恰被忽略，偏离了环境立法的根本宗旨。

另外,随着我国经济建设的发展,环境立法工作跟不上需要。这不仅表现在已颁布的法规数量有限,门类不全,有的法规和标准还是试行,有的内容陈旧,规定不明确,不具体,难贯彻执行;而且对一些量大面广的污染防治问题还无法可依,如对三资企业、饮食服务行业、第三产业和个体经营者环境污染的管理以及执行标准等,都表明我国环境立法亟须加强。

2. 加强环境执法

环境立法工作不易,切实执行更加困难和复杂。在我国,各地都不同程度地存在着地方领导干预环保执法,环保部门执法不严、违法不究现象。一些地方政府为了发展经济,争项目,取消或简化建设项目的审批手续,认为"环境污染是老虎,但是不吃人",不执行或抵制环保法律制度,以言代法,要环保部门让权、放权;环保执法部门手软、执法不力,甚至面临机构被合并、降格、削弱的局面。存在上述问题的主要原因:一是环境法所调整的对象涉及范围广,几乎牵扯所有的生产部门,因而由谁执法,常常互相牵制,互相推诿;二是法规执行不仅涉及经济计划、管理体制等一些棘手问题,而且还涉及很多科学技术问题;三是法律的执行者和当事人,在我国主要不是公民个人,而是企业、组织和国家机关,因而"为公论"常使环保法在实践中被一些单位和个人视为是有伸缩性的、可讨价还价的,甚至认为违反环保法无关紧要,只要不触犯刑法,是坐不成牢、犯不了罪的;四是监测、监督、司法机构极不健全。所有这些情况都增加了环境执法的难度和复杂性。

3. 环境行政强制执行

所谓环境行政强制执行,是指公民、法人或其他组织逾期不履行环境行政法律义务时,由有关国家机关依法采取必要强制措施,迫使其履行义务。我国环境行政执行的法律规定主要由四部分构成:一是环境保护法第40条关于环境行政处罚强制执行的规定;二是行政诉讼法第66条关于一般具体行政行为强制执行的规定;三是行政复议条例第47条第2款关于经过复议的具体行政行为强制执行的规定;四是最高人民法院关于贯彻执行《中华人民共和国行政诉讼法》若干问题意见(试行)。环境行政强制执行的主体,一般包括行政执法机关和人民法院。但据我国环保法和行政法规规定,环保部门并不享有直接的行政执行权,因此在环境保护领域,行政执行权的主体主要是人民法院。在实际操作过程中,表现为当义务人不履行其义务时,由环保部门向人民法院提出申请。申请强制执行时应提交下列条件:申请执行书;据以执行的环境行政处罚决定书或其他行政处理决定书(如缴纳排污费的通知书);环保部门作出该处罚决定书或其他行政处理决定书的证据和所依据的规范性文件。环境强制执行的内容主要包括两部分:一是环境法或法规直接规定的义务人(法人)应当履行的义务,如规定排污单位依照国家规定缴纳排污费;二是环保部门依法所作的行政处理决定中要求义务人履行的义务,如环保部门依法作出处罚决定中要求被处罚人履行缴纳罚款,停止生产、使用等义务。环境强制执行的手段,也包括两类:一是强制划拨,通常适用于排污费、罚款、滞纳金的执行;二是强制查封,通常适用于责令环境违法单位停止生产、使用以及责令停业、关闭等处罚。人民法院也可根据具体情况,采取其他强制执行手段。

12.7.2 环境冲突和纠纷的处理

环境管理的核心问题,就是如何建立起约束人们损害环境和资源行为的调控体制,而人们的行为不仅受到道德观念和教育程度的影响,更受到自身利益得失的驱动。因此,在发展与环境问题上研究有关各方利益的矛盾和冲突,至关重要。这里所谓有冲突,就是指"一种存在着相互对立的局势(情形),在这种局势中有着对立目标的各方相互影响,相互作用"。在不同场合,冲突又被称为矛盾、异议、论战、纠纷、争吵,即冲突是各种不同程度对立情形的总称,包括跨代的、地区的、区域的和全球的。

1. 环境冲突的普遍性

环境冲突普遍存在于发展经济与保护环境之间,存在于区域、人群间分配自然资源和环境容量的过程之中。地区性环境冲突,如城市水源地保护与当地居民发展经济间的冲突,工业排污与城市供水间的冲突,城市和工业排污引起的死鱼、死秧事故引发的纠纷,开发建设活动的影响与城市居民的冲突等;区域性环境冲突,如跨省市、跨国界的环境标准争端,水库在上下游和多种功能相关利益各方间的争议,二氧化硫排放地区与受酸雨影响地区间的冲突等;全球性环境冲突,如控制温室气体的争议,保护臭氧层、减少含氯氟烃使用资源与奢侈享受,导致资源枯竭和环境破坏,而后代人又不能在这场冲突中采取保护自己利益的行动,只能由当代人主动为后代考虑,限制自己的行动。可见环境冲突普遍存在于军事领域、经济领域、商业、大型工程建设过程等之中。

2. 处理环境冲突的基本原则

在处理环境冲突问题时,主要有两种决策准则:一是效率高或整体最优,即以社会总费用最小或净经济效益最大为目标;二是公平原则,即指以单位或个体之间公平合理地分担责任、分配权力和利益为目标。面对我国已将现代市场经济战略——"效率优先,兼顾公平"作为发展的指导方针,因而作为政府调控行为的环境政策与法规、环境规划与管理,其首要准则应当是公平性,这样才能保证市场调节的进行,才能实现社会的高效率。例如,在发放污染物排放许可证时,政府按公平的原则分配允许排污量和削污量,在此基础上才能引导排污者通过集中控制、排污交易等办法追求整体效率的提高。但是,处理冲突问题的公平原则,必须定量化,才能使人信服,才便于进行具体指导和操作。而公平性从客观上说又很难量化,往往看来似乎公平的原则却隐含着不公平性,不同的人从不同的角度会有不同的公平观,只有通过系统分析,对整个过程的公平性进行定量研究,才能得出基本公认的、相对稳定的定量化公平规则。现在,环境冲突分析理论,正在与环境管理学相结合,以各种冲突为研究对象,运用系统科学、决策科学等多种理论和方法,分析冲突局势的特点、预测冲突的发展结局、设计冲突的公平处理方案,这方面的研究正在国际上日益引起重视,Nash 因为这方面的贡献获得了 1994 年诺贝尔经济学奖。环境冲突分析的根本目的和主要内容,就是公平处理,因此公平性的量度在环境冲突分析中占有十分重要的地位,而公平规则的建立又需要有一个从感性到理性、从局部经验到公众公认的过程,这样研究和总结环境管理实践中有关公平性的原则、政策和方法,评估其正确程度(按照起点公平、过程公平、结果公平加以判断),筛选建立关于"公平"的公理体系,设计和推导出满足公理体系的环境冲突处理方案和政策,便显得十分重要了。

3. 环境冲突和纠纷的处理政策

环境冲突和纠纷这种因环境问题而引发的社会成员(含国家、单位和个人,环境法中称之为特殊法人、法人和公民或自然人)之间的争执,是社会矛盾的一种公开化形式,处理这类纠纷妥当与否,直接关系到社会成员的切身利益,对维护社会的安定团结、打击环境犯罪分子、加强环境法制建设、调动社会公众保护环境的积极性具有重要的作用。应当说,我国政府自20世纪70年代起制定的环保32字方针、环境保护法规、环境保护的三大政策、环境管理的法律制度,以及近年推出的"中国的环境与发展十大对策"、"中国21世纪议程"等,都包含要求处理好各种环境冲突的措施,环境管理实际上就是一系列解决环境冲突或纠纷的行为。中国在环境管理中强调依法进行管理,加大执法力度,但由于目前环保法还不健全,不具体,不明确,甚至有相互交叉、矛盾的情况,往往追求整体最优,而对相关性各方的公平性、各方利益间的冲突协调、激励各利益方间的合作,则显得不够,结果实施性差,难以变成决策者、管理者的有效行动。因此,制定处理环境冲突和纠纷的政策,是强化环境法制管理的重要措施。中国处理环境纠纷的政策,主要包括处理途径、处理原则、措施和其他有关对策。

(1) 处理环境纠纷的途径,主要有环境诉讼方式、行政处理方式以及其他非诉讼方式。环境诉讼是指环境主体或纠纷当事人因其依法所享有的权利受到侵害后,向国家司法机关提起的请求保护其合法权益、采取司法补救措施的诉讼,它又可分为行政诉讼、民事诉讼和刑事诉讼。行政诉讼指对行政机关及其工作人员就其履行环境方面的行政职责行为提起的诉讼。这种诉讼又可以分为两类:一是向司法机关提出要求行政机关及其工作人员履行其法定职责或追究其违法失职待业的诉讼(按宪法第41条规定);二是司法审查,即受行政机关的行政处罚或其他行政处理的人向人民法院提起的诉讼,由法院在查明情况的基础上作出公正裁决,这在《海洋环保法》和《水污染防治法》中都作了具体规定。民事诉讼指公民或法人在其所享有的权利受到侵害后向法院提起的诉讼,这在《中华人民共和国民法通则》、《中华人民共和国民事诉讼法》、《海洋环保法》和《水污染防治法》中均作了明确规定,并采用一些新的民事政策,扩大民事起诉权利;实行被告(污染者)举证责任制;在起诉、立案、诉讼费用、举证责任方面,实行有利于原告(被污染者)的新政策规定;追究民事责任方面,实行民事违法行为的两罚或多罚制度,实行环境污染因果关系推定的新办法等等。刑事诉讼指对犯有危害环境罪者提起的、要求追究刑事责任而进行的诉讼。目前我国刑法虽没有规定危害环境罪,但规定了9种与环境有关的犯罪活动要追究刑事责任,即用危险方法破坏河流、水源、森林、牧场、重要管道、公共建筑物的;用危险方法致人伤亡或使公私财产遭受重大损失的;由于不服管理,违反规章制度或强令工人违章冒险作业而发生重大伤亡事故的(重大责任事故罪);违反爆炸性、易燃性、放射性、毒害性、腐蚀性物品的管理规定而发生重大事故的;盗伐森林或其他林木的;在禁渔区、禁渔期或使用禁用工具方法捕捞水产品的(非法捕捞水产品罪);破坏珍禽、珍兽或其他野生动物资源的(非法狩猎罪);故意破坏国家保护的珍贵文物、名胜古迹的;国家工作人员由于玩忽职守,致使公共财产、国家和人民利益遭受重大损失的(玩忽职守罪)。另外,在《森林法》、《水污染防治法》等法规中还有比照刑法某些特定条款追究刑事责任的规定。

行政处理方式指由依法拥有环境监督管理权的国家行政主管机关出面处理纠纷,包括应纠纷当事人请求而进行的斡旋、调解、仲裁以及由行政机关单方面决定的责令或行政决定。行政主管机关用斡旋、调解、仲裁方式处理的环境纠纷,主要是环境污染损害赔偿纠纷;由责令或行政决定处理的环境纠纷,主要针对行政违法行为,这种违法行为是指违反行政法规或轻微违法、尚未构成犯罪而由行政机关处理的行为,可以采取追究行政违法行为者的行政责任或给予其行政制裁的办法。行政制裁包括行政处分和行政处罚两个方面。

行政处罚是指国家行政机关依法对犯有轻微违法行为尚不够刑事处分的人，所采取的一种强制性措施。我国环境法律中规定的行政处罚主要有：警告、罚款、责令限期治理、责令缴纳排污费、责令补种树木、责令恢复植被、责令赔偿国家损失、责令退回非法占用物、没收违法所得、吊销证件等等。

其他非诉讼方式，在我国用以处理环境纠纷的，还有群众性组织（如居委会）处理方式、单位处理方式、当事人自行处理方式、民间第三者处理方式等。

（2）处理严重环境纠纷或冲突的政策。这种纠纷，各方之间的矛盾比较尖锐，冲突激烈，造成的危害和损失也较严重，常把官司打到人民政府或人民法院。处理这类纠纷的基本原则是：

①实事求是原则。根据环境冲突事件的特点，制定和采取相应处理对策，并注意把它和破坏生产（或公共财产）事件和危害社会治安的反革命事件区别开来，一般的，环境冲突事件的起因是被污染者为了捍卫法律赋予自己的环境权益，起来反对、制止污染者违反环境法的行为，这是环境冲突事件动机的主导方面，具有不同于破坏集体生产和破坏公共财产事件的性质。其次，这类环境冲突事件，一般具有酝酿时间长、发展阶段清楚、群众自发、活动公开、集体行动、损失严重、影响面广的特点，其中领导者的官僚主义是导致矛盾激化的关键因素。因此处理这类严重纠纷事件，要本着兼顾国家、集体、个人利益的原则，认清并掌握事件的起因、性质和特征，采取相应对策。

②要贯彻预防为主的原则。努力在冲突阶段到来之前就解决纠纷。由于保护公共财产、保护人体健康、维护社会安定，发展生产和保护环境，目的都是为了最大限度地满足人民日益增长的物质和文化需要，其间没有根本利害冲突，而且这类冲突事件一般都有一个相当长期的发展过程，只要领导克服官僚主义，做好冲突各方的利益协调和斡旋工作，是完全可以防患于未然的。

③兼顾国家、集体、个人三者的利益，坚持经济效益、社会效益、环境效益相统一的原则。环境冲突一般都牵涉国家、集体、个人三者的利益，因此在处理冲突事件时，要兼顾三者利益，保证国家的环境资源不受侵害，保护环境法人和公民的环境权益，要采用权衡原理，通过对冲突事件处理产生的经济效益、环境效益和社会效益的综合分析评价，来决定处理这类事件所应采取的办法。

④坚持以事实为依据，法律为准绳，不搞官官相护的原则。环境冲突事件发生后，司法部门和其他受理机关，要进行深入广泛的调查，听取有关各方的意见，特别要听取被污染者和环保部门的意见，作出公正判决。

⑤坚持有错必纠的原则。处理严重环境纠纷或冲突事件是一项新的工作，冲突分析理论在国际上也属前缘科学研究，一些地区由于缺乏经验，缺乏正确的政策指导，法制观念淡薄等原因，把严重环境纠纷事件当作"反革命事件""破坏集体生产事件"处理，结果造成了一批冤案、错案。因此，坚持实事求是，有错必纠，这也是加强社会主义法制、维护社会的安定团结、处理环境冲突事件应当坚持的一项基本原则。

第 13 章　环境管理信息系统

13.1　系统及其特征

13.1.1　系统的概念

系统是指同类事物按一定的关系组成的整体。自然界本身即构成系统说,它具有链条式的结构,链的各个环节都存在着包含与被包含的因果关系,从而保持了它们之间的生态平衡。如地球表面层就是由大气圈、水圈、岩石圈、土壤圈及各种生物种群等多个环节构成的链。如果其中某一个环节起了变化,生态平衡随之受到破坏,这就是事物内部的矛盾运动。所以,恩格斯说过:"世界不是一成不变的事物的集合,而是过程的集合。"他把这一认识称之为"一个伟大的基本思想"。这个基本思想就是我们今天所说的系统观点或系统思想。

系统是由互相关联的多个元素集合而成并具有特殊功能的有机整体。如一架飞机,一个学校或一套制度都可以称为系统,宇宙的太阳系也是一个系统。

上述定义包含以下几方面的内容和含义:

(1) 系统的要素。系统的要素是指构成系统的各个基本组成部分,由物质、能量和信息所构成。任何一个系统都可以分解成两个或两个以上不同的要素。系统的要素与要素的不同组合构成了不同级别的系统,其中较高级别的组合称为系统或大系统,较低级别的组合称为子系统或分系统。子系统或分系统是大系统的组成部分,它与系统要素的区别在于子系统已具备系统的基本特征,而系统要素则不具备系统的基本特征。

(2) 系统的结构。系统的结构是指系统内部的各要素或子系统相互联系、相互作用而形成的排列形式、结合方式和比例关系。系统的结构表明了系统的存在方式,是决定系统的特征和功能的最基本因素。

(3) 系统的功能。系统的功能是指系统在一定的条件和外部环境下具有的达到预期目标的作用和能力。系统功能的具体表现就是系统具有把投入转换为产出的作用和效率。研究和考察系统的功能,必须联系系统各要素之间及其与外部环境之间的物质、能量和信息的交换过程,亦即联系系统的结构及系统的环境。

(4) 系统的环境。系统的环境是指系统外部影响系统功能的各种因素的总和。根据影响系统功能的外界因素和条件的特点,可把系统的环境分为物理和技术的环境、经济和管理的环境、社会及人际关系的环境等几大类。系统的环境处于经常变化之中,这种环境的属性及状态的变化会通过对系统的输入,即系统与环境的物质、能量和信息的交换而影响系统的运行及功能。系统与环境的分界线成为系统的边界。系统环境往往表现为对系统及对组成系统诸要素的约束。

13.1.2 系统的特征

在自然界和人类社会中普遍存在着各种不同性质的系统。这些系统可按不同标准进行分类。一般来说，系统主要分为自然系统、人造系统及自然系统与人造系统结合的复合系统。"人类－环境"系统属于复合系统。复合系统具有如下几个特性：

1. 系统的整体性

系统的整体性是指系统作为一个有机整体，在其存在方式、目标、功能等方面表现出来的整体统一性。从系统的存在方式上来说，系统的任何一个组成部分均不能离开整体而孤立地存在，而整体失去其某一组成部分也难成为完整的形态而发挥作用；从系统存在的目的来说，系统的整体目标是系统各组成部分共同努力的总目标，它不等于各组成部分分目标的线性相加，系统的功能具有整体性，系统作为整体存在时具有其组成部分所没有的功能和特性。

2. 系统的相关性

系统不是其构成要素的堆积和混合，而是由这些相互关联、相互作用的要素或子系统组成的有机整体。这些组成要素不仅在系统内部相互依赖、相互制约，而且同外部环境也具有一定的联系和制约，是形成系统结构、决定系统功能的基本力量，是使系统内各要素和各子系统成为有机整体构成的必不可少的组分，是系统整体性得以实现维持的条件。

3. 系统的有序性

系统有序性是指系统在其结构和运动的发展变革方式上表现出来的秩序和规律。系统的组成要素及各子系统之间的能量、物质及信息传递和交换，会引起系统的状态、结构、运动方式及发展等方面有规律地变化，而这种变化会导致系统有规律、有秩序的演变。系统的有序性表现为系统结构的有序性、系统运动的有序性和系统发展变化的有序性三种形式。系统的有序性是人们认识系统和控制系统的依据。

4. 系统的自适应性

系统的自适应性是指系统在外界环境的摄动作用和内部结构不断变化的情况下，系统可以根据环境条件的变化或系统发展目标的转移，自动地改变自身的内部结构以适应外界环境的变化的特性，保持正常稳定的运转，从而使原定的目标不至于受到干扰和破坏。

5. 系统的目的性

人工系统和复合系统都具有一定的目的性，为了达到特定目的，系统都具有特定的功能。系统通常都是多目的性的，一个目的又可以用一个或多个目标来表示，当所有目标都满足要求时，系统即实现了既定目的。

13.1.3 系统工程

系统工程是以大型复杂系统为研究对象，按一定目的进行设计、开发、管理与控制，以期达到总体效果最优的理论与方法。系统工程研究的对象广泛，包括人类社会、生态环境、自然现象和组织管理等。系统工程是一门跨学科的边缘学科，是自然科学和社会科学的交叉。因此，系统工程形成了一套处理复杂问题的理论、方法和手段，使人们在处理问题时，有系统的整体的观点。系统工程所研究的对象往往涉及人，因而系统工程所研究的大系统比一般工程系统复杂得多，处理系统工程问题不仅要有科学性，而且要有艺术性和哲理性。

从20世纪80年代开始,全球性环境问题成为世界各国关注的焦点,促使各国环境管理工作者开始自觉地把环境问题放到人口、资源、社会和经济发展的大系统中去研究和管理。1983年,美国航天与航空署(NASA)顾问理事会任命了一个地球系统科学委员会(Earth System Sciences Committee)来审议该署的地球科学研究方向。如从 CO_2 温室效应的研究扩大为温室气体的研究,带动了平流层臭氧遭受破坏的研究,而探讨温室气体变化的前因后果又凝聚为气候系统的研究,并带动包括陆地与海洋在内的地球系统的研究。1992年《地球系统科学百科全书》在美国出版;美国国家海洋大气局组织22所大学协作发展地球系统科学教育;AMBIO1994年第一期是综合的地球科学专号。国外环境系统科学的发展,促使国内系统工程的研究。自20世纪80年代起,世界公认的力学与系统工程学术权威钱学森就号召发展地球表层学与地理系统科学,引起国内学术界的广泛关注。国务委员宋健在其主编《现代科学技术基础知识》中也叙述了地球系统学的观点。中国科学院院士、地理科学界的老前辈黄秉维也多次倡导建立地球系统科学,为我国可持续发展战略提供理论支持。由此可以看出,采用现代系统理论和系统分析方法,跨越传统的科学领域,对环境与发展的重大问题展开系统综合研究,已成为我国环境管理现代化的发展趋势。

13.2　环境信息及其系统

13.2.1　信息、知识、情报

信息简言之就是音讯、消息,它在人类社会以及人类思维活动中普遍存在,并被利用。一则重要信息的处置和运用得当,对一项事业可具荣枯兴衰之力,对一个企业能起浮沉成败之效。因此,有人认为信息也是一种可以给人带来经济效益的资源。信息是环境管理工作的重要支柱之一。据统计,一项现代新技术项目的研制中,约有90%的内容是通过各种已有的知识获得信息,独创性的工作只占10%左右。不同的事物有不同的特征,都可以通过一定的形式(如声、波、图像、浓度分布等)给人以信息。

知识是人类通过信息对自然界、人类社会的认识和掌握,是人的大脑通过思维重新组合的系统化信息的集合,是一种特定的人类信息,它是信息的一部分。

对于情报,人们曾赋以各种各样的定义。一般认为情报是知识的一部分,是一种进入交流系统的运动着的知识。

纵观信息、知识和情报三者的属性和联系,可以说,它们之间具有如下的逻辑关系:信息知识情报。这种关系可用图13.1表示。

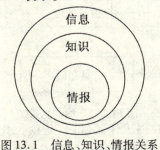

图 13.1　信息、知识、情报关系

13.2.2 环境信息系统

13.2.2.1 环境信息

环境信息是表征环境问题及其管理过程中各固有要素的数量、质量、分布、联系和规律等的数字、文字和图形等的总称;是经过加工的、能够被环境保护部门、公众及各类企业利用的数据,是人类在环境保护实践中认识环境和解决环境问题所必需的一种共享资源。

环境信息除具有一般信息的基本属性(如事实性、等级性、传输性、扩散性和共享性)以外,还具有以下特征:

1. 时空性

环境信息是对一定时期环境状况的反映。针对某一国家或地区而言,其环境状况是不断变化的,因此环境信息具有鲜明的时间特征。不同地区,由于其自然条件、经济结构及社会发展水平各异,因此其环境状况也各不相同,这表明环境信息具有明显的空间特征。

2. 综合性

环境信息是对整个环境状况的客观反映。而环境状况是通过多种环境要素反映的,这也就要求环境信息必须具有综合性。如重金属污染物进入水体后,既有在动力作用下的输送或重力下的沉降过程,又有被水生生物作用产生的生化过程,并相应产生各种流动的信息。

3. 连续性

进入环境的污染物质使环境质量发生变异或者对环境造成破坏,都是有一个由量变到质变的连续过程;污染物在环境中的积累作用,使环境系统处于不同的发展阶段,相应的产生初始信息、中间信息和结果信息,一直持续下去。

4. 随机性

环境信息的产生与生成都受到自然因素、社会因素及特定环境条件的随机作用,因此它具有明显的随机性。

13.2.2.2 环境信息系统

信息从产生到应用构成一个系统,这个系统称为信息系统。环境信息从产生到应用于环境保护工作所构成的系统,称为环境信息系统,可用图 13.2 表示。

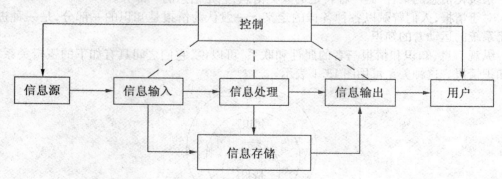

图 13.2 环境信息系统

环境信息系统是从事信息处理工作的部门,是由工作人员、设备(计算机、网络技术、GIS 技术、模型库等软硬件)及环境原始信息等组成的系统。研究环境信息系统的目的在于:一方面促进环境系统的发展;另一方面使环境系统更好地为环境管理服务。环境信息系统按内容可分为环境管理信息系统(EMIS)和环境决策支持系统。

1. 环境管理信息系统

环境管理信息系统(Environmental Management Information Systems)简称 EMIS。它是一个以系统论为指导思想,通过人－机(计算机等)结合收集环境信息,通过模型对环境信息进行转换和加工,并据此进行环境评价、预测和控制,最后再通过计算机等先进技术实现环境管理的计算机模拟系统。

环境管理信息系统(EMIS)的基本功能有:环境信息的收集和录用;环境信息的存储;环境信息的加工处理;以报表、图形等形式输出信息,为决策者提供依据。

环境管理信息系统 EMIS 的基本结构如图 13.3 所示。

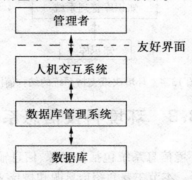

图 13.3　环境管理信息系统结构简图

2. 环境决策支持系统

环境决策支持系统(Environmental Decision Support Systems)简称 EDSS,是将决策支持系统 EDSS 引入环境规划、管理、决策工作中的产物。决策支持系统 EDSS 也是一种人机交互的信息系统,是从系统观点出发,利用现代计算机存储量大、运算速度快等特点,应用决策理论方法,对定结构化、未定结构化或不定结构化问题进行描述、组织,进而协助人们完成管理决策的支持技术。

环境决策支持系统 EDSS 是环境信息系统的高级形式,在环境管理信息系统 EMIS 的基础上,使决策者能通过人－机对话,直接应用计算机处理环境管理工作中的未定结构化的决策问题。它为决策者提供了一个现代化的决策辅助工具,并且提高了决策的效率和科学性。

环境决策支持系统的主要功能有:收集、整理、贮存并及时提供本系统与本决策有关的各种数据;灵活运用模型与方法对环境信息进行加工、处理、分析、综合、预测、评价,以便提供各种所需环境信息;友好的人机界面和图形输出功能,不仅能提供所需环境信息,而且具有一定推理判断能力;良好的环境信息传输功能;快速的信息加工速度及响应时间;具有定性分析与定量研究相结合的特定处理问题的方式。

环境决策支持系统 EDSS 的结构如图 13.4 所示。

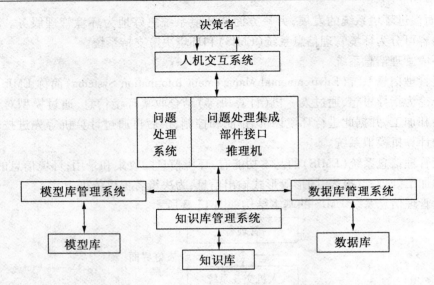

图 13.4 环境决策支持系统的结构简图

13.3 环境科技信息系统

由前面所述可以看出,环境信息系统包括信息源、信息输入和信息处理后取得的成果(科技成果、工程设计成果)等。本节主要介绍信息源和科技文献的检索。

13.3.1 科技文献

科技文献是重要的环境信息源,根据其出版形式及被加工情况的不同,可分为不同的类型。

1. 按出版形式分类

(1)科技图书:科技图书是科技情报的重要来源。它的内容比期刊等文献虽然晚一些,但它较为系统、完整和成熟。

(2)科技文献:期刊是重要的科技文献,它具有出版快、内容新、发行和影响面广,能及时反映当前科技水平及趋势的特点。据估计,65%的科技情报来源于期刊。

(3)技术报告:技术报告是指一些研究成果的报告或研究过程的阶段情况的通报。

(4)会议资料:是指专业会议上印发的材料(如研究论文、摘要、发言稿),它在一定程度上反映了专业研究的水平、动向,有重要参考价值。

(5)专刊资料:主要指专刊说明书。

(6)政府出版物。

(7)其他:如各种技术标准、产品样本、学位论文等。

2. 按文献被加工情况分类

(1)一次文献:以作者本人的研究成果为依据而创作的原始文献,称为一次文献,如期刊论文、研究报告、专利说明书等。

(2)二次文献:对一次文献加工整理后产生的文献,如书目、文摘、简介、题录等检索资料称为二次文献,其用途为查找一次文献提供线索。

(3)三次文献:在一次文献基础上,经过综合分析而编写出来的文献称为三次文献。属于这类文献的有:综述、专题述评、学科年度总结、进展报告等。三次文献是对付信息爆炸的有力工具,它对于情报的利用大有帮助,是信息情报工作的发展方向。

三次文献具有许多良好的功能:

①过滤功能:三次文献的编制是一次文献的又一次固化,它体现着情报在载体、空间和时间上的转化。其中务求区分情报的新旧、正确与错误、先进与落后。所以,三次文献实际上是对已知文献的"择优录取"。

②分析功能:通过材料的编撰,有助于人们对文献资料的全面认识和深入理解。

③综合功能:在充分分析一次文献的基础上,只有经过认真的综合,才能明确认识与掌握研究对象的全貌。

④集中功能:由于严格的挑选,可以把相关的重要情报提炼并汇集起来。

13.3.2 环境科技文献的检索

环境科学及环境保护方面的著作,几乎在各学术刊物和内部资料上均有刊登,因此具有复杂性和多样性。环境管理人员在浩如烟海的科技文献中逐篇查找需要的材料,要消耗很大精力。因此,可充分利用国内外的检索刊物。现把国内外有关环境管理的主要检索刊物简介如下。

1. 全国报刊索引科技版

全国报刊索引科技版是全国报刊索引的一个分册,由上海图书馆编辑出版,月刊。分期刊文献与报纸文献两种。以题录形式,按中国图书馆图书分类法分类编排,所收资料均按学科入类。

2. 环境科学文摘

环境科学文摘由中国环境科学研究院情报研究所编辑,科学技术文献出版社出版,双月刊。主要报道国内外约400余种期刊中有关环境科学的最新文献资料,包括环保科技成果、研究报告、论文及综述等。

3. 环境科学

环境科学是由中国科学院主管,中国科学院生态环境研究中心主办,是我国环境科学领域最早创刊的学术性期刊。《环境科学》创刊于1976年,现为月刊,国内外公开发行。主要报道我国环境科学领域具有创新性高水平,有重要意义的基础研究和应用研究成果,以及反映控制污染,清洁生产和生态环境建设等可持续发展的战略思想、理论和实用技术等。

4. 中国环境科学

《中国环境科学》是中国环境科学学会主办的国内外公开发行的综合性学术期刊,主要报道中国重大环境问题的最新研究成果,包括环境物理、环境化学、环境生态、环境地学、环境医学、环境工程、环境法、环境管理、环境规划、环境评价、监测与分析。《中国环境科学》于1981年创刊,2008年起由双月刊改为月刊,在国内外公开发行。

5. 环境污染物对人体健康影响文摘

环境污染物对人体健康影响文摘(Abstract son Health Effects of Environmental Pollutants)是美国生物科学情报服务社编辑出版的英文刊物。文摘按类目编排,题录文后附有生物分类学分类和内容主题词。主要类目有:水污染、微生物、食品卫生、气体污染、职业卫生、农药、射线、土壤、物理污染物、植物、动物、微粒污染及其化学原因等。

6. 空气与水保护——API 文摘

空气与水保护——API 文摘(Air & Water Conservation—Section of API),该刊为周刊,收录了世界各国 300 多种期刊及 90 种会议文件以及其他出版物中有关空气与水保护方面的文献。

7. 环境文摘

环境文摘(Environmental Abstracts)由美国 Ecology Fornm Inc 编辑,用英文出版,月刊。该刊收录美国 1 000 余种期刊、政府文件、研究报告、会议记录以及新书中有关环境污染与环境保护研究方面的文献资料。

8. 环境期刊文献题录

环境期刊文献题录(Environmental Periodical Bibliography),该刊由美国 International Academy at Santa Barbara 编辑,用英文出版,双月刊。收录各国约 350 种有关环境的期刊文献目录。题录正文部分按六大类以英文字母顺序刊登各期刊的内容题录,后面附有主题指南,给出了近 250 个主题题词及大分类号。

9. 污染文摘

污染文摘(Pollution Abstracts),由美国 Cambridge Scientific Abstracts 编辑,用英文出版,双月刊。主要类目有:空气污染、水污染、土地污染、海洋、土地及噪声污染,污水和废物处理及一般问题,还有连续性与专题性出版物目录和图书目录。

10. 科学技术文献速报——环境公害篇

该刊的主要类目中,理工类中有:环境公害、水质污染、水质污染控制技术、大气污染、大气污染控制技术、废弃物处理、其他公害、污染物、自然保护;医学类中有:环境公害、水质污染、大气污染、恶臭、噪音、农药与残留农药、食品与食品添加剂、放射污染等;农业类中有:环境公害、水质污染、大气污染、废弃物处理、恶臭、土壤污染、食品与食品添加剂、农药与农药残留、放射污染、自然保护等。

11. 水研究中心通报

水研究中心通报(WPC Information)由英国水研究中心编辑出版,它摘录了世界各国关于给水、水质分析、污染和废水处理、天然水源污染等方面的资料。

12. 化学文摘

化学文摘——CA(Chemical Abstracts)由美国 Chemical Abstracts Services 编辑出版,周刊。CA 自称是"世界化学化工的钥匙",据说已摘用了世界上 98% 的化学化工文献,内容非常广泛,它不仅是化学、化工研究工作的重要工具书,也是环境化学、环境卫生学,以及化学化工的一些污染治理技术的重要检索工具书。

由于环境科学涉及各个学术领域,所以有关环境科学的文摘等在有关刊物中均有刊登,许多检索刊物中亦均有环境科学的内容。以上所列的一些检索刊物,都是有一定代表性的。此外还有:中国科技情报所重庆分所编的"国内科学资料目录";上海科技情报所编的"中文科技资料目录";中国科学院图书馆编的"馆藏资料目录"等。

除依靠文摘和索引进行检索外,还有科技报告、技术档案、会议文献、专刊说明书、政府出版物、技术标准、产品样本和产品说明书等等均可查阅。

13.4 环境管理信息系统的设计

13.4.1 信息系统设计

1. 设计的一般原则

(1)一个信息系统一开始就应该有用户的积极参加。

(2)设计信息系统主要由有关环境科学方面的信息专家或专业人员承担。

(3)新设计建立的信息系统,一定要具有可靠性。它表现在能向有关用户提供所必需的情报服务上,对计算机而言,机器运行更要完全可靠。

(4)在建立一种新系统之前,必须对系统进行全面的研究。

2. 信息系统设计的任务

设计和建立情报信息系统要解决的重要问题有以下几个方面:

(1)确定信息系统的结构、功能及其主要连接点。所谓主要连接点包括:负责协调与规划各情报信息系统的主要机构、主要数据、文献和咨询中心、专业性情报信息和数据服务机构,以及专刊服务部门等。

(2)明确情报信息内容。

(3)确定情报提供方式,其中包括:情报信息载体的选择,情报检索语言的选择,成套技术手段的选择。

13.4.2 环境管理信息系统的设计

环境管理信息系统是在环境资料数据库或环境信息管理系统的基础上发展而来的,它是由人－机(计算机等)组成,用以进行环境信息的收集、转换、加工,并利用这些环境统计信息进行环境质量评价、预测、控制的计算机模拟系统。它既是各种环境信息的数据库,也是环境管理政策和策略研究的一种"实验室";既可为环境管理和科研提供基础信息,也可在不同程度上提供环境管理决策的支持信息。环境管理信息系统通过监测各地大气、水体等的污染情况,利用储存的环境数据预测未来的发展趋势,根据地区的经济社会发展情况,从全局最优的观点进行环境决策,利用输出的环境信息控制企业的排污行为,帮助地区环保部门实现环境规划目标,功能相当广泛。

环境管理信息系统 EMIS 的设计过程可分为四个阶段:开发计划、系统分析、系统设计和系统实施。每个阶段又分为若干步骤。设计过程如图 13.5 所示。

1. 系统的可行性研究

可行性研究是环境管理系统设计的第一阶段。其目标是为整个工作过程提供一套必须遵循的衡量标准,即:①针对客观事实;②考虑整体要求;③符合开发节奏。这一标准根据应用的重要性和信息系统可利用的资源而定。

可行性研究阶段的任务是确定环境管理信息系统的设计目标和总体要求,研究其设计的需要和可能,进行费用－效益分析,制定出几套设计方案,并对各个方案在技术、经济、运行三方面进行比较分析,得出结论性建议,并编制出可行性研究报告报上级主管部门审查,批准。

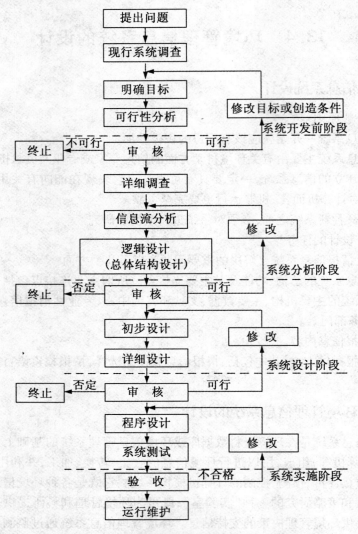

图 13.5 环境管理信息系统 EMIS 设计过程图

2. 系统的分析

系统分析是环境管理信息系统研制的第二阶段。这个阶段的主要目的是解决"干什么",即明确系统的具体目标,系统的界限以及系统的基本功能。这一阶段的基本任务是设计出系统的逻辑模型。所谓逻辑模型是从抽象的信息处理角度看待组织的信息系统,而不涉及实现这些功能的具体的技术手段及完成这些任务的具体方式。

系统分析不论资金的投入,还是从时间的占用上,在整个环境管理信息系统的研制中都占很大比例,具有十分重要的地位。这一阶段的主要工作内容包括详细的系统调查,以了解用户的主观要求和客观状态;确定拟开发系统的目标、功能、性能要求及对运行环境、运行软件需求的分析;数据分析;确认测试准则;系统分析报告编制,包括编写可行性研究报告及制订初步项目开发计划等工作。

3. 系统设计

系统设计是环境管理信息系统研制过程的第三个阶段。该阶段的主要任务是根据系统分析的逻辑模型提出物理模型。这个阶段是在各种技术手段和处理方法中权衡利弊,选择最合适的方案,解决如何做的问题。

系统设计阶段的主要工作内容包括:系统的分解;功能模块的确定及连接方式的确定;输入设计;输出设计;数据库设计及模块功能说明。在系统设计过程中,应充分考虑该系统是否具备下述性能:

(1) 能否及时全面地为环境科研及管理提供各种环境信息;
(2) 能否提供统一格式的环境信息;
(3) 能否对不同管理层次给出不同要求、不同详细程度的图表、报告;
(4) 是否充分利用了该系统本身的人力、物力,使开发成本最低。
(5) 系统的实施与评价。

最后一个阶段就是系统的实施与评价。环境管理信息系统设计完成后就应交付使用,并在运行过程中不断完善,不断升级,因而需要对其进行评价。评价一个环境管理信息系统主要应从下述五个方面进行:

(1) 系统运行的效率;
(2) 系统的工作质量;
(3) 系统的可靠性;
(4) 系统的可修改性;
(5) 系统的可操作性。

13.5 环境统计

13.5.1 环境统计概念

环境统计实质是对环境信息进行收集、加工、处理,用数据反映并计量人类活动引起的环境变化和环境变化对人类的影响。

联合国人类环境会议以后,各国政府认识到需要用统计数字对环境状况作出评价,1973年联合国统计委员会和欧洲经济委员会在日内瓦举行了第一次关于研究环境统计资料的国际会议,决定根据现有资料编制《环境统计手册》;1973年10月,又在华沙举行了环境统计学术会议,各国政府逐步重视统计数据对评价环境状况的重要作用,并逐步建立起环境统计制度。我国的环境统计是在1979年国务院环境保护领导小组办公室组织对全国3 500多个大中型企业的环境基本状况调查后,于20世纪80年代初建立了环境保护统计制度,1995年6月15日,国家环保总局颁布了《环境统计管理暂行办法》,这是关于环境统计的第一个法规性文件。目前环境统计调查的主要手段是环境统计报表制度。

13.5.2 环境统计信息的基本流程

人类为了研究环境污染和破坏的情况,必须收集大量的环境信息,并进行一系列信息存储、处理和加工,产生输出信息,以帮助人类对环境问题实行决策,这个过程就构成环境统计信息的流动过程,如图13.6所示。

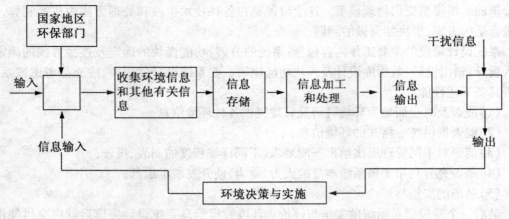

图 13.6 环境统计信息的流动示意图

13.5.3 环境统计的范围

环境统计是环境统计工作、环境统计资料和环境统计学的总括。环境统计工作是对环境污染源、环境污染、危害、防治等环境现象的信息数据进行收集、整理、分析工作过程的总称;环境统计资料则是环境统计工作活动所取得的各项数字资料以及相关资料的总称;环境统计学则是环境统计实践经验的理论概括,是指导环境统计的基本理论和方法。环境统计虽不直接研究社会经济现象本身,它的研究对象是环境,但环境问题实质还是经济问题,与社会经济现象密切相关,因此仍属社会经济统计范畴,它的研究内容涉及人类赖以生产和生活的全部条件。

我国环境统计大致包括五个方面。

(1) 土地环境统计:反映土地及其构成的实有数量、合理开发利用及保护情况。

(2) 自然资源统计:反映水、矿产、森林、草原、生物、自然遗迹、自然保护区、风景名胜区等的现有量、利用程度及保护情况。

(3) 能源环境统计:反映能源资源的分布状况、能源生产的规模及其开发利用程度和保护情况。

(4) 人类居住区环境统计:反映人类的居住条件、文化和娱乐条件、劳动条件、公共设施状况及人类健康等。

(5) 环境污染和治理统计:反映大气、水域、土壤等污染状况、污染源排放和治理情况。其主要内容包括:工业"三废"(废水、废气、废弃物)排放及处理利用情况,企、事业单位污染治理情况,征收使用排污费、污染赔(罚)款情况,建设项目执行"三同时"情况,环境保护系统自身建设情况等(包括人员素质、专业人员构成情况、装备、监测技术等)。

当然,环境统计的范围并不是一成不变的,是随着社会的发展以及环保工作的需要而不断扩大的,但在一定时期,环境统计是按统一规定的表格形式、统一的指标、统一的报送程序和报送时间,自下而上地报送的,这种情况目前已经被计算机联网所取代。

13.5.4 环境统计指标及其体系

环境统计指标是把现实世界中的环境现象抽象为概念范畴,利用特定的语言,对环境统计内容的总体数量和质量进行描述。环境统计指标通常包括两个方面:一是指标的名称,通常表明了指标内容或所属范围;二是指标数值,通常表明了描述对象的状况及其变化。环境统计信息指标化,是实现人-机配合的基础,也是环境管理信息系统模拟首要解决的技术前提。

环境统计指标按它们的作用不同,可分为数量指标和质量指标两大类,我国目前统计分析过程中着重分析的统计指标如下。

1. 工业生产过程中"三废"排放情况或污染物排放水平及其影响的指标

(1)单位产品排污量或万元产值排污量

指企业或区域在报告期内某种污染物排放量与产品总量的比值或相应工业总产值的比值。它反映经济和环境管理的综合水平。

(2)区域污染负荷

指区域在报告期内某种污染物排放总量与区域面积之比。此指标反映了区域污染负荷的平均水平、环境管理水平,也在一定程度上反映了污染的程度。

(3)污染物排放削减率或递增率

指报告期内某污染物排放量同前一报告期该污染物排放量的差值与前一报告期内排放量的比值(负值为削减率,正值为递增率)。

(4)物料耗用指数

指单位产品耗用某种原材料或能源的数量与其相应的单耗定额或先进标准值的比值,它反映企业生产管理水平和潜在污染能力。

2. 环境污染治理水平和效益的指标

(1)处理率:指已处理的废水(废气、废渣)量占需要处理的废水(废气、废渣)量的百分比。

(2)达标率:指达到排放标准的废水(或废气)量占排放废水(或废气)总量的百分比。

(3)综合利用率:指综合利用的废物量占排放废物总量的百分比,此指标反映了污染物回收利用水平及环保科学技术的发展状况。

(4)竣工率:指报告期内已竣工投产的污染治理项目数占计划安排的污染治理项目总数之百分比,它反映了报告期内治理计划的完成情况。

(5)"三同时"执行率:指报告期内已严格执行"三同时"规定的新建、扩建、改建基本建设项目和技术改造项目数占应执行"三同时"规定的项目总数的百分比,此指标反映新污染源的控制情况。

3. 排污费征收和使用情况

有排污费交纳单位数、排污收费总额、环境保护补助资金、交费单位变化率、环保补助资金使用率、环保仪器购置费占用率、万元投资污染物削减量等。

除上述三大类统计指标外,需着重分析的指标还包括环境质量状况、环境变化趋势指标。

第 14 章 工业企业的环境管理

14.1 工业企业环境管理的基本内容

14.1.1 工业企业环境管理的概念

工业企业系统是一个以工业生产活动为主体的人工生态系统,其特点是能源、资源消耗量大,物质的循环、转化速度快,比原有的自然循环要大很多倍。如果这种活动超出了环境容量及自然生态系统的调节能力,就必然会使环境的物理、化学及生物特征发生不良变化,改变原来自然生态系统的结构和功能,造成严重的环境问题。因此,必须要对该过程进行工业企业环境管理。

工业企业管理是一个完整的系统,围绕实现企业总目标的主体专业管理是生产、经营过程的管理,主要包括产品设计、制造和销售管理。而其他专业管理如原材料、劳动力、能源、维修、环境保护、劳动保护、安全等都是为生产、经营服务的。

在工业企业管理中,除了专业管理外,还有和企业各项工作都发生直接关系,渗透到各项工作的全过程,并需要企业全体人员都参与的综合管理。因为这类管理具有整体性、全过程性和全员性的特点,所以也称为全面管理。目前一般认为在工业企业里,属于这一类管理的内容共有五项,即全面计划管理、全面质量管理、全面经济核算、全面劳动人事管理和全面环境管理。

当前,工业企业管理正面临着从狭义到广义,从单纯生产型到综合的生产、经营型变革的过程。管理的范围和内容不仅仅局限于从原料进厂到产品出厂的生产过程,而进一步开拓了从工业产品生产前管理(以下简称产前管理),即图 14.1 管理 1 所示,到工业产品生产后管理(以下简称产后管理),即图 14.1 管理 3 所示等更广阔的管理领域,从而构成了包括管理 1、管理 2、管理 3 的完整的现代工业企业管理体系。

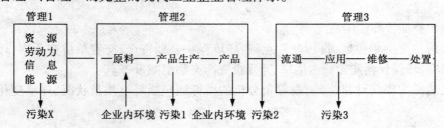

图 14.1 现代工业企业管理体系

工业企业的环境管理是企业管理的一个主要组成部分,是以管理工程和环境科学的理论为基础,运用技术经济、法律、行政和教育手段,对生产经营活动中损害环境质量的行为加以限制,协调发展生产与保护环境的关系,把生产目标与环境目标统一起来,使环境效益与经济效益统一起来,实现可持续发展。

14.1.2 工业企业环境管理的内容

工业企业环境管理包含两方面内容：一方面是企业作为管理的主体对企业内部自身进行管理；另一方面是企业作为管理的对象而被其他管理主体如政府职能部门所管理。这两方面的内容之间有着十分密切的内在联系，只有明确了解法律、法规及环境保护行政主管部门的要求和规定，加强自身的建设，才能实现环境保护目标。如何确保工业企业环境管理工作的顺利进行？要从以下几个方面加以考虑：

(1) 企业应认真贯彻执行国家有关环境管理的方针、政策和规定；

(2) 企业应将环境管理纳入企业管理中去，并渗透到各综合管理和专业管理中；

(3) 企业新建项目或新建企业对环境的影响应符合本企业和本区域的环境目标要求；

(4) 企业对老污染源应制定明确的环境目标，全面、有效的环境保护规划，并落实具体措施；

(5) 建立健全环保组织体系和较完善的环保管理条例体系，以保证能正常、持续、有效地开展环境管理工作。

工业企业的环境管理是工业企业管理的重要组成部分，其主要内容有：

(1) 环境计划管理。包括在工业企业环境保护计划的制订、执行和检查。工业企业环境保护计划的主要任务是控制污染物的排放。根据国家和地方政府规定的环境质量要求和企业生产发展目标，制订污染物的排放及削减指标和为实现指标所采取技术措施等长期的和年度的计划，并把这种计划纳入企业整个经营计划。

(2) 环境质量管理。包括根据国家和地方颁布的环境标准制定本企业各污染源的排放标准；组织污染源和环境质量状况的调查和评价；建立环境监测制度，对污染源进行监督；建立污染源档案，处理重大污染事故，并提出改进措施。

(3) 环境技术管理。包括组织制定环境保护技术操作规程，提出产品标准和工艺标准的环境保护要求，发展无污染工艺和少污染工艺技术，开展综合利用，改革现有工艺和产品结构，减少污染物的排放等。

(4) 环境保护设备管理。包括正确选择技术上先进、经济上合理的防止污染的设备，建立和健全环境保护设备管理制度和管理措施，使设备经常处于良好的技术状态，符合设计规定的技术经济指标。

工业企业环境管理内容的核心就是要把环境保护融于企业经营管理的全过程中，既要能发挥专业管理的作用，又要能发挥综合管理的作用，使环境保护成为工业企业的重要决策因素，工业企业必须在企业活动的过程中贯彻经济与环境相协调的原则，"防治结合、以防为主"，全面规划，综合防治，做到环境保护和工业生产同步发展，实现环境效益、社会效益和经济效益的统一。在企业管理活动中要重视研究本企业的环境对策，采用新技术、新工艺，减少有害废弃物的排放，对废旧产品进行回收处理及循环利用，变普通产品为"绿色产品"，努力通过环境认证，积极参与区域环境整治，加强对员工的环保宣传，树立"绿色企业"的良好形象。只有这样，工业企业才能在"人类社会－自然环境"系统的运行中发挥积极作用，确保工业企业的可持续发展。

14.2 工业企业环境管理体制

环境管理体制是环境管理学的重要内容,它与环境经济学、环境法学等有着十分密切的联系。建立和健全环境管理体制、机构和制度,是进行工业企业环境管理的重要保证。

所谓工业企业环境管理体制,就是在企业内部健全全套从领导、职能科室到基层单位,在污染预防与治理、资源节约与再生、环境设计与改进以及遵守政府的有关法律法规等方面的各种规定、标准制度甚至操作规程。使之明确环境管理方面的职权范围分工,相互关系及所承担的责任。

14.2.1 建立工业企业环境管理体制的基本原则

1. 与工业企业的领导体制相适应的原则

我国现行工业企业的领导体制是厂长负责制和职工代表大会制。前者体现了企业自上而下的集中领导,统一指挥,后者体现了自下而上的广泛民主、群众监督,两者将集中与民主有机结合,贯彻了民主集中的基本原则。企业环境管理体制必须适应这种情况。

2. 从企业环境管理特点出发的原则

企业污染环境问题,主要来源于生产过程。因此,保护环境主要应在生产过程中加以解决。工业企业生产经营活动的各个环节,都客观地存在着向环境排放污染物的可能,在生产过程中加强企业环境管理,进行污染综合防治,必然涉及企业各个方面,只有明确分工,通力协作,才能做好企业的环境管理工作。

工业企业环境管理的基本职能是规划、协调和监督作用,三者必须有机地结合,有效地实施企业环境管理体制的领导和组织作用。

3. 有利于在生产过程中控制和消除污染的原则

企业要控制和消除污染,必须走加强环境管理,以管促治、以管带治、综合防治的路子。从加强环境管理着手,统筹组织布局、管理、改造与净化几个方面综合地进行工作,消除设备的"跑、冒、滴、漏"和工艺的不合理流失,降低资源、能源的消耗和减少生产过程中污染的排放量,企业环境质量就会得到明显的改善,企业的生产发展和环境保护的双重目标就能够不断地实现与提高。

14.2.2 工业企业环境管理体制的基本形式

1. 单纯治理型

工业企业在环境保护发展初期,广泛采用这一类管理体系。目前也在环境污染问题不突出、环境保护工作尚未深入开展的企业中盛行,它的基本形式如图 14.2 所示。

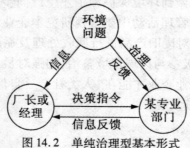

图 14.2 单纯治理型基本形式

特点:由厂长或经理直接决策并指挥;由某一专业部门按领导指令单独执行;治理部门不固定,因事、因时而定;单纯的就事论事地处理。

缺点:只适合处理较简单的环境问题;没有形成固定的、长期的、制度化的治理系统和处理程序,使环境问题的处理缺乏系统性和条理性;对环境问题治理通常是事后处理。

2. 专业治理型

专业治理型是当前工业企业中广泛应用的一种管理体系,它的基本形式如图14.3所示。

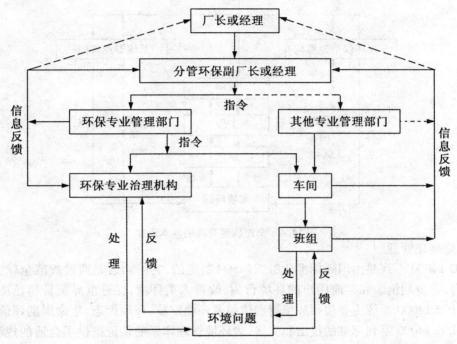

图14.3 专业治理型基本形式

特点:形成了从厂领导到生产班组操作工人的环境专业管理、污染治理、环境信息系统;初步确定了厂长负责制,环境问题的处理,由厂部下达给环保专业管理部门组织实施完成,其他专业管理部门协同参加处理;环境管理已成为企业管理的一个长期、稳定的重要组成部分,环境问题中相当一部分可获得较稳定、连续和长期的处理。

缺点:环保专业管理部门单独承担环境问题的防治和处理,不利于分清责任,不利于发挥其他专业管理部门的特长,不利于实现企业的环境规划和目标;部门脱节较难做到污染预防,也不利于贯彻环境经济责任制;无法集中精力做好环境规划、监督、协调等专业管理工作。

3. 全面管理型

全面管理型是比较符合全面环境管理和环境管理体制的基本组织原则的,应作为今后工业企业环境管理体制的基本模式。它的基本形式如图14.4所示。

特点:不论环保部门是否承担处理任务,都应担负起督促、检查、协调及综合的责任,分清职责,各司其职;能较好地贯彻综合治理,防治结合,以防为主的原则,将环境问题防止在产生之前,消灭在生产过程之中,同时避免在销售、应用时产生污染,从而能较彻底地消灭污染,防止环境问题的重复发生。

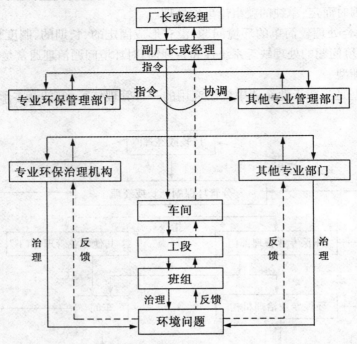

图 14.4 全面质量管理的基本形式

4. 标准化管理型

ISO 14000 系列是由国际标准化组织(ISO)制定的,它的初衷是通过规范全球工业、商业、政府、非盈利组织和其他用户的环境行为,改善人类环境,促进世界贸易和经济的持续发展。ISO 14000 系统主要包括环境管理体系及环境审核、环境标志、生命周期评价等几大部分。ISO 14000 系列标准的提出和实施,为环境管理体系的认证提供了合适的规范,使企业环境管理更加规范有序,同时也为企业国际交流提供了共同语言。

1996 年 10 月至今,已颁发了六项环境管理标准:

ISO 14001:1996《环境管理体系 规范及使用指南》;

ISO 14004:1996《环境管理体系 原则、体系和支持技术通用指南》;

ISO 14010:1996《环境审核指南 通用原则》;

ISO 14011:1996《环境审核指南 审核程序——环境管理体系审核》;

ISO 14012:1996《环境审核指南 环境审核员资格准则》;

ISO 14040:1997《生命周期评估 原则和框架》。

我国已将 ISO 14000 系列国际标准等同采用并转化为国标 GB/T 24000—1996。

1996 年颁布的 ISO 14001《环境管理体系 规范与使用指南》中已经给出了"环境管理体系"的定义,即环境管理体系是整个管理体系的一个组成部分,包括为制定、实施、实现评审和保持环境方针所需要的组织结构、策划活动、职责、惯例、程序、过程和资源。"一个组织可以通过展示对本标准的成功实施,使相关方确信它已建立了妥善的环境管理体系",因此,ISO 14001 不仅可以用作认证的规范,也可以直接用于指导一个组织或企业建立、实施和完善有效的环境管理体系。我国企业对照 ISO 14000 系列的要求,根据自身的经济、技术条件,采取切实措施使企业环境管理逐步向 ISO 14000 系列靠拢。

下面列出 ISO 14001 标准规定的环境管理体系的五大部分及要求。

(1)环境方针:阐述组织的环境工作宗旨和原则,为制定环境目标、指标和措施提供依据。

(2)规划(策划):为实施环境方针而确定环境目标、指标、工作重点、行动步骤、资源、措施和时间安排。

(3)实施和运行:执行环境计划,使环境管理体系正常运行。

(4)检查和纠正措施:检查运行中出现的问题并加以纠正。

(5)管理评审:依据对环境管理体系审核的结果以及不断变化的形势,提出方针、目标和程序变动的要求,以求不断完善及保持环境管理体系的持续适应性。

ISO 14000 系列的环境管理体系运行模式是持续改进的螺旋形上升模式,其运行模式如图 14.5 所示。

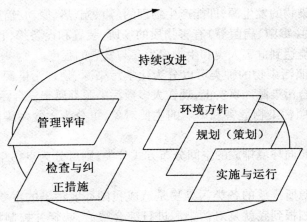

图 14.5 环境管理体系模式框图

最高管理者的承诺→确定方针目标→提供人、财、物确保体系运行→程序化和文件化的全过程控制→检验、纠正、审核、评审→持续改进。其特点是:强调预防为主、全面管理和持续改进;重视污染预防和生命周期分析;突出企业最高管理者的承诺和责任;强调全员环境意识及参与;结构化、系统化、程序化的系统工程管理方法;明确环境管理体系是企业大系统的一个子系统,要和其他子系统协同运作。因此,领导重视、组织健全是贯彻 ISO 14000 系列的前提;其次,企业制订环境管理制度,建立环境管理体系要从实际出发。在已开展的广义的环境管理的基础上,根据企业的活动、产品和服务的特点确定体系要素,分解和落实环境管理的职能、职责和任务。根据 ISO 14001 标准的要求,环境管理体系应由环境方针、规划(策划)、实施和运行、检查和纠正措施及管理评审等五个一级要素组成。

体系建立后,应通过有计划的评审和持续改进的循环,保持环境管理体系的完善和提高。在环境管理组织健全、体系完善的基础上,全面推行"清洁生产"工艺,将整体预防的环境战略持续应用于生产过程和产品。从根本上解决资源浪费和环境污染,是达到国际环境管理认证体系 ISO 14000 系列要求的关键。由于清洁生产是一项系统工程,涉及管理、技术、生产等各方面;加之清洁生产又具有相对性,是个渐进过程。因此,为保证清洁生产在企业中持续推行,必须在企业内部建立一个长期性的清洁生产审计组织。

特点:实施 ISO 14001 这一标准的组织的最高管理者必须承诺符合有关环境法律法规和其他要求;强调从源头考虑如何预防和减少污染的产生,而不是末端治理;持续改进,一天比一天更好;强调系统化、程序化的管理和必要的文件支持;此标准不是强制性标准,企业可根据自身需要自主选择是否实施;企业通过建立和实施 ISO 14001 标准可获得第三方审核认证证书;此标准不仅适用于企业,同时也可适用于事业单位、商行、政府机构、民间机构等任何类型的组织。

14.3 工业污染源的管理与控制

14.3.1 工业污染源管理的内容

污染源是指污染物的发生源,即能产生物理的(声、光、热、振动、辐射等)、化学的(无机的、有机的)、生物的(霉菌、病菌等)有害物质的场所、装置和设备等,且其有害物质在空间分布和时间持续上能达到危害人类和生物界生存与发展的程度。

工业污染源按照污染物的种类可以分为化学污染源、物理污染源、生物污染源以及排放多种污染物的复合污染源。事实上,现在大多数污染源都属于复合污染源。

工业污染源按照污染物危害和影响的主要对象,可分为大气污染源,水体污染源和土壤污染源等。

工业污染源按照向环境排放的空间分布方式分类,则可分为点污染源、线污染源、面污染源。

工业企业污染源所排放的各类污染物是造成我国环境污染的主要原因。工业企业环境保护的各项工作归根到底就是对污染源进行综合整治,减轻并控制污染物的排放,达到合理利用资源和保护环境的目的。污染源管理是指运用行政的、经济的、法律的、技术的和宣传教育的手段,对产生和影响污染源排放污染物的各种因素,以及对污染物有害影响实施有效控制所进行的科学管理。

工业企业污染源管理包括污染源调查、污染源评价和污染源控制。

(1)污染源调查:污染源调查的目的是为了查清各类污染源的污染排放和治理情况,做好这项工作有助于掌握污染源排放污染物的种类、性质、特征、浓度、排放量及其时空变化规律和趋势,并建立污染源档案,结合环境质量监测可以预测环境质量变化趋势,以便采取相应对策,减少和控制污染源排放的污染物。

(2)污染源评价:对污染源调查获得的各种污染物的信息(浓度、数量等),采用同一标准或同一尺度进行换算,使毒性不同、形态不同的各类污染物可以相互进行比较,了解污染源的潜在危害,确定主要污染源和主要污染物,为制定经济上合理、技术上可行的环境保护措施和污染源治理方案提供科学的依据。

(3)污染源控制:污染源控制的目的是减少工业企业排放各类污染物的数量,可以通过法律、经济、行政、技术等各种管理手段来实现。

14.3.2 工业企业控制污染的措施

14.3.2.1 清洁生产

1. 源头控制与清洁生产

环境问题已经成为需全球共同努力来解决的问题。经过几十年的实践，人们认识到污染无论是从浓度上控制，还是从污染物排放总量上控制，这些都属于末端控制，末端控制不可能从根本上解决环境污染问题。

所谓末端控制系指采取一系列措施对经济活动产生的废物进行治理，以减少排放到环境中的废物总量，这是传统的污染控制方式。由于末端治理是一种治标的措施，投资大、效果差。而且末端治理投资一般难于在投资期限内收回，再加上常年运转费用，在法制尚不健全的强制性管理环境中，滋长了企业的消极性。

在逐渐认识到末端控制弊病的基础上，人们开始探索新的污染控制方法。经过几年的努力，源头控制、污染预防这一新的控制方法得到不断完善。

所谓源头控制是针对末端控制而提出的一项控制方式，是指在"源头"削减或消除污染，即尽量减少污染物的生产量，实施源削减。美国污染预防政策的实质就是推行源头控制，实施源削减。这是一种治本的措施，是一种通过原材料替代，革新生产工艺等措施，在技术进步的同时控制污染的方法，代表了今后污染控制的方向。

2. 清洁生产的含义

环境污染问题大多产生于工业生产的全过程。因此，工业企业的环境管理不能仅局限于末端治理，而应把目光转向生产的全过程。

1989年5月，联合国环境规划署工业与环境规划中心（UNEP IE/PAC），根据 UNEP 理事会会议的决定，制定了《清洁生产计划》，在全球范围内推进清洁生产。该计划的主要内容之一为组建两类工作组：一类为制革、造纸、纺织、金属表面加工等行业清洁生产组；另一类则是组建清洁生产政策及战略、数据网络、教育等业务工作组。该计划还强调要面向政界、工业界、学术界人士，提高他们的清洁生产意识，教育公众，推进清洁生产的行动。1992年6月联合国环境与发展大会上通过的《21世纪议程》中，更明确指明工业企业实践可持续发展战略的具体途径是实施清洁生产。号召工业提高能效，开展清洁生产技术，更新替代对环境有害的产品和原料，推动实现工业的可持续发展，它将是21世纪工业发展的主要模式。我国1993年的第二次全国工业污染防治工作会议上，也确定推行清洁生产是防治工业污染的重要措施。

1989年联合国环境规划署首次为"清洁生产（Cleaner Production）"概念下了定义：

"清洁生产是一种新的创造性的思想，该思想将整体预防的环境战略持续应用于生产过程、产品和服务中，以增加生态效率和减少人类及环境的风险。"

——对生产过程，要求节约原材料与能源，淘汰有毒原材料，减降所有废弃物的数量与毒性；

——对产品，要求减少从原材料提炼到产品最终处置的全生命周期的不利影响；

——对服务，要求将环境因素纳入设计与所提供的服务中。

《中国21世纪议程》的定义：

"清洁生产是指既可满足人们的需要又可合理使用自然资源和能源并保护环境的实用

生产方法和措施,其实质是一种物料和能耗最少的人类生产活动的规划和管理,将废物减量化、资源化和无害化,或消灭于生产过程之中。同时,对人体和环境无害的绿色产品的生产亦将随着可持续发展进程的深入而日益成为今后产品生产的主导方向。"

2002年6月29日,第九届全国人民代表大会常务委员会第二十八次会议通过并正式颁布了《中华人民共和国清洁生产促进法》(以下简称《清洁生产促进法》)。该法的第一章第二条指出:"本法所称清洁生产,是指不断采取改进设计、使用清洁的能源和原料、采用先进的工艺技术与设备、改善管理、综合利用等措施,从源头削减污染,提高资源利用效率,减少或者避免生产、服务和产品使用过程中污染物的产生和排放,以减轻或者消除对人类健康和环境的危害。"这一定义概述了清洁生产的内涵、主要实施途径和最终目的。

清洁生产的定义包含了两个全过程控制:生产全过程和产品整个生命周期全过程。对生产过程而言,清洁生产包括节约原材料与能源,尽可能不用有毒原材料并在生产过程中就减少它们的数量和毒性;对产品而言,则是从原材料获取到产品最终处置过程中,尽可能将对环境的影响减少到最低。清洁生产不仅体现了工业可持续发展的战略,也体现着经济效益、环境效益和社会效益的统一。清洁生产是环境保护战略由被动反应向主动行动的一种转变,它强调在污染产生之前就予以削减,彻底改变了过去被动的污染控制手段。另外,清洁生产还是一个相对的、动态的概念,存在一个长期的不断发展完善的过程,它将随着社会经济的发展和科学技术的进步,有着不同的内容,达到更高的水平。因此,其对未来社会经济乃至政治都将产生深远的影响。

3. 清洁生产的效益

清洁生产的实施将给企业带来显著的经济效益与环境效益,主要有:

(1)节能、降耗、减污、增效,降低产品成本和"废物"处理费用,提高企业的经济效益;

(2)使污染物排放大为减少,末端处理处置的负荷减轻,处理处置设施的建设投资和运行费用降低;

(3)避免减少末端处理可能产生的风险,如填埋、储存的泄漏、焚烧产生的有害气体、处理污水产生的二次污染;

(4)实施清洁生产可以减轻产品生产与消费过程对环境的污染,满足国际贸易与消费者对产品日益严格的环保要求,有利于提高企业的环保形象,有利于提高产品的竞争能力。

4. 清洁生产的内容

国际培训课程《污染预防与清洁生产原理》(美国国家环境保护局国际事务处编)中指出清洁生产的六大组成部分包括:

(1)废弃物削减。"废弃物"一词指所有类型的危险物和固态、液态和气态的废弃物以及废热等等。清洁生产的目标在于实现废弃物零排放。

(2)无污染生产。采用清洁生产概念的理想生产过程,在一个封闭性生产环境中进行,废弃物零排放。

(3)生产能源效率及节约。清洁生产要求高的能源效率及节约水平。能源效率为能源消耗与产品产出之间的比率。能源节约指能源使用的减少量。

(4)安全和健康的工作环境。清洁生产致力于把工人的风险降至最低,从而把工作场所建设成一个清洁、安全和健康的环境。

(5)高环境效益产品。成品及所有可销售的副产品都不应破坏环境。在产品和流程设计的最早期,以及在从产生至废弃物处理的产品生命周期全过程内均应强调人员和环境健康。

(6)高环境效益包装。包装应尽量简单,当需要进行包装以保护产品或促进产品销售或提高产品消费便利性时,产品包装对环境造成的影响应当减至最低。

14.3.2.2 产品的生态设计

1. 基本思想

传统的产品设计重点放在市场需求、美观、成本利润、产品质量等因素。然而今天,人们在设计产品时不得不关注环境,因为产品在它从原料、设计、制造、销售、使用,直至废弃处置的整个寿命期间,全都以某种方式影响着环境。在这种新的设计过程中,要给予环境与利润、功能、美学、人体工程、形象和总体技能等传统的工业价值相同的地位。这种设计思想和方法叫做生态设计。

产品生态设计的出现是可持续发展思想在全球得到共识与普及的结果。这样的设计理念不但改变了传统的产品生产模式,也将改变现有的产品消费方式。专家预测,未来的"生态工厂"将是工业生产的标准模式,而产品生态设计也将是未来产品开发的主流。

产品生态设计已引起了国际产业界的广泛关注与参与。仅从飞速发展的互联网上看,1997年初,有关生态设计的主页只有100多个,而到1997年年底,就发展为将近1 000个。产品生态设计已引起了国际产业界的广泛关注与参与,在很短的时间内,欧洲和美国大量的生态设计公司(ECO – DESING)纷纷成立。一些大公司也积极响应,设计出不少有关生态设计的产品。如飞利浦公司开发的绿色电视,非常注重节能技术的利用,其待机状态下的耗电量已从5.1 W降到0.1 W,开机时的耗电量也由41 W降到29 W。

2007年8月11日,关于用能产品生态设计要求的第2005/32/EC号指令(EUP指令)生效。指令对产品材料的选择与使用、产品包装的设计都作了明确规定,并要求产品设计阶段就把节能技术融入,设计时应考虑延长产品的使用寿命,以直接降低产品的环境影响,设计时应考虑产品的易于回收及再利用等等。

2. 产品生态设计的原则

进行产品生态设计首先要提高设计人员的环境意识,遵循环境道德规范,使产品设计人员认识到产品设计乃是预防工业污染的源头所在,他们对于保护环境负有特别的责任。其次,应在产品设计中引入环境准则,并将其置于首要地位,见图14.6。

此外,产品设计人员在具体操作时,应遵循下述7条原则:

(1)选择对环境影响小的原材料。减少产品生命周期对环境影响应优先考虑原材料的选择。在生态设计中,材料选择是对原材料进行鉴定,然后对原材料在制取、加工、使用和处置各阶段对生态可能造成的冲击进行识别和评价,从而通过比较选出最适宜的原材料。选择的具体原则可依据:

①尽量避免使用或减少使用有毒有害化学物质;
②如果必须使用有害材料,尽量在当地生产,避免从外地远途运来;
③尽可能改变原料的组分,使利用的有害物质减少;
④选择丰富易得的材料;
⑤优先选择天然材料代替合成材料;
⑥选择能耗低的原材料。

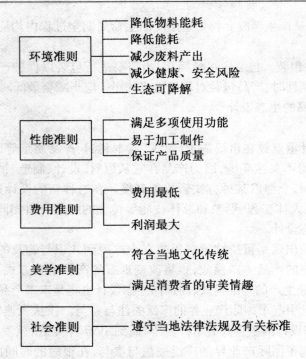

图14.6 产品设计的各项准则

(2) 减少原材料的使用。无论使用什么材料,用量越少,成本和环境优越性越大,而且可以降低运输过程中的成本,具体措施有:

①使用轻质材料;
②使用高强度材料可以减轻产品重量;
③去除多余的功能;
④减小体积,便于运输。

(3) 加工制造技术的优化

①减少加工工序,简化工艺流程;
②生产技术的替代;
③降低生产过程中的能耗;
④采用少废无废技术,减少废料产生和排放;
⑤降低生产过程中的物耗。

(4) 运输过程的防范

①选择高效的运输方式;
②减少运输工具大气污染物排放;
③防止运输过程中发生洒落、溢漏和泄出,确保有毒有害材料的正确装运;
④综合运用立法、管理、宣传、市场等多种手段,促进包装废料的最少化;
⑤减少包装的使用,包装材料的回收与再循环。

(5) 减少使用阶段的环境影响。有些产品的环境负荷集中在其使用阶段(如车辆等运输工具、家用电器、建筑机械等),因此,要着重设计节电、省油、节水、降噪的产品。

(6) 延长产品使用寿命。长寿命的产品可以节约资源、减少废弃物。延长产品寿命可采取如下办法：

①加强耐用性。不言而喻,经久耐用能延长产品的使用寿命。但是,应该指出的是,耐用性只能适当提高,超过期望使用寿命的产品设计将造成不必要的浪费,对于那些以日新月异的技术开发出来的产品,很快会因技术进步而被淘汰,没有必要去设计太长的使用寿命。对于这类产品,强调适应性是更好的策略。

②加强适应性。一个适用的设计允许不断修改或具备几种不同的功能。保证产品适应性的关键是尽量采用标准结构,这样可通过更换更新较快的部件使产品升级。

③提高可靠性。简化产品的结构,减少产品的部件数目能提高设计的可靠性。因此,应提倡"简为美"的设计原则。

④易于维修保养,易于维护的产品可以提高使用寿命。

⑤组建式的结构设计,可以通过局部更换损坏的部件延长整个产品的使用寿命。

⑥用户精心使用,不违法使用规程,注意维修保养。

(7) 产品报废系统的优化

①建立一个有效的废旧产品回收系统。目前,国外倾向确立"谁造谁负责,谁卖谁负责"的立法原则,利用现有的制造系统和销售系统来完成废旧产品的回收任务。

②重复利用。淘汰产品和报废产品拆卸后,有些部件只需清洗、磨光,再次组装起来,即可达到原设计的要求而再次使用。

③翻新再生。磨损报废后的产品的重复利用和翻新再生后即可恢复成新的产品。

④易于拆卸的设计。报废产品的重复利用和翻新再生都需要在产品寿命结束时拆卸,因此,在设计阶段不但要考虑装配方便,亦要考虑易于拆卸,应尽量减少使用粘结、铆焊等手段。

⑤材料的再循环。金属、塑料、木制品都属于易于再循环的材料,但为再循环方便,要尽量少用复合材料以及电镀件和油漆件。产品结构中要减少所用材料的数目,注意不同材料间的相容性。部件上要注明材料的名称、组成和再循环的途径。

⑥清洁的最终处置。有机废弃物可以制成堆肥,或发酵产生沼气,也可通过焚烧回收热量。无机废弃物除了安全填埋外,可以考虑搅拌在建材的原料中或作为筑路的地基材料。

综上所述,产品的生态设计首先是一种观念的转变,在传统设计中,环境问题往往作为约束条件看待,而绿色设计是把产品的环境属性看做设计的机会,将污染预防与更好的物料管理结合起来,从生产领域和消费领域的跨接部位上实施清洁生产,推动生产模式和消费模式的转变。

产品生态设计的原则和方法不但适用于新产品的开发,同时也适用于现有产品的重新设计。

14.3.3 工业污染源的环境管理措施

作为环境管理对象的工业企业环境管理主要是政府环境保护职能部门依据国家的政策、法规和标准,采取法律、经济、技术、行政和教育等手段,对工业企业实施环境监督管理。依据全过程控制的原理,工业企业环境管理的主要内容有三个方面:一是工业企业发展建设过程的环境管理;二是产品生产、销售过程的环境管理;三是对工业企业自身环境管理体系的环境管理。其中第一方面在前面章节已有介绍,以下介绍后两方面。

14.3.3.1 产品生产过程的环境管理

1. 污染源排放的环境管理

政府环境保护职能部门对污染源排放的监督管理,并不是去代替工业企业治理污染源,而是依靠国家的政策、法规和排放标准,对污染源实行监控,以确保污染物排放符合国家及地方的有关规定。

(1) 现有污染源的环境管理

对现有污染源的监督管理,主要是监控其排放是否符合国家及地方法定的排放标准,监控其在技术改造中是否采用符合规定要求的技术措施。实践经验表明,从持续发展的动态观念来看,忽视污染源之间及环境功能区之间的差别,仅采用浓度标准静态控制,难以有效控制区域环境污染的发展。因此,目前环境管理由浓度控制向总量控制转移,由末端治理向源头控制、过程控制转移。

(2) 新建项目污染源的环境管理

目前新建项目的污染源管理大体可以分为两个阶段:第一阶段是在建设前进行环境影响评价,即对建设项目的厂址选择、产品的工艺流程、使用的原料及排污等进行环境影响评价,提出预防污染的措施和对策,并作为整个建设项目可行性研究的一个组成部分;第二阶段是要保证环境影响报告书(表)中提出的措施得到落实,确保新建项目排放的污染物得到有效治理。

(3) 矿产资源开发利用的环境管理

矿产资源的开发利用与其他建设项目相比之下,对环境的影响范围与程度更大,特别是对自然生态环境的影响非常严重,甚至不可恢复。

矿产资源开发利用的环境管理的主要内容和手段是进行环境影响评价,不仅要在开发前做好环境影响评价工作,而且开发后要做好回顾性评价。在进行评价时,要考虑自然资源开发引起的自然风险和社会风险,注意资源开发的外部不经济性。

加强矿产资源开发利用的环境管理,还应对矿产资源开发利用的各个阶段进行必要的环境监测,获取信息,随时反馈,以便及时制订相应的补救措施。矿产资源开发主管部门应会同当地环境管理机构,建立事故应急小组,制订应急措施计划,配备应急处理设备,以便在发生意外环境事故时能迅速采取行动,有效控制污染程度与污染范围,减轻对周围环境的影响,避免公害事故的发生。

2. 生产过程的环境审计

(1) 环境审计的概念

环境审计是对环境管理的某些方面进行检查,检验和核实。国际商会在专题报告中对环境审计的概念作了陈述,并得到了的普遍认同:"环境审计"是一种管理工具,它对于环境组织、环境管理和仪器设备是否发挥作用进行系统的、文化的、定期的和客观的评价,其目的在于通过以下两个方面来帮助保护环境:一是简化环境活动的管理;二是评定公司政策与环境要求的一致性,公司政策要满足环境管理的要求。

环境审计的全过程是审计主体对于审计客体(对象)的生产过程进行全面的环境管理的过程。环境审计主体,包括国家审计机关和社会审计机构两类。前者为政府的职能部门,它经政府授权对排污单位进行环境审计;后者是一种社会性的民间审计机构,它能接受环保主管部门、审计机关及产品进出口审查机关部门的委托,从事一些特定目的的环境审计工作。环境审计的客体,即环境审计的对象,它包括排放或超标排放污染物的一切企业、事业单位。

(2) 环境审计的层次划分

随着环境保护工作的开展,环境审计工作也在逐步深化,出现了三个不同层次的环境审计:

①以审查执法情况为目的的环境审计,依据国家的、地方的和行业的法规,审查企业的执行情况和达标情况,从中发现问题,制定出有针对性的行动计划,改进企业的环保工作,防止污染事故的发生。

②以废物减量为目的的环境审计,从生产过程中发掘削减废物发生量的机会,通过分析评估,提出改进方案,从而使之对环境污染减少至最低。

③以清洁生产为目的的环境审计,对某一产品的生产全过程进行总物料平衡、水总量平衡、废物起因分析和废物排放量分析,从原材料、产品、生产技术、生产管理及发放物等整个生产过程的各个环节进行评估,寻找存在的问题。并通过审计评估,提出实施清洁生产的多层次方案。

(3) 企业生产过程的清洁生产审计

①企业清洁生产审计的概念

清洁生产审计也称清洁生产审核,是审计人员按照一定的程序,对正在运行的生产过程进行系统分析和评价的过程;也是审计人员通过对企业的具体生产工艺、设备和操作的诊断,找出能耗高、物耗高、污染重的原因,掌握废物的种类、数量以及生产原因的详尽资料,提出减少有毒和有害物料的使用、产生以及废物产生的备选方案,经过对备选方案的技术经济及环境可行性分析,选定可供实施的清洁生产方案的分析、评估过程。

②企业清洁生产审计的作用

通过对企业生产过程进行清洁生产审计,可以起到以下作用:

a. 核对有关单元操作、原材料、产品、用水、能源和废弃物资料;

b. 确定废弃物的来源、数量以及类型,确定废弃物削减的目标,制定经济有效的削减废弃物的对策;

c. 提高企业削减废弃物获得效益的认识和知识;

d. 判定企业效率低的瓶颈部位和管理不善的地方;

e. 提高企业经济效益和产品质量。

③企业清洁生产审计的特点及工作程序

清洁生产审计具有以下特点:

a. 具有鲜明的目的性。节能、降耗、减污、增效,并与现代企业的管理要求相一致。

b. 具有系统性。以生产过程为主体,从原材料投入到产品改进,从技术革新到加强管理,设计了一套发现问题、解决问题、持续实施的系统而完整的方法学。

c. 突出预防性。目标是要减少废弃物的产生,从源头削减污染物,以达到预防的目的。

d. 符合经济性。减少废弃物的产生,意味着原材料利用率的提高,产品的增加,同时可减少末端治理费用。

e. 强调持续性。逐步滚动持续进行。

f. 注重可操作性。每一步骤均与组织实际情况相结合，审核程序是规范的，但方案的实施则是灵活的。

根据上述清洁生产审计的思路，清洁生产审计整个过程可分解为具有可操作性的 7 个步骤阶段，具体工作程序见图 14.7。

（3）制定合理的排污收费政策，做好排污收费工作

1972 年 5 月，OECD 环境委员会提出了 PPP 原则（Pollution Pay Principle），即污染者付费原则。这一原则主要是针对污染者将外部不经济性转嫁给社会的不合理现象，目的是将外部不经济性内部化。PPP 原则提出后在世界各国得到广泛响应。因情况不尽相同，各国的做法也不尽相同，大体有以下三种：

（1）等量负担：即要求污染者要负担治理污染源、消除环境污染、赔偿污染损害等全部费用。

（2）欠量负担：污染者只负担治理污染源、消除环境污染、赔偿损害等部分费用。这主要根据国情，考虑到污染者的支付能力，我国现行的 PPP 原则实际上是欠量负担。

（3）超量负担：污染者需支付超过污染损失的费用。

排污收费作为污染物排放监督管理中的一种重要经济手段，是"污染者付费"原则的具体运用。排污收费是利用价值规律，通过征收排污费，给排污单位以外在的经济压力，促进其治理污染，并由此带动企业内部的经营管理，节约和综合利用自然资源，减少或消除污染物的排放，以实现改善和保护环境的目的。环境资源是有价值的，向环境排放污染物实质上是降低了环境资源的使用价值，排污收费标准在考虑经济发展水平的同时应考虑环境资源的应有价值。我国现行的排污收费标准大多低于污染物治理的费用，不利于使企业认识到进行污染综合治理、减少污染物排放的必要性。致使不少企业出现宁可交费、不愿治理的现象。

14.3.3.2 产品环境标志

1. 背景

环境标志是一种印刷或粘贴在产品或其包装上的图形标志。环境标志表明该产品不但质量符合标准，而且在生产、使用、消费及处理过程中符合环保要求，对生态环境和人类健康均无损害。

环境标志起源于 20 世纪 70 年代末的欧洲，在国外，被称为生态标签、蓝色天使、环境选择等，国际标准化组织将其称为环境标志。1978 年，德国首先实施了环境标志，随后欧洲、美国、加拿大等 30 多个国家和地区也实施了环境标志，环境标志在全球范围内已成为防止贸易壁垒、推动公众参与的有力工具。

环境标志引导各国企业自觉调整产业结构，采用清洁工艺，生产对环境有益的产品，最终达到环境与经济协调发展的目的。环境标志以其独特的经济手段，使广大公众行动起来，将购买力作为一种保护环境的工具，促使生产商在从产品到处置的每个阶段都注意环境影响，并以此观点重新检查他们的产品周期，从而达到预防污染、保护环境、增加效益的目的。

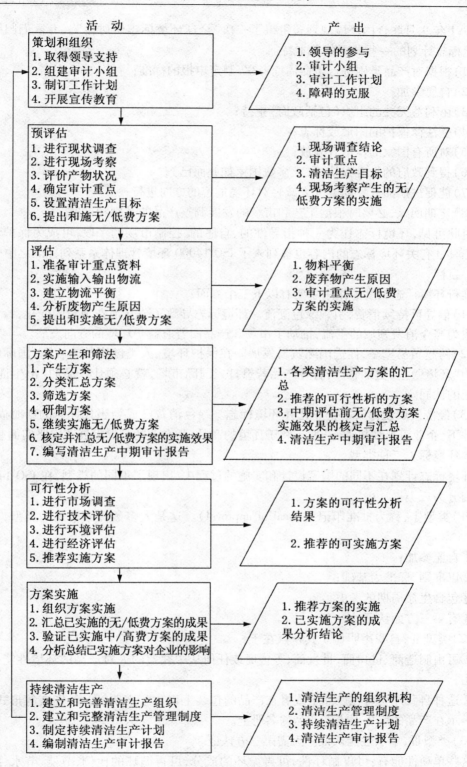

图 14.7　企业清洁生产审计工作程序图

1991年9月联合国环境规划署组织了一次"全球环境标志研讨会"。专家们归纳了各国环境标志计划的一些共同的基本特征：

(1)根据对产品类别进行生命周期考察，制定申报的标准；
(2)自愿参加；
(3)由利益无关的组织(包括政府)主持；
(4)受法律保护的图形或标志；
(5)对所有国家的申请者开放；
(6)得到政府的批准或认可(大多数国家如此而已)；
(7)能促进产品开发朝着大大减轻对环境危害的方向进行；
(8)定期回顾，必要时根据工艺和市场的发展调整产品的类别和标准。

由此可见，环境标志作为一种指导性的、自愿的、控制市场的手段，可成为保护环境的有效工具。有关环境标志的内容也被列入了 ISO 14000 环境管理体系系列标准之中。

2. 目标

推行环境标志制度的作用主要有以下三个方面：

(1)倡导可持续消费，引领绿色潮流。环境标志导致了公众消费观念的变化，绿色消费逐渐成为当今消费领域的主流，推动了市场和产品向着有益于环境的方向发展。

(2)跨越贸易壁垒，促进国际贸易发展。在保护环境、人类健康的旗帜下，国际经济贸易中的"环境壁垒"更加森严，各种产品若想打入国际市场，就必须让产品的"出生证"得到更广泛的认同。

(3)经济发展规律鼓励企业选择环境标志。绿色消费已成为当代社会的新时尚，在这种条件下，企业可抓住机遇，开发有利于环境的产品，为企业的长远发展奠定坚实的基础。

3. 环境标志三种类型

环境标志计划在不同的国家设计和实施的过程中，出现了不同的类型，在 ISO 14024 中将它们分为三类：

(1)类型Ⅰ，称为批准印记型(seal of approval)。这是大多数国家采用的类型，其特点是：

①自愿参加；
②以准则、标准为基础；
③包含生命周期的考虑；
④有第三方面认证。

(2)类型Ⅱ，自我声明型。其特点在于：

①可由制造商、进口商、批发商、零售商或任何从中获益的人对产品的环境性能作出自我声明；
②这种自我声明可在产品上或者在产品的包装上以文字声明、图案、图表等形式表示，也可表示在产品的广告上或者产品的名册上。

(3)类型Ⅲ，单项性能认证。无需第三方认证。

这些单项性能有：可再循环性，可再循环的成分，可再循环的比例，节能、节水、减少挥发性有机化合物排放、可持续的森林等。

三种不同环境标志的出现是源于不同的需要和市场，Ⅰ、Ⅱ型环境标志的出现是针对于普通的市场和消费者,Ⅲ型环境标志是针对于专业的购买者。由于三种环境标志采用的评价方法不同,在实施起来有着巨大的区别,Ⅰ型的特点是要对每类产品制定产品环境特性标准,Ⅱ型是企业可以自己进行环境声明,Ⅲ型是要进行全生命周期评价,然后公布产品对全球环境产生的影响。

与世界上大多数国家一样,我国实施的环境标志制度属于类型Ⅰ。

4. 实施环境标志制度的基本方法

实施产品环境标志制度已成为当今的世界潮流,许多国家已经取得了不少经验,这些经验都是和不同国家的具体情况联系在一起的。实施这一制度(类型Ⅰ)的方法和步骤,可以用图14.8的框图表示。

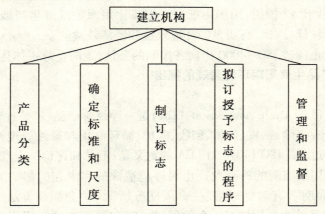

图 14.8 实施环境标志制度的方法

(1) 确定授予环境标志的产品类别

环境标志的产品类别由申请人提出,由主管机构审查确定。分类的原则是考虑同类产品应具有相似的使用目的、相当的使用功能并且相互间有直接竞争的关系。正确的产品分类对实施标志计划至关重要,不但要有充分的科学依据,还要兼顾消费者的利益。一般,优先类别应是对环境危害较大而又有替代可能、消费者感到重要、工业界乐于支持、市场容量大的部分产品。每个级别类别中又可以细分为若干具体类别。被授予标志的产品类别名单需定期审查,不断补充和修改。

(2) 确定授予标志的标准和尺度

通过产品类别后,就要根据这些产品生命周期各阶段对环境的影响,确定授予标准所应达到的要求。确定标准时还要注意标准应该合理明确,并采取通过或不通过的方式,使申请厂家一目了然。标准及尺度也要定期修改、提高。

(3) 制定标准图形

产品环境标志图形的设计既要简洁明快,又要含义丰富;既要显示民族特色,又要容易为国外消费者所接受。我国的环境标志图形是从数百份应征的设计中优选出来的,于1993年8月25日在中国环境报上发布。它由青山、绿水、太阳和10个环组成。其中心结构表示人类赖以生存的环境;外围的10个环紧密结合,环环相扣,表示公众参与,共同保护;10个环的"环"字与"环"同音,寓意为"全民联合起来,共同保护我们赖以生存的环境"。

(4) 环境标志制度的成效

对于实施环境标志制度带来的成效可从3个方面加以评估:①消费者行为的改变程度;

②生产者行为的改变程度;③对环境的好处。

实践表明,实施环境标志制度确实可以提高消费者对产品环境影响的关注,不久前在瑞典第二大零售店对消费者开展了一次民意测验,约有85%的顾客表示愿意为环境清洁产品支付较高的价格。

经调查证明:环境标志培养了消费者的环境意识,强化了消费者对有利于环境的产品的选择,促进对环境影响较少的产品的开发,达到了减少废物、减少生活垃圾、减少污染的目的。德国为燃油和燃煤气的加热器引入标志后,短短两年市场中60%的这类产品达到了标准要求的排放限度;含有对环境有害物质的油漆已大部分从市场上消失;由于给涂料发放了环境标志,向大气少排了 4.0×10^4 t 有机溶剂。据加拿大统计,回用每吨纸可节约大约 $3 m^3$ 的填埋空间,少伐17棵树,用回用纸生产纸浆比用原始纤维生产纸浆工艺简便,所需化学品和能耗都比较低,因此,有明显的环境效益和经济效益。

目前环境标志正通过ISO 14000走向各国间的互认,走向全球一体化。

14.3.3.3 产品生命周期环境管理的提出

1. 概念

生命周期评价(Life Cycle Assessment,LCA)是一种评价产品、工艺过程或活动从原材料的采集、加工到生产、运输、销售、使用、回收、养护、循环利用和最终处理整个生命周期系统有关的环境负荷的过程。ISO 14040对LCA的定义是:汇总和评价一个产品、过程(或服务)体系在其整个生命周期期间的所有及产出对环境造成的和潜在的影响的方法。LCA突出强调产品的"生命周期",有时也称为"生命周期分析"、"生命周期方法"、"摇篮到坟墓"、"生态衡算"等。产品的生命周期有4个阶段:生产(包括原料的利用)、销售/运输、使用和后处理,在每个阶段产品以不同的方式和程度影响着环境。

生命周期评价又是产业生态学的主要理论基础和分析方法。尽管生命周期评价主要应用于产品及产品系统评价,但在工业代谢分析和生态工业园建设等产业生态学领域也得到广泛应用。生命周期评价已被认为是21世纪最有潜力的可持续发展支持工具。在此基础上发展起来的一系列新的理念和方法,如生命周期设计(LCD)、生命周期工程(LCE)、生命周期核算(LCC)及为环境而设计(DfE)等正在各个领域进行研究和应用。

2. 生命周期评价的产生背景

生命周期评价(LCA)的思想萌芽最早出现于20世纪60年代末到70年代初。经过30多年的发展,目前已纳入ISO 14000环境管理系列标准而成为国际上环境管理和产品设计的一个重要支持工具。从其发展的历程来看,大致可以分为三个阶段,即萌芽阶段、探索阶段和迅速发展阶段。

(1)萌芽阶段(20世纪60年代末到70年代初)

生命周期评价最早出现在20世纪60年代末70年代初的美国。生命周期评价研究开始的标志是1969年由美国中西部资源研究所(MRI)所展开的针对可口可乐公司的饮料包装瓶进行评价的研究。该研究试图从最初的原材料采掘到最终的废弃物处理,进行全过程的跟踪与定量分析(从摇篮到坟墓)。这项研究使可口可乐公司抛弃了它过去长期使用的玻璃瓶,转而采用塑料瓶包装。当时把这一分析方法称为资源与环境状况分析(REPA)。自此,欧美一些国家的研究机构和私人咨询公司相继展开了类似的研究。这一时期的生命周期评价研究工作主要由工业企业发起,秘密进行,研究结果作为企业内部产品开发与管理的决策支持工具。并且大多数研究的对象是产品包装品。从 1970~1974 年,整个 REPA 的研究焦点是包装品和废弃物问题。由于很多与产品有关的污染物排放与能源利用有关,这些研究工作普遍采用能源分析方法。

(2) 探索阶段(20 世纪 70 年代中期到 80 年代末)

20 世纪 70 年代中期,政府开始积极支持并参与生命周期评价的研究。由于全球能源危机的出现,REPA 有关能源分析的工作备受关注。一方面人们认识到化石燃料将会用尽,必须进行有效的资源保护;另一方面认识到能源生产也是污染物的主要排放源。因此,很多研究工作又从污染物排放转向于能源分析与规划,采用的方法更多为能源分析法。进入 20 世纪 80 年代,案例发展缓慢,方法论研究兴起。后来一系列的 REPA 工作未能取得很好的研究结果,对此感兴趣的研究人员和研究项目逐渐减少,公众的兴趣也逐渐淡漠了。直到全球性的固体废弃物问题又一次成为公众瞩目的焦点,REPA 又重新开始着重于计算固体废弃物产生量和原材料消耗量的研究。

(3) 迅速发展阶段(20 世纪 80 年代末以后)

20 世纪 80 年代末开始,是 LCA 研究快速增长时期。随着区域性与全球性环境问题的日益严重以及全球环境保护意识的加强,可持续发展思想的普及以及可持续行动计划的兴起,大量的 REPA 研究重新开始,公众和社会也开始日益关注这种研究结果。REPA 研究涉及研究机构、管理部门、工业企业、产品消费者等,但其使用 REPA 的目的和侧重点各不相同,而且所分析的产品和系统也变得越来越复杂,急需对 REPA 的方法进行研究和统一。

1989 年"荷兰国家居住、规划与环境部(VROM)"针对传统的"末端控制"环境政策,首次提出了制定面向产品的环境政策,即所谓的产品生命周期。该研究还提出,要对产品整个生命周期内的所有环境影响进行评价,同时也提出了要对生命周期评价的基本方法和数据进行标准化。1990 年由"国际环境毒理学与化学学会(SETAC)"首次主持召开了有关生命周期评价的国际研讨会。在该会议上首次提出了"生命周期评价(LCA)"的概念。在以后的几年里,SETAC 又主持和召开了多次学术研讨会,对生命周期评价从理论与方法上进行了广泛研究。1993 年国际标准化组织(ISO)开始起草 ISO 14000 国际标准,正式将生命周期评价纳入该体系。目前,已颁布了有关生命周期评价的多项标准。我国针对该标准采用等同转化的原则,现已颁布了两项国家标准:GB/T 24040(环境管理–生命周期评价的原则与框架),GB/T 24040(环境管理–目的与范围的确定和清单分析)。目前生命周期评价还不十分成熟,仍然有很多问题值得研究。如还没有比较完善的生命周期影响评价方法。

3. 生命周期评价方法

(1) 生命周期评价技术框架

SETAC 提出的 LCA 方法论框架,将生命周期评价的基本结构归纳为四个有机联系部分:定义目标与确定范围;清单分析(Inventory analysis);影响评价(Impact assessment)和改善评价(Improvement assessment),其相互关系如图 14.9 所示。

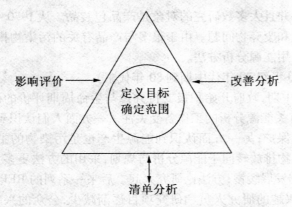

图 14.9 SETAC 生命周期评价技术框架

ISO 14040 将生命周期评价分为互相联系的、不断重复进行的四个步骤：目的与范围确定、清单分析、影响评价和结果解释。ISO 组织对 SETAC 框架的一个重要改进就是去掉了改善分析阶段。同时，增加了生命周期解释环节，对前三个互相联系的步骤进行解释。而这种解释是双向的，需要不断调整。另外，ISO 14040 框架更加细化了 LCA 的步骤，更利于开展生命周期评价的研究与应用，如图 14.10 所示。

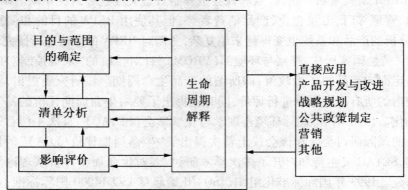

图 14.10 ISO 14040 生命周期评价框架

（2）目的与范围确定

生命周期评价的第一步是确定研究目的与界定研究范围。研究目的应包括一个明确的关于 LCA 的原因说明及未来后果的应用。目的应清楚表明，根据研究结果将做出什么决定、需要哪些信息、研究的详细程度即动机。研究范围定义了所研究的产品系统、边界、数据要求、假设及限制条件等。为了保证研究的广度和深度满足预定目标，范围应该被详细定义。由于 LCA 是一个反复的过程，在数据和信息的收集过程中，可能修正预先界定的范围来满足研究的目标。在某些情况下，也可能修正研究目标本身。

目的和范围的确定具体说来应先确定产品系统和系统边界，包括了解产品的生产工艺，确定所要研究的系统边界。针对生产工艺各个部分收集所要研究的数据，其中收集的数据要有代表性、准确性、完整性。在确定研究范围时，要同时确定产品的功能单位，在清单分析中收集的所有数据都要换算成功能单位，以便对产品系统的输入和输出进行标准化。

(3) 清单分析

清单分析是 LCA 基本数据的一种表达,是进行生命周期影响评价的基础。清单分析是对产品、工艺或活动在其整个生命周期阶段的资源、能源消耗和向环境的排放(包括废气、废水、固体废物及其他环境释放物)进行数据量化分析。清单分析的核心是建立以产品功能单位表达的产品系统的输入和输出(即建立清单)。通常系统输入的是原材料和能源,输出的是产品和向空气、水体以及土壤等排放的废弃物(如废气、废水、废渣、噪声等)。清单分析的步骤包括数据收集的准备、数据收集、计算程序、清单分析中的分配方法以及清单分析结果等。

清单分析可以对所研究产品系统的每一过程单元的输入和输出进行详细清查,为诊断工艺流程物流、能流和废物流提供详细的数据支持。同时,清单分析也是影响评价阶段的基础。在获得初始的数据之后就需要进行敏感性分析,从而确定系统边界是否合适。清单分析的方法论已在世界范围内进行了大量的研究和讨论。美国 EPA 制定了详细的有关操作指南,因此相对于其他组成来说,清单分析是目前 LCA 组成部分中发展最完善的一部分。

(4) 生命周期影响评价

影响评价阶段实质上是对清单分析阶段的数据进行定性或定量排序的一个过程。影响评价目前还处于概念化阶段,还没有一个达成共识的方法。ISO、SETAC 和英国 EPA(Environmental Protection Agency)都倾向于把影响评价定为一个"三步走"的模型,即影响分类(Classify)、特征化(Characterization)和量化(Valuation)。分类是将从清单分析中得来数据归到不同的环境影响类型。影响类型通常包括资源耗竭、生态影响和人类健康三大类。特征化即按照影响类型建立清单数据模型。特征化是分析与定量中的一步。量化即加权,是确定不同环境影响类型的相对贡献大小或权重,以期得到总的环境影响水平的过程。

根据 SETAC 和 ISO 关于 LCA 的影响评价阶段的概念框架,中国科学院生态环境研究中心建立了一个影响评价模型框架。该框架的基本思想是,通过评估每一具体环境交换对已确定的环境影响类型的贡献强度来解释清单数据。模型包括以下步骤:计算环境交换的潜在影响值,数据标准化,环境影响加权,计算环境影响负荷和资源耗竭系数。

(5) 生命周期解释

生命周期解释的目的是根据 LCA 前几个阶段的研究或清单分析的发现,以透明的方式来分析结果、形成结论、解释局限性、提出建议并报告生命周期解释的结果,尽可能提供对生命周期评价研究结果的易于理解的、完整的和一致的说明。根据 ISO 14043 的要求,生命周期解释主要包括三个要素,即识别、评估和报告。识别主要是基于清单分析和影响评价阶段的结果识别重大问题;评估是对整个生命周期评价过程中的完整性、敏感性和一致性进行检查;报告主要是得出结论,提出建议。目前清单分析的理论和方法相对比较成熟,影响评价的理论和方法正处于研究探索阶段,而改善评价的理论和方法目前研究较少。

14.4 工业企业环境管理的考核

14.4.1 工业企业环境污染综合考核指标的分类

加强企业环境管理,把环境保护的各项任务,用计划指标的方法落实到企业基层,并纳入国民经济计划指标中去,加以统一考核和统计,这是我国当前亟待解决的一大环境课题。

近年来,我国不少地方和部门的环境科学工作者,正积极地探索适合国情、切合实际的工业污染控制指标,并在这方面提出了有价值的思路和论述,为建立我国环境指标体系作出了有益的开端。

根据污染考核指标的性质和功能,可将考核指标分为反映环境要素的单项指标和反映企业环境总概况的综合性指标两大类。按其性质、内容和作用,则可分成四类。

1. 环境质量指标

质量标准包括污染物排放标准、排放总量、环境卫生标准、城市大气及水域环境容量、工业"三废"排放与噪声合格率、单位产品排放指标(万元产值污染物排放量)、环境质量综合评价指标,以及各种表示污染量的标准和指标。

2. 环境管理指标

管理指标包括环保设备运转率、完好率、维修制度、"三同时"率、环保责任制、环保计划、统计制度的建立及下水道普及率。

3. 环境经济指标

经济指标包括单位产品用水量、水源循环利用率、"三废"回收利用率、资源综合利用率、能源消耗定额、原材料燃料耗用率、余热利用率、排污收费标准、污染罚款标准、环保治理投资的经济效益、物化劳动流失率、环保投资(占工业总产值、基建总投资或技术更新改造投资的比例、环保工程"三材"万元定额指标以及环保科研教育费用比例等)。

4. 环境建设指标

建设指标包括城市、工厂绿化率(按人口、面积计算)、工厂环境清洁程度、文明生产指标、环保机构自身建设(技术力量配备、监测设备能力)等。

从上述的内容可以看出,工业企业环境污染指标体系的庞大、复杂,因此,一般只能根据条件的可能,选其急需而最关键的指标纳入国民经济计划里,待创造了一定条件后,再逐步充实到指标体系内容中去。

14.4.2 工业企业环境污染综合指标

制定工业污染物排放综合指标(以下简称综合污染指标),是用以考核工业企业环境保护工作的一个方面。只有有了统一的综合考核指标,才能使考核有可比性,才能实现将环境保护纳入国民经济计划中。

1. 制定综合污染指标的主要依据

一般说来,一个企业总是同时排放几种污染物的,因此,除了用分指标外,还将分指标合并成为综合污染指标,并以此方法来综合考核和评价某一企业的污染治理水平。通常考核的是大气和水两个要素,也可根据实际需要增加内容,进而把这些综合指标再综合成为一个企业环境污染总指标。

污染指标是以国家环境质量标准为依据,结合国内技术经济水平实际来考虑的,将综合污染指标值分为若干等级,作为环境保护计划的一个组成部分予以统计,有利于国家、地方环境保护行政部门对工业企业执行国家环境保护法和有关污染防治法进行监督评价。

2. 制定综合污染指标的一般方法

采用数字统计方法,将大量原始实测数据加以概括,综合成为个别的数量指标来表示环境污染程度。最基本通用的是建立污染分指标,其公式为:

$$I_i = C_i/S_i$$

式中 I_i, C_i, S_i——分别表示污染率、实测浓度和排放标准。

超标率:

$$E_i = (I_i - 1) \times 100\%$$

上述公式中 I_i 值越大,E_i 值也越大,表示污染越严重。

若涉及加权和综合统计方法,则是建立综合污染指标中最复杂、困难又是最关键的所在,一般分为两步处理,即:

(1)求分指标值,如上述 $I_i = C_i/S_i$,可用函数式表示,其通式为

$$I_i = f_i(C_i)$$

(2)综合指标函数式为

$$I = g(I_1, I_2, \cdots, I_n)$$

综合指标函数的一般数学计算方法主要可分为:算术平均值、加权算术平均值、幂函数法、平方和的平方根法、均方根法、均值平方与最大值平方的均方根法、最大分指标值法以及几何平均值法等。它们都各有其特点和利弊,特别是加权方法更未趋完善合理。在设计综合污染指标计算式时,必须先行解决以下三个问题:选择污染参数(即污染因子);确定其加权系数和计算方法;设计综合污染指标数学式。

3. 指标统计式

(1)当未超标时,拟采用加权算术平均法。

(2)有超标因素时,拟采用加权处理后的算术平均值与最大超标值的几何平均法,使计算值突出超标因数,从而更严格地要求防止超标的出现。

(3)加权方法拟采用按照污染物的重要性或危害程度来求它们的比例关系值(比重值)。

(4)工业企业环境污染综合考核指标的计算式如下所示。

不超标时:

$$I = \sum_{i=1}^{n} W_i \left(\frac{C_i}{S_i} \right) \tag{14.1}$$

超标时:

$$I_{超} = \sqrt{\left(\frac{C}{S}\right)_{超} \left[\sum_{i=1}^{n} W_i \left(\frac{C_i}{S_i} \right) \right]} \tag{14.2}$$

式中 I——综合污染指标;

W_i——该污染物之权重值;

$I_{超}$——超标时综合污染指标；

C_i——实测污染浓度；

$(\dfrac{C}{S})_{超}$——超标时分指标最大值；

S_i——规定的排放标准。

若有两个以上污染因子超标时，按其中危害最大的因子计算。

由于噪声的实测值是一种经过比值对数处理的声压级，所以在实际计算时，必须将实测值和标准值都换算到声压后再算。

将上式计算得出的指标值分成五个等级：

第一级	<50%	优
第二级	50%~80%	佳
第三级	81%~100%	合格
第四级	>100%	不合格（超标罚款）
第五级	>300%	严重污染（采取法令措施）

第 15 章 区域环境管理

15.1 区域环境管理

15.1.1 什么是区域环境管理

区域是一个相对的地域概念,相对于全球而言,一个国家或一个地区就是一个区域。相对国家而言,一个省、一个市、一个流域、一个湖泊等也是一个区域。相对一个市而言,一个乡镇也是一个区域。但区域的概念又可以无限地缩小,以致把一块地、一间房也称为一个区域。因此,所谓区域,其面积必须有一定的大小,同时在这个地区中还必须有相对独立的自然生态系统。

环境管理,就其目标而言,必须落实到一定的区域上,大到全球或一个国家,小到一个市、县、乡镇。就其对象而言,必须关注人类的社会行为对其作用到的环境所造成的影响和所受到的制约。因此,环境管理工作的重点和中心都在于区域环境管理。

区域环境管理包括城市环境管理、开发区环境管理、乡镇环境管理、农业环境管理、流域环境管理和海洋环境管理。本章将着重介绍城市环境管理、农村环境管理和开发区环境管理。

15.1.2 区域环境管理的原则

(1) 要坚持"以新带老"的原则。实行新项目管理与老污染治理相结合,通过建设项目的环境管理促进区域污染治理。

(2) 要坚持"先重后轻"的原则。所谓"先重后轻"就是指解决区域环境问题,要先重点后一般、以点带面,重点问题要优先考虑、优先解决,一般的较轻的环境问题要放在稍后的顺序来考虑、来解决。

(3) 要坚持"先急后缓"的原则。所谓"先急后缓"就是指急迫的环境问题要放在优先的位置和顺序来考虑、来解决,非急迫环境问题的解决应当服从于急迫环境污染的解决,放在稍后的顺序加以考虑。

(4) 要坚持"难易并举"的原则。所谓"难易并举"就是难解决的环境问题控制不让其发展,容易解决的环境问题要彻底根治。

15.2 城市环境管理

15.2.1 城市环境问题与产生原因

产业革命有如化学反应中的催化剂，促进了工业发展，带动商业、科技等的发展，使世界上的城市如雨后春笋般相继兴建并迅速发展起来。大城市的出现，又带动了星罗棋布的中小城市。城市与经济社会的发展，相互促进，以致特大城市层出不穷。当今，世界上千万人口的城市已并不鲜见，如日本东京人口数量为3 530万，墨西哥城人口为1 920万，美国纽约人口为1 850万，中国上海人口为1 270万。城市化的进程，标志着人类社会的进步和现代文明。

然而，在城市化进程中，特别是城市向现代化迈进的历程中，无论外国的或国内的许多城市，都普遍地遇到了"城市环境综合征"的问题，诸如人口膨胀、交通拥挤、住房紧张、能源短缺、供水不足、环境恶化、污染严重等等。这不仅给城市建设带来巨大压力，而且成为严重的社会问题，反过来，也成了城市经济发展的制约因素，并且会给城市在经济上造成严重损失。

影响城市环境的因素众多，主要是资源的不合理利用和浪费所造成的。具体表现在：一是人口的增长和经济的发展超出了环境承载能力和环境容量；二是发达国家的高生产、高消费政策，使城市生活过度奢侈，浪费了大量的能量与物质，使得排废过多，恶化了城市环境；三是资源的利用率低，增加了废弃物排放的可能性；四是不尊重生态规律，不以反映城市生态规律的理论为指导组织经济、社会生活，不能合理使用土地与空间，建筑布局、工业布局混乱，从而破坏城市的生态系统，减弱城市生态系统的调节机能。

城市环境问题的表现形式主要有大气污染、水污染、噪声污染、固体废物污染等。

1. 城市大气污染

造成大气污染的污染源，从产生来源看，主要有三种：城市居民燃烧煤炭等燃料做饭和取暖所排出的烟尘，各种类型的工矿企业排放的烟气，以及汽车、飞机、火车等各类交通工具所排放出的尾气中含有一氧化碳、氮氧化物、碳氢化合物、铅等污染物。随着工业发展和生活水平提高，大气污染将日益加剧。

2. 城市水污染

目前，我国不论是大城市还是小城镇，水污染都比较严重。造成水污染的原因与生产和生活大量用水有关，如用水较多的造纸、纺织、化学等工业都是最大的污染源。生活用水因城市生活现代化大大增加。家庭浴室、洗涤、冲洗厕所、冲洗汽车用水，这种未经处理、含有大量细菌和需氧污染物的生活污水，成为世界上一些大城市河流变黑发臭的主要原因之一。

3. 城市噪声污染

城市环境噪声源主要来自交通运输、工业生产、建筑施工和社会活动。随着城市交通车辆的增加，城市交通噪声也将越来越严重。

4. 城市固体废物污染

城市垃圾包括炉渣、粉煤灰、生活垃圾中的纸类、塑料、食品等，以及建筑固体废弃物，如灰土、砖瓦等。城市堆积如山的废弃物,不仅占用土地,而且还含各种有毒物质和各种腐蚀性酸,长期无法降解的有机材料及重金属,对地下水源、饮用水和耕地都造成污染,更严重的是危害了人体健康。

15.2.2 城市环境管理概念

从20世纪70年代开始,城市环境管理得到世界各国的普遍重视。20世纪70年代初,美国贝利等人汇编出版了城市环境管理方向的研究成果《城市环境管理》,并在高等院校中也相继设立了"城市规划"或"城市环境规划系"。

我国也是在20世纪70年代初开始从城市污染源调查和城市环境质量评价入手进行环境管理,到1979年成都环境保护会议提出"以管促治、管制结合"的方针,使城市环境管理走上综合防治的轨道。

城市环境管理是城市政府运用各种手段,组织和监督城市各单位和市民预防和治理环境污染,使城市的经济、社会与自然环境协调发展,协调人类社会经济活动与城市环境的关系以防止环境污染、维护城市生态平衡的措施。

15.2.3 城市环境管理的内容

15.2.3.1 污染物浓度指标管理

污染物控制指标管理又称污染物浓度指标管理,它是根据国家、地方、行业制定的污染物排放标准控制污染物的排放。污染物控制指标一般分为三类:

(1)综合指标:一般包括污染物的产生量、产生频率等。在水环境中如丰水期、平水期、枯水期的污水排放量;大气环境中如冬季或夏季主导风向下的烟尘排放量,最大飘移距离等。

(2)类型指标:一般分为化学污染指标、生态污染指标和物理污染指标三种。各类指标都是单项指标的集合。

(3)单项指标:一般有多种,任何一种物质如果在环境中的含量超过一定限度都会导致环境质量的恶化,因此就可以把它作为一种环境污染单项指标。在水环境中,常用的单项指标有:pH值、水温、色度、臭味、溶解氧(DO)、生化需氧量(BOD)、化学需氧量(COD)、挥发酚类等;在大气环境中,常用的单项指标有:气温、颗粒物、二氧化硫、氮氧化物、烃类、一氧化碳等。

污染物控制指标管理和排污收费制度相结合,构成了我国城市环境管理的一个重要方面。这种管理方法对于控制环境污染、保护环境资源起到了很大的作用。但随着技术进步和社会的发展,也暴露出许多问题,主要为:

(1)以污染物的排放浓度为控制对象,只控制了从污染源排出的污染物浓度,而忽略了污染物的流量,势必会造成环境中污染物的总量不断增加,改善不了城市环境质量。

(2)为了满足浓度排放标准要求,各超标排污单位或机构都会采取一定的污染物控制措施。但在分散治理的情况,其规模效益难以保证,从宏观上看不可取。

15.2.3.2 污染物总量指标管理

所谓总量控制,是在污染严重、污染源集中的区域或重点保护的区域范围内,通过有效的措施,把排入这一区域的污染负荷总量控制在一定的数量之内,降低排入区域的污染负荷总量,改善环境质量,使其达到预定的环境目标的一种控制手段。我国"十一五"期间实施总量控制的污染物为二氧化硫和化学需氧量。

总量控制和浓度控制是环境保护的两种控制污染物排放的手段。我国根据不同的行业特点,制定了一系列的废气、废水排放标准。规定企业排放的废气和废水中各种污染物的浓度不得超过国家规定的限值,这就是浓度控制。但污染物排放标准和环境质量标准之间是有差距的,环境质量标准要比污染源排放标准严格得多。即使所有的企业都达到了排放标准,但环境质量很可能不达标。

因而,单纯控制污染物的排放浓度显然是不够的。从而提出了控制污染物排放总量的管理思路。即根据环境质量的要求,确定所能接纳的污染物总量,将总量分解到各个污染源,保证环境质量达标。单方面控制总量也是不行的,高浓度的污染物质在短时间内排放,会对环境产生巨大的冲击。因此,应提倡总量和浓度双控制,既要控制污染源的排放总量,又要控制其排放浓度。

15.2.3.3 城市环境综合整治

城市环境综合整治是指在城市政府的统一领导下,以城市生态理论为指导,以发挥城市综合功能和整体最佳效益为前提,采用系统分析的方法,从总体上找出制约和影响城市环境的综合因素,理顺经济建设、城市建设和环境建设相互依存又相互制约的辩证关系,用综合性的对策整治、调控、保护和塑造城市环境,为城市人民群众创建一个适宜的生态环境,使城市生态系统实现良性发展。其重点是控制水体、大气、固体废物和噪声污染。

1. 城市大气污染综合整治

大气污染综合防治是综合运用各种防治方法控制区域大气污染的措施。地区性污染和广域污染是由多种污染源造成的,并受该地区的地形、气象、绿化面积、能源结构、工业结构、工业布局、建筑布局、交通管理、人口密度等多种自然因素和社会因素的综合影响。大气污染物不可能集中起来统一处理,因此,只靠单项措施解决不了区域的大气污染问题。实践证明,在一个特定区域内,把大气环境看作一个整体,统一规划能源结构、工业发展、城市建设布局等,综合运用各种防治的技术措施,合理利用环境的自净能力,才有可能有效地控制大气污染。主要措施概括起来有:

(1) 减少或防止污染物的排放

改革能源结构,采用无污染和低污染能源,对燃料进行预处理以减少燃烧时产生的污染物,改进燃烧装置和燃烧技术,以提高燃烧效率和降低有毒有害气体排放量,节约能源和开展资源综合利用,加强企业管理,减少事故性排放,及时清理、处置废渣,减少地面粉尘。

(2) 治理排放的主要污染物

用各种除尘器去除烟尘和工业粉尘,用吸收塔处理有害气体,回收废气中的物质或使有害气体无害化。

(3) 控制机动车排气污染

禁止生产、销售和使用车用含铅汽油,推广双燃料汽车。开展机动车排气污染的初检、年检和抽查检测工作。对不符合污染物排放标准的机动车,不予核发车辆牌照、年检合格证或暂扣机动车行驶证,责令限期治理。严格执行国家机动车辆报废标准。

(4) 发展植物净化

植物净化大气污染环境的作用,主要是通过叶片吸收大气中的有毒物质,减少大气中的有毒物质含量;同时,还能使某些毒物在体内分解、转化为无毒物质,自行降解。植物能吸收大气中的 SO_2、氯气、氟化氢、氮氧化物等。

(5)利用大气环境的自净能力

例如,以不同地区、不同高度的大气层的空气动力学和热力学的变化规律为依据,合理确定烟囱高度,使排放的大气污染物能在大气中迅速稀释扩散。

2. 城市污水综合治理

特别是各种工业废水的增加,加上经济、技术和能源上的限制,单一的人工处理污水方法已不能从根本上解决污染问题,逐渐开始发展水污染的综合防治。水污染综合防治是人工处理和自然净化、无害化处理和综合利用、工业循环用水和区域循环用水、无废水生产工艺等措施的综合运用。主要措施有:

(1)减少废水和污染物排放量。包括节约用水、规定用水定额、重复利用废水、废水处理后再利用、发展不用水或少用水的工艺、制定物料定额、提高物料的回收利用率、采用无废少废技术改革工艺等。

(2)发展区域性水污染的总量控制,污水经处理后用于灌溉农田和回用于工业,建立污水库。

(3)综合考虑水资源规划、水体用途、经济投资和自然净化能力,运用系统工程,对水污染控制进行系统优化。

水污染综合防治宏观分析就是在制定水污染综合整治对策时,对城市取水、用水、排水及水的再用等各环节进行系统的综合分析,根据城市的性质、特征和水文地质条件,从宏观上确定城市水污染综合整治的方向和重点,从而为具体制定水污染综合防治措施提供依据。

15.2.3.4 城市固体废物综合整治

所谓固体废物只是相对而言的,即在特定过程或在某一方面没有使用价值,而并非在一切过程或一切方面都没有使用价值。某一过程的废物往往会成为另一个过程的原料,所以有人形容固体废物是"放错地点的原料"。

固体废物可以分为一般工业固体废物、有毒有害固体废物、城市垃圾及农业固体废物。目前,我国固体废物的产生量、堆放量增长很快,固体废物的污染已成为许多城市环境污染的主要因素之一。国外许多发达国家在控制住大气污染和水污染后,开始把重点转向固体废物污染的防治。可以相信,我国固体废物的综合整治在今后一段时间内将会越来越重要,而制定固体废物综合整治规划将会成为控制和解决固体废物污染的首要手段。

固体废物来源广且成分复杂,而防治技术又较落后,是城市环境污染综合整治的一个难点。在研究编制环境规划时,首先要考虑减少产生量,然后是尽可能综合利用、资源化、暂无利用可能的进行处理和处置。

15.3 农村环境管理

15.3.1 农村环境问题

1. 农村

农村是对应于城市的称谓,指农业区,有集镇、村落,以农业产业(自然经济和第一产业)为主,包括各种农场(包括畜牧和水产养殖场)、林场(林业生产区)、园艺和蔬菜生产等。跟人口集中的城镇比较,农村地区人口呈散落居住。我国有将近 10 亿人口居住在农村,农村生态环境的质量,不仅关系到农民的健康和生活质量,而且直接或者间接地对城市产生不可估量的影响。

2. 农村环境污染现状

目前,农药、化肥和除草剂在农业生产上的使用,农业废弃物的任意排放,乡镇企业粗放型生产经营方式是农村环境污染的主要污染源点,造成水质变坏、土壤污染、大气浑浊恶臭,直接影响农业产品的品质,危害农业生产,且易传染疾病,影响居民健康。

农村畜禽养殖业的不断发展,使得畜禽养殖污染面越来越广,且污染越来越严重。因为农村畜禽养殖现多为无序分散状况,且数量较多,大量畜禽粪尿未经处理就直接排放,造成当地环境(特别是地下水)污染,现已成为农村一大新的污染源。集约化养殖场其污染危害更加严重,畜禽粪便没有集中处理对地表水造成有机污染和富营养化污染,对大气造成恶臭污染,甚至对地下水造成污染,其中所含病原体也对人群健康造成了极大威胁。

化肥、农药和农膜的使用,使耕地和地下水受到了大面积污染。农药残留,重金属超标,已制约农产品质量的提高。我国化肥和农药的施用量已居世界之首,据统计,化肥施用量达 40 t/km^2,远远超过发达国家设置的 25 t/km^2 的安全上限。且在化肥施用中还存在肥料之间结构不合理,利用率低,流失率高等现象,不仅导致农田土壤污染,还通过农田径流造成了对水体的有机污染和富营养化污染,甚至地下水污染和空气污染。目前,东部已有许多地区面源污染占污染负荷比例超过工业污染。

农村目前由于缺乏基本的排水和垃圾清运处理系统,生活污水大多不经任何处理,直接排放或沉积在村边沟渠和村庄地面,对饮用水源造成污染。每年产生的农村生活垃圾几乎全部露天堆放,使农村聚居点周围的环境质量严重恶化。60% 以上的农作物秸秆未被有效利用,成为污染农村生态环境的主要因素。近 20 年来,由于大棚农业的普及,地膜污染也日趋严重。据浙江省环保局调查结果显示,被调查区地膜平均残留量为 3 178 t/km^2,造成减产损失达到产值的 1/5 左右。

乡镇企业布局不当,工业"三废"污染严重,受乡村自然经济的影响,农村工业化实际上是一种以低技术含量的粗放经营为特征、以牺牲环境为代价的反积聚效应的工业化,村村点火、户户冒烟,不仅造成污染治理困难,还直接或间接地导致农村环境和农业环境污染与危害。目前,我国乡镇企业废水 COD 和固体废物等主要污染物排放量已占工业污染物排放总量的 50% 以上,而且乡镇企业布局不合理,污染物处理率显著低于工业污染物平均处理率。目前,工业"三废"排放量及污染仍呈增加的趋势。

3. 农村环境问题产生原因

造成我国农村环境污染问题日益严重,却得不到妥善解决的原因如下:

(1)农民收入水平仍然很低,农业投入不足,尤其是环保投入,基本上是掠夺性生产。农民一方面缺少环保投入的能力,比如进行养分管理,往往需要测土施肥,需要技术服务与额外投入;一方面缺少环保投入的意愿,相比于长期的环境收益,农民对近期经济回报的需求更加迫切,可持续农业缺少资本积累与外部支持的保障。

(2)农业和农村非点源污染防治的责任界定与产权明晰困难。强制要求农村集体或者农户履行污染防治责任,需要极高的监管成本,不具备可实施性。政府与污染源之间存在明显的信息不对称。

(3)农村环境管理机构基本是空白。

总体来看,中国农民的自发管理受制于农民的收入水平和管理技能;地方政府的经济能力弱,没有能力开展环境管理,加之地方政府环境保护的外部性,农村环境管理机构基本上没有。

15.3.2 农村环境管理内容

1. 制定农村及乡镇环境规划

乡镇规划是实现党的十六届五中全会提出建设社会主义新农村的前提和保证。乡镇环境规划,是在农村工业化和城镇化过程中防治环境污染与生态破坏的根本措施之一。通过乡镇环境规划,可以协调乡镇社会经济发展与环境保护的关系;可以防止污染向广大农村蔓延、扩散,保护农林牧副渔生态环境和自然生态环境;可以使自然资源得到合理开发和永续利用,实现环境效益、经济效益和社会效益的统一协调发展。

在制定乡镇环境规划时,要对乡镇环境和生态系统的现状进行全面的调查和评价,要依据社会经济发展规划、界域发展规划、城镇建设总体规划以及国土规划等,对规划范围内环境与生态系统的发展趋势,以及可能出现的环境问题作出分析和预测;要实事求是地确定规划期内要达到的目标以及所要完成的环境保护任务,并据此提出切实可行的对策、措施、行动方案和工作计划。

2. 加强农村饮用水水源地环境保护和水质改善

把保障饮用水水质作为农村环境保护工作的首要任务。配合《全国农村饮水安全工程"十一五"规划》的实施,重点抓好农村饮用水水源的环境保护和水质监测与管理,根据农村不同的供水方式采取不同的饮用水水源保护措施。集中饮用水水源地应建立水源保护区,加强监测和监管,坚决依法取缔保护区内的排污口,禁止有毒有害物质进入保护区。分散供水水源周边要加强环境保护和监测,及时掌握农村饮用水水源环境状况,防止水源污染事故发生。制定饮用水水源保护区应急预案,强化水污染事故的预防和应急处理。大力加强农村地下水资源保护工作,开展地下水污染调查和监测,开展地下水水功能区划,制定保护规划,合理开发利用地下水资源。加强农村饮用水水质卫生监测、评估,掌握水质状况,采取有效措施,保障农村生活饮用水达到卫生标准。

3. 大力推进农村生活污染治理

在农村有条件的小城镇和规模较大村庄应建设污水处理设施,城市周边村镇的污水可纳入城市污水收集管网,对居住比较分散、经济条件较差村庄的生活污水,可采取分散式、低成本、易管理的方式进行处理。逐步推广户分类、村收集、乡运输、县处理的方式,提高垃圾无害化处理水平。加强粪便的无害化处理,按照国家农村户厕卫生标准,推广无害化卫生厕所。把农村污染治理和废弃物资源化利用同发展清洁能源结合起来,大力发展农村户用沼气,综合利用作物秸秆,推广"猪－沼－果"、"四位(沼气池、畜禽舍、厕所、日光温室)一体"等能源生态模式,推行秸秆机械化还田、秸秆气化、秸秆发电等措施,逐步改善农村能源结构。

4. 严格控制农村地区工业污染

加强对农村工业企业的监督管理,严格执行企业污染物达标排放和污染物排放总量控制制度,防治农村地区工业污染。采取有效措施,防止城市污染向农村地区转移和污染严重的企业向西部和落后农村地区转移。严格执行国家产业政策和环保标准,淘汰污染严重和落后的生产项目、工艺、设备,防止"十五小"和"新五小"等企业在农村地区死灰复燃。

5. 加强畜禽、水产养殖污染防治

科学划定畜禽饲养区域,改变人畜混居现象,改善农民生活环境。鼓励建设生态养殖场和养殖小区,通过发展沼气、生产有机肥和无害化畜禽粪便还田等综合利用方式,重点治理规模化畜禽养殖污染,实现养殖废弃物的减量化、资源化、无害化。对不能达标排放的规模化畜禽养殖场实行限期治理等措施。开展水产养殖污染调查,根据水体承载能力,确定水产养殖方式,控制水库、湖泊网箱养殖规模。加强水产养殖污染的监管,禁止在一级饮用水水源保护区内从事网箱、围栏养殖;禁止向库区及其支流水体投放化肥和动物性饲料。

6. 控制农业面源污染

在做好农业污染源普查工作的基础上,着力提高农业面源污染的监测能力。大力推广测土配方施肥技术,积极引导农民科学施肥,在粮食主产区和重点流域要尽快普及。积极引导和鼓励农民使用生物农药或高效、低毒、低残留农药,推广病虫草害综合防治、生物防治和精准施药等技术。进行种植业结构调整与布局优化,在高污染风险区优先种植需肥量低、环境效益突出的农作物。推行田间合理灌排,发展节水农业。

7. 积极防治农村土壤污染

做好全国土壤污染状况调查,查清土壤污染现状,开展污染土壤修复试点,研究建立适合我国国情的土壤环境质量监管体系。加强对主要农产品产地、污灌区、工矿废弃地等区域的土壤污染监测和修复示范。积极发展生态农业、有机农业,严格控制主要粮食产地和蔬菜基地的污水灌溉,确保农产品质量安全。

8. 加强农村自然生态保护

以保护和恢复生态系统功能为重点,营造人与自然和谐的农村生态环境。坚持生态保护与治理并重,加强对矿产、水力、旅游等资源开发活动的监管,努力遏制新的人为生态破坏。重视自然恢复,保护天然植被,加强村庄绿化、庭院绿化、通道绿化、农田防护林建设和林业重点工程建设。加快水土保持生态建设,严格控制土地退化和沙化。加强海洋和内陆水域生态系统的保护,逐步恢复农村地区水体的生态功能。采取有效措施,加强对外来有害入侵物种、转基因生物和病原微生物的环境安全管理,严格控制外来物种在农村的引进与推广,保护农村地区生物多样性。

15.3.3 农村环境管理措施

1. 完善农村环境保护的政策、法规、标准体系

制定和完善有关土壤污染防治、畜禽养殖污染防治等农村环境保护方面的法律制度。按照地域特点,研究制定村镇污水、垃圾处理及设施建设的政策、标准和规范,逐步建立农村生活污水和垃圾处理的投入和运行机制,加快制定农村环境质量、人体健康危害和突发污染事故相关监测、评价标准和方法。

2. 建立健全农村环境保护管理制度

各级政府要把农村环境保护工作纳入重要日程,研究部署农村环境保护工作,组织编制和实施农村环境保护相关规划,制订工作方案,检查落实情况,及时解决问题。加强农村环境保护能力建设,加大农村环境监管力度,逐步实现城乡环境保护一体化。建立村规民约,积极探索加强农村环境保护工作的自我管理方式,组织村民参与农村环境保护,深入开展农村爱国卫生工作。

3. 加大农村环境保护投入

中央集中的排污费等专项资金应安排一定比例用于农村环境保护。地方各级政府应在本级预算中安排一定资金用于农村环境保护,重点支持饮用水水源地保护、水质改善和卫生监测、农村改厕和粪便管理、生活污水和垃圾处理、畜禽和水产养殖污染治理、土壤污染治理、有机食品基地建设、农村环境健康危害控制、外来有害入侵物种防控及生态示范创建的开展。加强投入资金的制度安排,研究制定乡镇和村庄两级投入制度。引导和鼓励社会资金参与农村环境保护。

4. 增强科技支撑作用

在充分整合和利用现有科技资源的基础上,建立和完善农村环保科技支撑体系。推动农村环境保护科技创新,大力研究、开发和推广农村生活污水和垃圾处理、农业面源污染防治、农业废弃物综合利用以及农村健康危害评价等方面的环保实用技术。

5. 加强农村环境监测和监管

加强农村饮用水水源地、自然保护区和基本农田等重点区域的环境监测。严格建设项目环境管理,依法执行环境影响评价和"三同时"等环境管理制度。禁止不符合区域功能定位和发展方向、不符合国家产业政策的项目在农村地区立项。加大环境监督执法力度,严肃查处违法行为。研究建立农村环境健康危害监测网络,开展污染物与健康危害风险评价工作,提高污染事故鉴定和处置能力。

6. 加大宣传、教育与培训力度

开展多层次、多形式的农村环境保护知识宣传教育,树立生态文明理念,提高农民的环境意识,调动农民参与农村环境保护的积极性和主动性,推广健康文明的生产、生活和消费方式。开展环境保护知识和技能培训活动,培养农民参与农村环境保护的能力。广泛听取农民对涉及自身环境权益的发展规划和建设项目的意见,尊重农民的环境知情权、参与权和监督权,维护农民的环境权益。

15.4 开发区环境管理

15.4.1 开发区环境管理的基本原则

《中华人民共和国环境保护法》规定可我国环境保护工作总的指导原则,即三十二字方针"全国规划,合理布局,综合利用,化害为利,依靠群众,大家动手,保护环境,造福人民"。根据开发区的具体特点,坚持以下具体原则:

(1)在环境效益与经济效益、社会效益统一的总原则下,开发区的环境管理工作必须坚持环境规划领先的原则,对开发区社会经济建设与环境保护,统筹安排,作出合理布局。

(2)在环境效益与经济效益、社会效益统一的总原则下,开发区的环境管理工作必须坚持与科技进步、经济结构调整、强化企业内部科学化管理相结合的原则。

(3)在环境效益与经济效益、社会效益统一的总原则下,开发区的环境管理工作必须坚持遵照整体化、系统化原理,坚持防治结合,以防为主的原则。

15.4.2 开发区的环境规划管理

开发区环境规划的主要特点和目标在于防范未来可能出现的环境问题,以推动开发区设计出可持续发展的经济发展的模式。

1. 编制开发区环境规划的具体原则:
(1)防治结合,以防为主原则;
(2)环境规划实施主体必须兼具行政职能和经济职能;
(3)实行污染物总量控制原则;
(4)以发展高新技术项目为主,实行清洁生产的原则;
(5)将环境管理手段融入项目管理全过程的原则。

2. 开发区环境规划的主要内容应包括:
(1)确定规划区范围和环境保护目标;
(2)进行环境质量现状调查与评价,并在此基础上划分环境功能区;
(3)确定开发区主要控制污染物及其允许排放总量;
(4)将排污总量按环境功能区合理分配;
(5)进行区域环境承载力研究,确定实施总量控制的技术、经济路线,制订相应的技术措施;
(6)提出环境规划投资概算分析和资金来源分析,并对各方案进行比较分析,最终提出优化方案;
(7)提出保证规划实施的政策、制度、法律措施与运行机制。

第 16 章 生态环境的可持续管理

16.1 可持续发展的指标体系

1992年联合国环发大会以后,"可持续发展"成为全球的一个热门口号,然而,究竟什么样的发展才算是可持续发展？即应该如何测定和评价可持续发展的状态和程度？可持续发展指标的研究提到了议事日程,许多国际机构、非政府组织、各国有关部门和科学机构都开展了这方面的工作。我们知道可持续发展是经济系统、社会系统以及环境系统和谐发展的象征,它所涵盖的范围包括经济发展与经济效益的实现、自然资源的有效配置和永续利用、环境质量的改善和社会公平与适宜的社会组织形式等等。因此,可以说可持续发展指标体系几乎涉及人类社会经济生活以及生态环境的各个方面。

16.1.1 驱动力 – 状态 – 响应框架的概念

可持续发展的指标体系就是要为人们提供环境和自然资源的变化状况,提供环境与社会经济系统之间相互作用方面的信息。有关方面为此提出了可持续发展指标体系,即驱动力 – 状态 – 响应框架。驱动力指标反映的是对可持续发展有影响的人类活动、进程和方式,即表明环境问题的原因；状态指标衡量由于人类行为而导致的环境质量或环境状态的变化,即描述可持续发展的状况；响应指标是对可持续发展状况变化所作的选择和反应,即显示社会及其制度机制为减轻诸如资源破坏等所作的努力。

16.1.2 可持续发展指标体系框架的设计

可持续发展指标体系必须具有这样几个方面的功能：第一,能够描述和表征出某一时刻发展的各个方面的现状；第二,能够描述和反映出某一时刻发展的各个方面的变化趋势；第三,能够描述和体现发展的各个方面的协调程度。也就是说,可持续发展的指标体系反映的是社会 – 经济 – 环境之间的相互作用关系,即三者之间的驱动力 – 状态 – 响应关系。根据指标体系的层次性原则,可持续发展指标体系应该包括全球、国家、地区(省、市、县)以及社区四个层次,它们分别涵盖以下主要方面：一是社会系统,主要有科学、文化、人群福利水平或生活质量等社会发展指标,包括食物、住房、居住环境、基础设施、就业、卫生、教育、培训、社会安全等；二是经济系统,包括经济发展水平、经济结构、规模、效益等；三是环境系统,包括资源存量、消耗、环境质量等；四是制度安排,包括政策、规划、计划等。

16.1.3 联合国可持续发展指标体系

1992年世界环境与发展大会以来,许多国家按大会要求,纷纷研究自己的可持续发展指标体系,目的是检验和评估国家的发展趋向是否可持续,并以此进一步促进可持续发展战略的实施。作为全球实施可持续发展战略的重大举措,联合国也成立了可持续发展委员会,其任务是审议各国执行"21世纪议程"的情况,并对联合国有关环境与发展的项目计划在高层次进行协调。为了对各国在可持续发展方面的成绩与问题有一个较为客观的衡量标准,该委员会制定了联合国可持续发展指标体系。

联合国可持续发展指标体系由驱动力指标、状态指标、响应指标构成。驱动力指标主要包括就业率、人口净增长率、成人识字率、可安全饮水的人口占总人口的比率、运输燃料的人均消费量、人均实际 GDP 增长率、GDP 用于投资的份额、矿藏储量的消耗、人均能源消费量、人均水消费量、排入海域的氮、磷量、土地利用的变化、农药和化肥的使用、人均可耕地面积、温室气体等大气污染物排放量等;状态指标主要包括贫困度、人口密度、人均居住面积、已探明矿产资源储量、原材料使用强度、水中的 BOD 和 COD 含量、土地条件的变化、植被指数、受荒漠化、盐碱和洪涝灾害影响的土地面积、森林面积、濒危物种占本国全部物种的比率、二氧化硫等主要大气污染物浓度、人均垃圾处理量、每百万人中拥有的科学家和工程师人数、每百户居民拥有电话数量等;响应指标主要包括人口出生率、教育投资占 GDP 的比率、再生能源的消费量与非再生能源消费量的比率、环保投资占 GDP 的比率、污染处理范围、垃圾处理的支出、科学研究费用占 GDP 的比率等。

这个指标体系虽然经过国际专家多次讨论修改,但是,由于不同国家之间的差异,整个指标体系要涵盖各国的情况,难免挂一漏万,甚至以偏概全,从而有可能与具体国家的实际情况相差甚远;其次,由于可持续发展的内容涉及面广且非常复杂,人们对它的认识还在不断加深,要建立一套无论从理论上还是从实践上都比较科学的指标体系,尚需要进行深入的研究和探讨。因此该指标体系只能为我们提供参考。

16.2 土地资源的可持续管理

土地是一种主要的自然资源,具有多种重要功能。例如,以作物和木材的形式提供生物圈生产力,为生物提供生境和栖息地,为生物多样性提供庇护所,为整个生态系统提供一个相对稳定的"储藏库"。然而,土地资源并不是一种无限的资源,在自然因素和人类活动的双重作用下,它有可能退化,甚至有可能丧失。

联合国可持续发展委员会建议:用"土地利用变化"这一指标来反映影响土地资源可持续利用的人类活动、过程和格局;用"土地状况变化"这一指标来反映土地资源的可持续状态;用"资源管理权下放至地方"这一指标来评价各国政府为实现土地资源的可持续管理在政策、制度上所做出的响应行为,也就是说在"驱动力－状态－响应"指标框架中,"土地利用变化"是驱动力指标,"土地状况变化"是状态指标,"管理权下放"是响应指标。

16.2.1 土地利用变化

联合国可持续发展委员会对"土地利用变化"的定义是:一个国家的土地利用分布随时间所产生的变化。土地利用变化的单位是百分比,即在某一时间段、某一类型土地(如耕地、林地、草地或其他等)增加或减少的面积除以上一时间段这类土地的面积。

联合国粮农组织将土地引用类型划分为耕地、草地、林地和其他四类。

（1）耕地：包括种植临时作物和永久性作物的土地，包括临时的草坪和花园。永久性作物是指每次收获后不需重新种植的作物，如可可、咖啡、橡胶、果树和葡萄。

（2）草地：指五年或五年以上生产饲草的土地，包括自然生长的饲草和人工种植的饲草。没有用来放牧的草地划入"其他"一类。

（3）林地：包括天然林和人工林占的土地面积，还包括已经过度砍伐，但不久的将来将重新形成森林的土地。

（4）其他：包括未被开垦的土地，未被利用的草场、建筑用地、湿地、废地等。其中建筑用地包括居住房、娱乐设施、工厂、道路以及其他交通系统、采石场和技术性的基础设施所占的土地面积。

16.2.2 土地状况变化与土地退化

"土地状况变化"的定义是：土地状况、土地适宜性和土地资源的属性所发生的变化。包括几个方面：①土壤物理状态的变化；②土地植被覆盖的密度与多样性变化；③耕层土壤厚度的变化；④盐碱化状况的变化；⑤梯田建设；⑥田间林网的建设。

土地状况变化这个指标的宗旨是要反映土地质量的变化，包括正反两方面的变化。很明显，梯田建设、田间林网建设是指土地质量朝好的方向所发生的变化，如果耕层厚度增加、盐碱化程度降低，也是朝好的方向所发生的变化，但目前大多数国家所面临的真实状况是土地质量朝坏的方向转化——土地退化。

联合国环境规划署将土地退化的类型分为四种：①风沙侵蚀；②水土流失；③物理退化，如土壤板结、水涝、沉降等；④化学退化，包括化学污染、土壤酸化、盐渍化和养分丧失。

引起土地退化的因素分为物理因素（如风沙）、化学因素（化学污染）、生物因素（森林看法）、社会因素（人口增长）。

由人类活动引起的土壤退化定义为：由于土壤物质的移走（风沙侵蚀和水土流失），或物理、化学过程引起的土壤恶化，使土地现在或将来生产食物的能力或提供服务的能力正在下降。

退化的程度与生产力的下降有关，有时还与生物圈的功能有关。土壤退化程度划分为轻度、中度、重度、极度四个等级。

①轻度：农药生产力小幅度下降，改变当前的土地利用方式，这种土地能够得到完全恢复，原有的生物圈功能基本上未被破坏。

②中等：农业生产力大幅度下降，只有对土地管理系统进行重大改善，才能使土地得到恢复，原有的生物圈功能被部分破坏。

③重度：在当地的土地利用管理系统下，这种土地已不再有可能进行农业生产，只有重大的工程才能使这种土地得以恢复，原有的生物圈功能大部分被破坏。

④极度：这种土地已不再适于农业生产，而且很难恢复，原有的生物圈功能被完全破坏。

引起土地退化的人类活动包括五种类型。

①移走植被：是指由于农业生产、伐木、城市化和工业建设而使天然植被完全消失的情况。

②过度利用：是指为了获得生活燃料、建筑篱笆和房子必须用的木材而砍伐天然植被

的行为。通常情况下,这种砍伐并不会导致植被的完全消失,但会引起植被退化和相应的土壤退化。

③过度放牧:包括家畜摄食引起的植被覆盖度减少和农畜游荡所产生的其他影响(如引起土壤板结)。

④农业活动:包括所有可能引起土壤退化的不适当的土地管理方式,如有机肥的使用不足和化肥的过量使用、陡坡种植、干旱地区在没有适当的防风蚀措施下种植、不适当的灌溉方式或在结构稳定性脆弱的土地上用重机械耕地。

⑤生物工业活动:是指使土壤面临污染危险的所有活动,如废物处置、农药和化肥的过量使用。

由人类活动引起的土地退化类型及其程度可以用图16.1来概括。

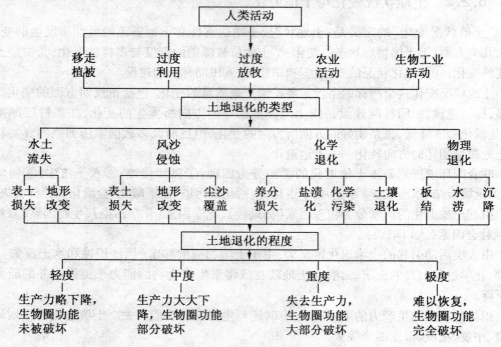

图16.1 人类活动引起的土地退化

当前,因各种不合理的人类活动所引起的土壤和土地退化问题,已严重威胁着世界农业发展的可持续性。据统计,全球土壤退化面积达 1 965 万 km^2。就地区分布来看,地处热带亚热带地区的亚洲、非洲土壤退化尤为突出,约 300 万 km^2 的严重退化土壤中有 120 万 km^2 分布在非洲、110 万 km^2 分布于亚洲;就土壤退化类型来看,土壤侵蚀退化占总退化面积的84%,是造成土壤退化的最主要原因之一;就退化等级来看,土壤退化以中度、严重和极严重退化为主,轻度退化仅占总退化面积的38%。

16.2.3 管理权下放

用"自然资源管理权下放至地方"这一指标来评价各国为实现土地资源的可持续管理的政策上、制度上所作出的响应行为。这个指标的定义是:上一级政府把自然资源管理权下放至地方社区的程度和资源管理权分配中的变化。数量单位是已获得自然资源管理权的地方政府和社区的数量,或者是在地方政府和社区的总数中,能够分享自然资源管理权的地方政府和社区所占的比例。

越来越多的人认识到,权力、责任和奖励的转移、下放,对资源的可持续管理是必不可少的。"赋予社区权力"是制度方面的一个重要部分,对强化可持续行为有关键作用,社区参与资源管理,意味着赋予社区权力,对可持续发展有直接影响。

自然资源管理权的下放至少应该在两个层次上:其一是被上级政府确认为具有行政管理权的地方政府(比如中国农村的乡政府,以及高于乡政府的各级地方政府);其二是没有被政府授予行政权力的最低社会组织——仅仅高于家庭的社会组织(比如中国农村的村级组织)。这牵涉责任的转移与收入的分享,也牵涉技术与信息的分享,从而使管理有效化。

中国农村的土地责任承包制就是"管理权下放"的一个成功例子。

从具体的可操作性来看,"管理权下放"指标还有待完善,对其权力下放的各个方面都必须有很具体的度量方法。

当然,这个指标也有一些局限性。例如,这个指标不能反映出各级参与者管理资源的能力,不能对资源使用者、社会和地方政府对资源的共同管理作出质量评价,甚至不能反映出社会和地方中国政府是否真正保护了资源。前些年,在中国的很多省份,一些地方政府,甚至个人,乱开矿、乱采矿、乱淘金,对土地和矿产资源都造成很大浪费和破坏,就是一个例子。

16.3 林业的可持续管理

森林是陆地生态系统的主体,它不仅具有为社会提供木材的经济价值,而且还有保持环境、防汛固沙、蓄水保土、涵养水源、净化大气、保护生物多样性和栖息地、吸收二氧化碳及生态旅游等功能。

由于森林在生态、经济、社会、文化等方面的多功能作用,林业的可持续管理便成为全世界环境与发展的内容之一。林业的可持续管理是指森林管理的重点从过去单一的木材供应转向维持森林资源的可持续性。

为了保持生物多样化和文化遗产,可持续的林业管理必须对流域和生境进行保护,动员当地居民管理当地的自然资源,以支持农业生态系统,并控制能源生产。因此,森林管理机构的首要工作必须是维持森林生态系统的完整和活力。

可持续林业管理涉及很多领域,需要一定的指标来进行评价。联合国可持续发展委员会为林业的可持续管理制定了四项指标,见表16.1。

表16.1 可持续林业管理指标概况

概况	木材采伐强度	森林面积变化	森林管理面积比率	保护区面积占森林总面积的比例
1.度量单位	百分比/%	公顷/hm²	百分比/%	百分比/%
2.指标类型	驱动力指标	状态指标	响应指标	响应指标

续表 16.1

概况	木材采伐强度	森林面积变化	森林管理面积比率	保护区面积占森林总面积的比例
3.相关指标	森林保护面积、土地利用及状况变化(环境指标),自然资源产业在制造业中的比重(社会经济指标)	土地利用、土地状况变化、森林保护面积、可耕地、受威胁物种和山区自然资源持续利用(环境指标),人口增长、自然资源产业在制造业中的比重(社会经济指标)		
4.所需数据	森林贮积量、原木年生产量和更新周期	在以年为单位的不同时段里,国家的森林总面积数据(包括人造林)	根据计划进行有效管理的森林面积、森林总面积	有关森林面积,被保护森林和面积的数据
5.数据可获得性	对于大多数国家来说,数据是可获得的,但在很多情况下,特别是关于天然林的情况,只有一些粗略的估算,而且所提供的数据只在一个时间段,没有时间序列的数据	对于大多数国家来说,关于森林面积的数据是可获得的。但数据通常是估算的,由于定义和方法上的差异,有时会有不可比性	对大多数发达国家来说,数据是可获得的;对大多数发展中国家来说,数据可能是缺乏的	对大多数国家来说,国家级和国家级以下水平的数据都是可获得的

16.3.1 木材采伐强度

木材采伐强度是指木材年采伐量或其他森林产品量与木材年增加量之间的比率。这个指标反映了森林生产与森林采伐之间的相对平衡状态。在较长的时间尺度内,可以评价林业生产的可持续性或木材供给的可持续性。一个国家所制定的采伐比率是由森林面积的功能、原木生产林区的比例、森林的年龄结构和生产力以及管理目标和生产政策等因素决定的。

现有的统计数据不能反映出一些森林可持续增长的因素,如木材采伐给森林带来的损失,病虫害、污染和土壤退化给森林带来的损失等。另外,并非所有的森林都适于木材生产,有些只适于保护和提供美学观赏价值,而另一些由于木质的原因和经济的原因不可能采伐。因此,用相当宏观的全球木材采伐强度作为一个指标很可能掩盖了许多事实。可持续的森林生产必须在综合土地利用的基础上实施,以保证有足够的林地来满足林业生产、提供环境保护和美学观赏,要估计某一地区的森林持续供给量,首先必须获得不同森林类型的基本生产区的详细数据,然后将这些数据与这一地区的森林储存量与生产量放在一起综合考虑。将国家和地区水平的上述数据与遥感数据放在一起综合分析,便可判断各区域或全球的森林消长的趋势。

16.3.2 森林面积变化及森林质量

森林面积变化是指天然林和人工林面积随时间而变化的数量。森林面积是森林资源最基本的特征,对于林业政策和计划的制订是必不可少。如果一个国家的森里面积持续地快速下降,则表明这个国家的林业和农业部门正在进行不可持续的生产活动。

森林面积的定义是:树冠覆盖率大于或等于10%的土地面积。人工林指人工播种或植苗长成的森林,天然林包括纯天然和半天然林。

森林面积变化这个指标除了用"在一定年限内森林面积随时间变化的绝对值"表示外,还可以用砍伐率(Deforestation Rate,DR)这一相对值来表示。从 P 年到 N 年的砍伐率用如下公式:

$$DR(\%) = 100\left\{1 - \left(\frac{N\text{年森林面积}}{P\text{年森林面积}}\right)^{\exp\left(\frac{1}{N-P}\right)}\right\}$$

全球森林面积总和由温带发达国家所有林区和热带及温带发展中国家的天然林和人工林组成。

森林是一个复合生态系统,不可能由单一的面积指标来表示其功能,不同地区的森林支持不同的生态功能。一片森林的生存条件和连续性在很大程度上决定了繁育能力和支持野生生物的能力;一定面积的自然生境,对于动物的生存是必不可少的。在宏观上这种作用可以用来判断各国、各地区以至全球森林面积是否足够。不过,就生境保护来说,最关键的是必须了解不同森林类型的面积(不同的森林支持不同的物种)、片断化状况(已判断现存的连续森林面积是否可以支持物种的生存)、生长状况(退化的次生林常常会丧失物种所适应的原生林生境)。因此,评价生态系统活力的指标还应包括顶级捕食者的种群数量,以及那些影响生态系统基本过程(营养循环、种子传播和花粉授粉)的物种种类和它们的种群数量。

对于地区性很强的生态现象,国家水平的森林面积及其削减率不能提供足够的信息,森林所在的位置很重要,它决定森林是否具有防止水土流失的功能。森林退化和片断化比林地全部转化他用更容易导致生境的丧失。

森林的退化和片断化会加重森林砍伐对生物多样性的影响。森林退化造成在其他物种生活周期中至关重要的植物和树林的变化,以及对当地野生生物有不良影响的变化过程。森林片断化则会造成太小块的生境,不能供养剩余的聚居植物和动物群体。

由以上可知,砍伐并不是破坏森林的唯一因素,对非洲31个样地的研究结果表明,遭受退化和片断化的森林面积和被完全砍伐的森林面积几乎相等。退化的、片断化的森林的功能已经明显丧失,但森林面积变化率却无法将这种损失反映出来,另外,生态区的实际生物量低于潜在生物量的森林退化以及工业污染对森林面积的影响均不能反应在森林面积变化率中。因此,分析研究森林的功能及活力应该重视下面几个因素。

(1) 森林的位置:它关系到流域的保护,生物多样性的保护和天然林的更新;
(2) 片断化状况:以指标生境的连续性;
(3) 完整性:以确定人类活动的干扰程度;
(4) 森林的健康状况:它反映自然因素和人为因素(包括污染)对森林生态系统生产力和活力的影响。

当然,要获得这些数据,还需要更为详细的资料,如地理位置、周边土地的使用情况和地形地貌等。

16.3.3 森林管理面积比率和森林保护面积比例

"木材采伐强度"这个指标反映的是一个国家林业生产所面临的压力,也是我们朝着可持续方向发展的驱动力。"森林面积变化"反映的是一个国家林业生产的现状。"森林管理面积比率"和"森林保护面积占森林总面积的比率"这两个指标将标志一个国家对林业生产现状所做出的反应,即国家在林业管理方面的政策取向。

1. 森林管理面积比率

森林管理面积比率是指在森林总面积中,根据政府批准的管理计划而实施管理的森林面积所占的比例。这个指标对评价可持续林业发展非常有用。林业管理计划的制订及其实施是一个国家检测林业生产的核心步骤。

计算方法:用所有实施森林管理计划的森林面积除以森林总面积。

据联合国粮农组织1990年对热带森林资源的评价,将"被管理"的森林分为三类:①木材生产区;②土壤和水分保持区;③野生生物保护区。

"森林管理面积比率"反映了林业管理的范围,但对林业管理的质量却不能提供任何信息。1990年,国际热带木材组织(ITTO)成为第一个制订热带森林可持续管理标准与指南的政府间机构。1994年,在重新谈判国际热带木材协定后,木材生产国与木材消费国达成如下协议:木材消费国也必须遵守国际热带木材组织的2000年目标,即在2000年,所有的森林产品必须出自可持续管理的森林。

在国际热带木材协定谈判后出现了三个活动,即以北方针叶林和温带为重点的泛欧洲赫尔辛基、非欧洲蒙特利尔进程及亚马逊河条约组织关于亚马逊河森林的Tarapoto宣言,它们都涉及了各种各样的可持续森林管理的一般指南。

蒙特利尔进程制定了森林可持续管理的7项标准和确定这些标准的67个指标。7项标准为:

标准1:生物多样性保护;
标准2:森林生态系统生产力的维持;
标准3:森林生态系统的健康与存活的维护;
标准4:土壤和水资源的保护与维护;
标准5:维护森林对全球碳循环的贡献;
标准6:维持和加强长期的多方面的社会经济效益以满足社会的需求;
标准7:森林保护和可持续发展的法律、机构和经济框架。

其中前6项标准及指标设计森林状况、特征、功能和效益。第7项标准涉及整体的政策框架,该框架能促进可持续的森林管理,并保护、维持或加强在第1~6项标准中所规定的状况、特征和效益。

从整体上说,蒙特利尔进程中的标准和指标为可持续的森林管理提供了一个可理解的、简明的定义。它们是评价国家的森林状况和管理趋势的工具,并为在国家水平上描述、监测和评估可持续性进展提供了一个普遍框架。但它们不是行为标准,也不能刻意在具体的森林管理单位水平上来直接评价可持续性。这些标准和指标的应用有助于为决策者制定国家政策,改善服务于决策者和公众的信息质量以及更好地通报在国内和国际上争论的森林政策时提供国际参考。

2. 森林保护面积的比例

森林保护包括对野生生物、特殊生态系统和水土资源的保护。森林保护面积占森林总面积的比例越高,表示这个国家在保护森林资源方面做得越好。它表示了社会对森林现状及其变化趋势的一种响应,是森林保护政策的重要内容。

"森林保护面积占森林总面积的比率"粗略反映了一个国家的政策取向,但也有不够严格的地方,这个指标不能提供被保护区生态价值的信息。比如说,一个国家可以将大片生物多样性程度很低的森林放在一边"保护"起来,而对生物多样性很高的森林继续大肆砍伐。另外,这个指标没有涉及保护的有效性问题。保护的有效性至少应该包括两个方面:其一是保护区的生态(类型)代表性,其二是在保护过程中法律和管理的制约性。

总的来讲,森林保护问题,关键是人的问题,是不同人的利益分配问题。对于林区的人来说,森林是生活来源,对于林区以外的人来说,森林是木材和木工产品的来源。在环保主义者看来,森林最重要的价值在于保护生物多样性、参与全球的地球化学循环,对世界上的许多人来说,森林具有心理和宗教方面的意义。

要实现森林保护的社会可持续性,有一个前提条件,就是关键的既得利益者认为保护森林能使他们获得更大的收益。由于人们所处的环境不同,对社会可持续性的理解就有所不同,对于林区人来说,最实际的社会可持续性指标应该是人均森林产品的产量,如:燃料、饲料和野生动物,另一个指标是森林对提高收入、增加就业机会的贡献。后一个指标同样也是国家的社会可持续性指标,对于其他人来说,社会可持续性的一个重要指标是他们能否参与影响森林的决策过程。

从全球观点来看,社会可持续性指标应包括:林区人口生存的保障、签署保护森林国际条约的国家数量以及这些国家所做的承诺、实施的政策和行动计划。因此,社会可持续性的一个重要的全球性指标应该是国际社会为保护森林所做的财政集资。如果因森林的保护和管理而遭受损失的人得不到补偿,那么对许多国家来说,砍伐森林比保护森林所获利益要大得多。如果是这样,那么森林的退化将会继续下去。

16.4 生物多样性保护

16.4.1 生物多样性

地球上的生物多样性可在三个水平上加以描述:物种的基因多样性;物种多样性;物种的集合或生态系统的多样性。此外,由于每一种文化都代表了一种能够解决生活在特定环境下的人们所面临问题的方法,因此人类的多样性也应该被视为一个重要的组成成分。

生物多样性是人类社会赖以生存的基础。但由于人口的增长,经济的发展,人类对环境的破坏和生物资源的索取日益加剧,使生物多样性受到很大损失,这种损失影响到生物多样性的利用价值,从而影响到人类社会的生活。所以,我们今天所面临的任务是,既要研究来自人类社会的主要驱动力,又要研究生物多样性本身;既要研究人类活动对生物多样性的影响,又要研究生物多样性的价值。

生物多样性对于人类来说,生物多样性具有直接使用价值、间接使用价值和潜在使用价值。

(1)直接价值:生物为人类提供了食物、纤维、建筑和家具材料及其他工业原料。生物多样性还有美学价值,可以陶冶人们的情操,美化人们的生活。如果大千世界里没有色彩纷呈的植物和神态各异的动物,人们的旅游和休憩也就索然寡味了。正是雄伟秀丽的名山大川与五颜六色的花鸟鱼虫相配合,才构成令人赏心悦目、流连忘返的美景。另外,生物多样性还能激发人们文学艺术创作的灵感。

(2)间接使用价值:间接使用价值指生物多样性具有重要的生态功能。无论哪一种生态系统,野生生物都是其中不可缺少的组成成分。在生态系统中,野生生物之间具有相互依存和相互制约的关系,它们共同维系着生态系统的结构和功能。野生生物一旦减少了,生态系统的稳定性就要遭到破坏,人类的生存环境也就要受到影响。

(3)潜在使用价值:就药用来说,发展中国家人口的80%依赖植物或动物提供的传统药物,以保证基本的健康,西方医药中使用的药物有40%含有最初在野生植物中发现的物质。例如,据近期的调查,中医使用的植物药材达1万种以上。野生生物种类繁多,人类对它们已经做过比较充分研究的只是极少数,大量野生生物的使用价值目前还不清楚。但是可以肯定,这些野生生物具有巨大的潜在使用价值。一种野生生物一旦从地球上消失就无法再生,它的各种潜在使用价值也就不复存在了。因此,对于目前尚不清楚其潜在使用价值的野生生物,同样应当珍惜和保护。

16.4.2 人类对生物多样性的影响

人类社会的巨大需求和人类在经济领域的错误政策是导致生物多样性改变的主要驱动力。1995年,联合国环境署主持的《全球生物多样性评价》(Global Biodiversity Assessment,GBA)将导致生物多样性退化和丧失的主要原因归于如下八点:

①由于人口和经济的增长,对生物资源的需求增加;
②人类由于缺少有关知识,对自身行为的长期后果缺乏认识;
③人类没有意识到采用不适当技术所造成的后果;
④经济市场没有认识到生物多样性的真正价值;
⑤经济市场不能在地方水平体现生物多样性全球价值;
⑥制度方面的失败:在城市建设、制度、财产权、文化态度等方面,有关制度没有引导人们改变已有的价值观念,从而调节人类对生物资源的利用;
⑦政府部门没有纠正人们过度使用生物资源的行为;
⑧人类迁移、旅行和国际贸易增加。

从生态学角度来说,人类社会引起生物多样性退化的机制是:
①生境丧失、片断化和退化(或生态群落改作其他用途);
②过度利用;
③生物引种;
④土壤、水和大气的污染和毒化;
⑤气候变化。

在陆地生态系统,使生物多样性减少的最主要的机制是生态环境的丧失、片断化和退化。在岛屿生态系统中,引种和生境丧失是同等重要的原因。在海洋生态系统中,过渡捕捞和污染是主要因素。而对淡水生态系统来说,以上五种机制对物种和种群都有重要影响。

16.4.3 生物多样性变化

生物多样性是指地球上所有生物——动物、植物和微生物及其所构成的综合体。生物多样性通常包括生态系统多样性、物种多样性和遗传多样性三个层次。生物多样性的三个层次完整描述了生命系统中从宏观到微观的不同认识方面。

在 CSC 的可持续发展指标框架中,反映生物多样性现状的指标只有一个:受威胁物种占本地物种总数的比例。这个指标只反映出生物多样性状态的一部分。生物多样性存在的数量和分布是 35 亿年生物进化的结果,是物种迁徙、特化、变化和近百年来人类影响相互作用的结果。

生物多样性变化是指生物多样性在人类活动影响下所发生的变化,也就是生物多样性的可持续状态。

(1) 生态系统的变化

最能说明人类活动对生态系统影响力的是农业生态系统。农业生态系统完全是人类活动的结果,以牺牲其他自然生态系统为代价,或者是以削弱其他生态系统的服务功能为代价。

对大部分植被类型来说,其总面积有可能变化,也有可能不变,但其植物物种组成通常受伐木、放牧、生物引种和生境片断化的影响而发生很大变化,只保留几个原有的植物物种,有的甚至一个原有的植物物种也没有。例如,草地放牧牛羊后,植物物种组成受到很大干扰,很多草场不再有本地的草场物种。在北美洲和欧洲的北温带森林,经过近几百年的高强度伐木、采集薪炭林、人工造林和生物引种,其植被组成已发生了极大变化。自从农业时期以来,全球的森林总面积已减少了 15%。自 1700 年以来,全球的耕地增加了 5 倍,自 1800 年以来,全球的灌溉耕地面积增加了 24 倍。在过去的 300 年里,全球总的草地面积基本保持不变,所以耕地的扩大是以砍伐森林为代价的。

海岸、低地、湿地、天然草场和多种类型的森林已遭受严重影响或破坏。在中美洲的大西洋海岸,热带干旱林曾达 55 万 km^2,如今只剩下不足 2% 的森林保持完好无损。美国的湿地已丧失了 54%,泰国的红树林丧失了 50% 以上,巴西太平洋海岸的森林曾经达 100 万 km^2,如今剩下的只有原来面积的 10%。在 60 万 km^2 的珊瑚礁总面积中,有 10% 已被破坏到不能恢复的程度。

(2) 物种和种群的变化

物种灭绝在生物进化过程中是不可避免的。有新的物种产生,就有旧的物种灭绝。根据已有的化石资料,在过去的几千万年中,物种一直在灭绝。有专家指出,现在正处在物种灭绝的高峰期。所不同的是,现在的物种灭绝有很大一部分是由人类活动引起的。大西洋和印度洋的史前文明——人类和与人类共栖的动物(鼠、狗、猪)导致了世界上 1/4 的鸟类灭绝。自 1600 年以来,有记载的 484 种动物和 654 种植物(主要是脊椎动物和开花植物)已经灭绝。显然,实际上灭绝的物种数要比这大得多,特别是在热带。随着时间的推移,物种的灭绝速度越来越快。1600~1810 年,有记载的 38 种鸟类和哺乳类灭绝,1810~1992 年,灭绝的鸟类和哺乳类达 112 种。在这 390 年间,海洋岛屿和淡水生态系统中,有大量的物种灭绝。但在人类文明历史较长的地区,由于动植物已经经受了严酷的环境压力,物种的灭绝速度比较低。例如,在地中海地区,植物的灭绝速度不足 0.1%,而在澳大利亚西部,物种的灭绝速度超过了 1%。

根据化石记录分析,无脊椎动物和硅藻的生命跨度约为 500 万~1 000 万年,以此来估算现存的 1 350 万种生物的物种灭绝速度应为每年 1~3 种,对于哺乳动物,其生命跨度约为 100 万年,现存的物种平均灭绝速度应为每 200 年 1 种,但过去 100 年间物种灭绝的速度已超过期望值 50~100 倍。科学家们估计热带森林砍伐可以引起物种丧失,到 2025 年,将有 20%~25% 的植物和鸟类物种灭绝,相当于期望值的 1 000~10 000 倍,现在全球热带雨林的丧失速度为每年1%,如果以这个速度继续下去的话,在未来的几十年内,森林中均衡的物种数目,据物种一面积方法推算,将减少5%~10%。这种潜在的大规模物种灭绝并不会马上发生,它需要几十年甚至上百年,当这些地区的物种数目达到另一种新的均衡时,物种的灭绝才会显示出来。

世界自然保护同盟(IUCN)将物种受威胁的程度划分为5种。

① 灭绝种(Extinct):一个物种在野外已有50年肯定没有被发现。

② 濒危种(Endangerd):这个类群(种或亚种)面临着灭绝的危险。如果致危因素继续存在(如种群数量减少到临界水平,或是栖息地面积急剧减小),它们就不可能生存,被认为随时可能灭绝的种类。

③ 易危种(Vulnerable):如果致危因素继续存在,很快就成为濒危物种的类群,包括那些过度开发和栖息地急剧破坏或其他环境干扰等因素,使大部分或全部类群的数量继续下降的种类。同时还包括那些种群,尽管种类较丰富,但它们时刻都处于严重威胁的状态下。

④ 稀有种(Rare):指在全世界范围数量很少的类群,但现在尚不属于濒危种。这些类群常常分布在有限的地理区域栖息地,或是稀疏地分布在较广阔的范围内。

⑤ 未定种(I):无充分资料说明它究竟应属于上述"濒危种"、"易危种"和"稀有种"中的任何类型的物种。

(3)遗传多样性损失

人类对栽培植物和饲养动物的遗传多样性损失已开始有所了解。很多传统的作物品种和家畜品种被世界上少数的几个高产品种所代替,从而造成遗传多样性的损失。为了挽回这种损失,人们建立种子银行、野外基因银行、精子冷冻库等,收集那些被"打入冷宫"的品种样本进行异地保存。现在,世界上已收集了10 000种植物的400万份植物种子样本,但其中100种植物的种子样本占了300万份。野生物种的种质样本很少,并且由于缺乏适当的管理,即使对种质样本异地收集,遗传资源的损失仍然不可避免。例如,植物的种质收藏必须对种子进行周期性的发芽处理,使其保持生存力,但在某些情况下,由于做不到这一点,结果使所有的收藏报废。

退一步说,即使种质收集的技术和管理无懈可击,遗传资源的损失仍将继续进行。因为这些进入基因银行的种质不能再继续发展、进化,以适应新的环境条件,而野生种群却在新的环境条件下不断发展、进化。因此,只有野生种群才能持续不断地提供正在进化的基因。

对大多数野生物种来说,由于种群数的丧失,特别是遗传组成截然不同的种群丧失所导致的遗传多样性损失我们所知甚少。每一个种群都可能有其独特的基因、基因组合和适应性。如果这些种群丧失,引起遗传多样性丧失,那么这个物种的生存也就会受到威胁。外来物种的引入会使一些物种的种群及遗产基因组成受到干扰。另外,种群数量的下降一般会增加多样性丧失的速度,引起种群适应性的下降,对一些杂交物种来说,尤其如此。

16.4.4 生物多样的保护与持续利用

在CSD可持续发展指标框架中,"保护区面积占国土总面积的比例"作为响应指标来指标一个国家的保护生物多样性方面的政策取向和行动。保护生物多样性方法很多,但保护区的保护是最好的一种,它对生态系统的功能及其物种保护最为全面。

目前,就地保护是生物多样性保护的主要方式。就地保护分为维持生态系统和物种管理两种类型。维持生态系统的管理体系包括国家公园、供研究用的自然区域、海洋保护区和资源开发区。物种管理的体系包括农业生态系统、野生生物避难所、就地基因库、野生动物园和保护区。

异地保护包括物种收集和种质贮存两种类型。物种管理的体系包括农业生态系统、野外采集标本、野生物种繁殖培育计划。种质贮存包括种子和花粉库,精子、卵和胚胎库,精子、卵和胚胎库;还包括微生物培养和组织培养等方式。

虽然人们认识到,生态系统的就地保护可以提供多方面的效益,并能提供研究、户外娱乐和欣赏自然等方面的机会,但许多有价值的自然区域仍尚未得到保护或仅仅得到名义上的保护。人口的压力和土地的紧缺使保护区的面积不可能大到足以对生物多样性进行多方面的保护。因此,保护区周边的保护工作就显得特别重要。主要是通过与当地居民的合作,建立缓冲区或野生生物通道,使片断化的原生生境之间能够以某种方式联系。对维持稀有种和广布种的种群,除了详细划分保护管理目标(如森林保护或野生生物保护)外,被保护的区域应该按物种生态分区而加以划分。理想状态下,被保护的区域应该包括所有地区的代表,然而,保护区的分布常常是不平衡的,它受社会和当地的实际情况影响较大(如保护项目中断或土地紧缺)。但是,保护区的分布应尽可能根据生态原则按管理目标和物种生态分区而安排。保护区应尽可能代表一个国家的物种或生态系统,并在面积上具有相当的规模以维持其生态功能。

除了有足够的面积以外,保护区管理的有效性是非常重要的。建立保护区是防止生境丧失的最明显的政策行动,但许多保护区仅仅是"纸上谈兵"。偷猎、放牧、种植、采矿等活动常常在保护区内发生。因此,有效的保护需要确切的和可检验的目标、明确管理的任务、地方政府及广大群众的支持和参与。

要持续利用生物多样性,首先必须了解生态系统的物种组成与功能,了解生态系统所面临的经济、社会压力。在完好无损的生态系统中,尤其需要运用已有的知识去管理资源,尽量避免人类活动对系统的破坏,只有这样,我们才能长久地利用这些生物资源。

利用生物资源最多的是林业、渔业和农业,其次是旅游业。在这些行业中,如何可持续的利用生物资源,是我们今后要重点加以研究的课题。以农业为例,高产集约化的农业生产活动使农作物的遗传多样性受到很大损失,同时由于机耕、灌溉、农药、化肥的大量使用,使农田景观生物多样性和土壤生物物种多样性受到很大损失。作物品种单一,使病虫害防治困难,20世纪90年代初,华北平原棉铃虫的大爆发就是一个例子。农业生产的高投入,使土壤的物理、化学性质发生变化,土壤肥力下降,从而使农业朝着不可持续的方向发展。因此,农业的可持续发展与生物多样性的保护与持续利用实质上是一个问题的两个侧面。对林业、渔业和旅游业来说,也都是如此。

所以,要真正实现生物多样性的可持续利用,必须以各生产部门为重点,结合生产实际情况,进行深入研究。

参考文献

[1] 尚金城.环境规划与管理[M].北京:科学出版社,2005.
[2] 张承中.环境规划与管理[M].北京:高等教育出版社,2007.
[3] 丁忠浩.环境规划与管理[M].北京:机械工业出版社,2007.
[4] 张凤荣.土地规划与村镇建设[M].北京:中央广播电视大学出版社,1999.
[5] 申端锋.中国新农村建设的几个基本问题[J].小城镇建设,2005(11):37-40.
[6] 刘天齐,孔繁德,刘常海.城市环境规划规范及方法指南[M].北京:中国环境科学出版社,1991.
[7] 国家环境保护局计划司.环境规划指南[M].北京:清华大学出版社,1994.
[8] 郭怀成,尚金城,张天柱.环境规划学[M].北京:高等教育出版社,2002.
[9] 马晓明.环境规划理论与方法[M].北京:化学工业出版社,2004.
[10] 王立新.城市固体废物管理手册[M].北京:中国环境科学出版社,2007.
[11] 赵由才.固体废物处理与资源化[M].北京:化学工业出版社,2006.
[12] 王华东,等.环境规划方法及实例[M].北京:化学工业出版社,1988.
[13] 陈东川,陆明生.系统工程简明教程[M].湖南:湖南科学技术出版社,1987.
[14] 傅国伟,程声通.水污染控制系统规划[M].北京:清华大学出版社,1985.
[16] 方创琳.区域发展规划论[M].北京:科学出版社,2000.
[17] 黄楚豫,张兰生,张天柱,等.系列设计建立污水处理厂的费用函数[J].中国环境科学,1985,5(5):68.
[18] 刘常海,张明顺.环境管理[M].北京:中国环境科学出版社,1994.
[19] 叶文虎.环境管理学[M].北京:高等教育出版社,2000.
[20] 朱庚申.环境管理学[M].北京:中国环境科学出版社,2000.
[21] 于秀娟.环境管理[M].哈尔滨:哈尔滨工业大学出版社,2002.
[22] 张宝粒,徐玉新.环境管理与规划[M].北京:中国环境科学出版社,2004.